高等职业教育（本科）机电类专业系列教材

公差配合与测量技术

主　编　徐年富　上官同英
副主编　高　梅　刘　苗
参　编　屈　波　刘　霞　张霖霖
主　审　王道林

机械工业出版社

本书的编写结合了近几年来教育教学改革成果和高职本科教育特点，理论与实践紧密结合，结构紧凑，并且采用了现行国家标准，叙述条理清晰，通俗易懂，便于自学，适用性好。

全书共分9章，内容包括绪论，测量技术基础，极限与配合，几何公差及其检测，表面粗糙度及其检测，光滑极限量规，常用结合件（键和花键、圆锥、螺纹）的公差及其检测，典型零部件（滚动轴承、齿轮）的公差及其检测，尺寸链。本书重点介绍了常见几何参数和各类公差的合理选择，公差在图样上的合理标注，计量器具的操作，误差的测量和数据处理等。

本书可作为高职本科院校机械设计制造及自动化、智能制造工程技术、数控技术、机电一体化技术等机电类专业的教材，也可作为成人教育学院、电视大学、函授大学、高等职业技术学院机电类专业本科及专科教材，还可以作为从事机械设计与制造工程技术人员的参考用书。

本书配有电子课件，凡使用本书作教材的教师可登录机械工业出版社教育服务网（http://www.cmpedu.com），注册后免费下载。咨询电话：010-88379375。

图书在版编目（CIP）数据

公差配合与测量技术/徐年富，上官同英主编. —北京：机械工业出版社，2022.10（2024.7重印）

高等职业教育（本科）机电类专业系列教材

ISBN 978-7-111-71210-7

Ⅰ.①公… Ⅱ.①徐… ②上… Ⅲ.①公差-配合-高等职业教育-教材 ②技术测量-高等职业教育-教材 Ⅳ.①TG801

中国版本图书馆 CIP 数据核字（2022）第 125550 号

机械工业出版社（北京市百万庄大街 22 号　邮政编码 100037）
策划编辑：王英杰　　　　　　责任编辑：王英杰　杨　璇
责任校对：张晓蓉　刘雅娜　　封面设计：张　静
责任印制：李　昂
北京中科印刷有限公司印刷
2024 年 7 月第 1 版第 2 次印刷
184mm×260mm · 14 印张 · 346 千字
标准书号：ISBN 978-7-111-71210-7
定价：45.00 元

电话服务　　　　　　　　　网络服务
客服电话：010-88361066　　机 工 官 网：www.cmpbook.com
　　　　　010-88379833　　机 工 官 博：weibo.com/cmp1952
　　　　　010-68326294　　金 书 网：www.golden-book.com
封底无防伪标均为盗版　　机工教育服务网：www.cmpedu.com

前　言

本书是根据国家高职本科"工学结合"人才培养改革与实践成果和"十三五""十四五"期间对机电类人才需求编写的，可满足教学计划为48～72学时的教学要求。

近几年，国家开展了职业教育改革，一批建设性成果在建设实践过程中逐渐形成，"工学结合"的人才培养模式就是这批建设性成果的核心之一。为了全面体现"工学结合"课程改革思路，适应"十三五""十四五"期间对机电类人才需求，教材编写遵循"以应用为目的，案例引领、理实结合"的原则，采用"章节引领、任务驱动"的"工学结合"的模式进行编写，内容涵盖了机械设计制造及自动化、智能制造工程技术、数控技术、机电一体化技术等机电类专业对所需的公差配合与测量技术方面的知识能力、岗位能力和职业能力的要求。各章内容的组织遵循"以掌握标准，强化应用，培养技能为重点"的原则，与工程实践紧密结合，将内容的组织与实际技能训练有机地融合在一起，培养学生建立工程概念，掌握公差配合与测量技术的国家标准、基本知识、基本原理和基本操作技能，为学习后续课程和从事相关岗位的技术工作奠定基础。

本书重点突出实用性和针对性，努力体现以下特点：

1）根据技术领域和职业岗位的任职要求，参照相关职业资格标准，以能力为本位构建系统化、弹性化的教材体系。所有内容围绕国家职业岗位任职要求组织编写，并结合大量职业能力的实训环节。

2）各章前有学习指导、任务引入，后有习题，以加强学生对国家标准、基本概念和基本原理的理解，培养学生分析问题和解决问题的能力。

3）理论教学与实训教学紧密结合，交替进行，全面体现"工学结合"理念。依托国家职业教育机械制造及自动化专业教学资源库子项目《机械测量技术》开发的大量视频、动画，全面激发学生的学习兴趣，培养学生的学习能力、实践能力和创新能力，体现高职本科教材"立体式"特色。

4）有关公差术语等符合国家现行标准。

本书由徐年富、上官同英任主编，高梅、刘苗任副主编，具体分工为：南京工业职业技术大学徐年富编写第1章、第8章；郑州工程技术学院上官同英编写第2章、第7章；南京工业职业技术大学高梅编写第4章；湖南工业职业技术学院刘苗编写第3章；重庆工业职业技术学院屈波编写第5章；南京工业职业技术大学张霖霖编写第6章；南京工业职业技术大学刘霞编写第9章。

本书由南京工业职业技术大学王道林教授主审。

本书在编写过程中，得到邢闽芳、朱秀琳、匡余华、文跃兵、谢云舫、袁渊、曹娟等老师的大力帮助，也得到来自于企业的汪贵全、王长君、李立新、王家忠等高工的大力支持，并参阅了大量资料和文献，在此对这些资料和文献的作者一并表示诚挚的感谢！

由于编者水平有限，书中难免存在不妥之处，恳请广大读者批评指正。

编　者

机械制造与自动化专业教学资源库：机械测量技术 http：//101.201.82.59/xxpt/？q = node/67490

机械制造与自动化专业教学资源库

目录

第1章

绪 论

【学习指导】

　　本章要求学生了解互换性的含义及其在现代化生产和技术进步中的重要意义、标准与标准化的含义、优先数和优先数系的基本原理及其应用，重点掌握互换性与产品设计、制造、维修、检测以及生产管理的关系。

1.1 互换性概述

1.1.1 互换性与公差的含义

1. 任务引入

　　图 1-1 所示为一级齿轮传动减速器，其上面有非标准件，如箱体、齿轮、输入轴、输出轴、端盖等，它们经过机械加工成为合格零件；也有标准件，如滚动轴承、螺钉、螺母等，

图 1-1　一级齿轮传动减速器

它们按照型号可通过市场购买获得。大批量生产时，为什么这些零件能轻松装配起来？在使用过程中，如果有零件磨损或损坏，及时更换上新的零件，减速器还能同原先一样正常工作吗？它们是根据什么进行加工、选择和装配的呢？这是本章所要讲的内容。

任何机械产品都是由大小不同、形状各异的零部件组成的。这些零部件是分别在不同的工段、车间或工厂成批地生产加工而成的，它们能否顺利进行装配，装配后能否满足预定的使用性能要求，都与这些产品的互换性有关。因此，产品的互换性要求是产品质量的基本要求之一。

2. 概念

互换性：在同一规格的一批零部件中任取一个，不需要任何辅助工作（挑选、调整或修配），就可装配到机器（或部件）上，而且能达到规定的使用性能要求的一种特性。例如：机器上的螺钉丢了，可以按相同的规格装上一个新螺钉；灯泡坏了，可以换个新的灯泡；自行车、手表上的零部件磨损了，也可换上相同规格的零部件，同样能满足原定的使用性能要求。互换性是机器和仪器制造行业中产品设计和制造的重要原则。

机械制造、仪器仪表中的互换性，通常包括几何参数（如尺寸）、力学性能（如硬度、强度）以及理化性能（如化学成分）等方面的互换性。本课程仅讨论几何参数的互换性。

为了满足互换性要求，最理想的是同一规格的零部件的几何参数完全一样，但这是不可能的，也是不必要的。只要同一规格的零部件的几何参数的误差保持在一定范围内，就能达到互换的目的。允许零件几何参数变动的这个范围就是**公差**。它由尺寸公差、几何公差等组成。所以，一批同一规格零部件能进行互换的条件是具有相同的几何精度，而零件具有互换性的关键在于把零件的几何参数误差控制在规定的公差范围内。

1.1.2　互换性的分类

从互换性的定义可知，互换性包括了满足装配过程的几何参数互换性和满足使用要求的功能互换性。零部件之所以具有互换性，是因为这些零部件的实际几何参数与理论几何参数间的误差都没有超过几何参数互换性所允许的范围。

（1）按使用要求分，互换性可分为几何参数互换与功能互换

1）几何参数互换：规定几何参数公差以保证成品的几何参数充分近似所达到的互换，即仅局限于保证零部件尺寸配合要求的互换，又称为**狭义互换**。

2）功能互换：规定某些影响产品使用特性的功能参数的公差所达到的互换。要保证零部件使用功能的要求，不仅仅取决于几何参数的一致性，还取决于它们的物理性能、化学性能、力学性能等参数的一致性。功能参数不仅包括几何参数，还包括一些其他参数，如材料力学性能参数，化学、光学、电学、流体力学等参数。此互换性，往往着重于保证除尺寸配合要求以外的其他功能要求，又称为**广义互换**。

（2）按互换的程度或范围分，可分为完全互换（绝对互换）与不完全互换（有限互换）

1）完全互换：若零部件在装配或更换时，不需要任何挑选、调整与修配，则其互换为完全互换。

2）不完全互换：当装配精度要求很高时，采用完全互换将使零部件尺寸公差很小，加工困难，成本高，甚至无法加工。这时可将某些生产批量较大的零部件的制造公差适当放大

后进行加工，而在加工完毕经测量将零部件按实际尺寸的大小分为若干组，使同组零部件间的实际尺寸差别较小，再按对应组别进行装配。这样既可保证装配精度与使用要求，又可解决加工困难，降低成本。此时仅同组内零部件可以互换，组与组之间不可互换，故称为不完全互换。

（3）按应用场合分，可分为外互换与内互换

1）外互换：部件或机构与其相配件间的互换。例如：滚动轴承内圈内径与轴的配合，滚动轴承外圈外径与轴承座孔的配合。

2）内互换：部件或机构内部组成零部件的互换。例如：滚动轴承内、外圈滚道与滚动体之间的配合。

为使用方便起见，外互换为完全互换，适用于生产厂家之间的范围；而内互换则因其组成零部件的精度要求高，加工困难，故采用分组装配，为不完全互换，只限用于部件或机构的制造厂内部的装配。

究竟是采用完全互换，不完全互换或者修配，要由产品精度要求、复杂程度、产量大小（生产规模）、生产设备和技术水平等一系列因素决定。

1.2 互换性原则的意义

在现代生产中互换性已成为一个普遍遵循的原则。互换性对机器的制造、设计和使用都具有十分重要的意义。

1）从设计上看，由于大量采用了标准化的零部件，就会大大减少绘图、计算等工作量，从而能缩短设计和试制的周期，有利于计算机辅助设计，可为产品品种的多样化和产品结构性能的不断改进创造有利条件。

2）从制造上看，有利于组织专业化协作生产，有利于使用新工艺、新技术和现代化的工艺装备，有利于实现加工和装配过程的自动化，从而可提高劳动生产率和产品质量，降低生产成本。

3）从使用和维修上看，由于具有互换性的零部件在磨损或损坏后可及时更换，减少了机器的维修时间和费用，保证机器连续运转，从而提高机器及仪器的使用价值。

综上所述，在机械制造中，遵循互换性的原则不仅能显著提高劳动生产率，而且能有效保证产品质量和降低成本。所以，互换性是机械制造中的重要生产原则与有效技术措施，同时也是提高生产水平和进行文明生产的有力手段。可以预言：随着工业生产的不断发展，必将促进互换性生产水平的不断提高，而互换性生产水平的不断提高又将促使工业生产得到更快速的发展。

1.3 标准与标准化

由上述可知，现代的工业生产是建立在互换性原则基础上的。为了实现互换性生产，必须采取一种手段，使各个分散的、局部的生产部门和生产环节之间保持必要的技术统一，以形成一个统一的整体。标准与标准化正是建立这种关系的重要手段，是实现互换性生产的基础。我国互换性公差标准包括极限与配合、几何公差、表面粗糙度以及各种典型的连接件和

传动件的精度标准。这类标准是以保证一定的几何参数制造公差来保证零部件的互换性和使用要求的，是机械制造中非常重要的技术基础标准。

1. 标准

国际标准化组织（ISO）理事会于 1985 年 7 月 25 日发布的第 2 号指南修正草案（ISO/STACO144）中对"标准"这一术语给出了如下定义："基于一致并由公认团体批准的标准化成果的文件。为获得最佳秩序，对重复使用的问题给出答案的文件，它在一致同意的基础上，由公认团体批准"。

1997 年 ISO/IEC 导则第 3 部分（第 3 版）对"标准"这一术语又给出了新的定义："为在一定的范围内获得最佳秩序，对活动或其结果规定共同的和重复使用的规则、导则或特性的文件。该文件经协商一致制定并经一个公认机构批准。标准应以科学、技术和经验的综合成果为基础，以促进最佳社会效益为目的。"

标准种类繁多，数量巨大，可从不同的角度进行分类。按一般习惯可把标准分为技术标准、管理标准和工作标准；按作用范围可分为国际标准、区域标准、国家标准、行业标准、地方标准和企业标准；按标准的法律属性可分为强制标准和推荐标准；按标准在标准系统中的作用与地位可分为基础标准和一般标准。

标准中的基础标准是指生产技术活动中最基本的、具有广泛指导意义的标准。这类标准具有最一般的共性，因而是通用性最广的标准。例如，GB/T 1804—2000《一般公差　未注公差的线性和角度尺寸的公差》就是国家标准"极限与配合"中的一项基础标准。

2. 标准化

标准化是指标准的制定、发布和贯彻实施的全部活动过程，包括从调查标准化对象开始，经试验、分析和综合归纳，进而制定和贯彻标准，以后还要修订标准等。标准化是以标准的形式体现的，也是一个不断循环、不断提高的过程。

标准化在人类活动的很多方面都起着重要的作用，是组织现代化生产的重要手段，是实现互换性的必要前提，是科学管理的重要组成部分，是国家现代化水平的重要标志之一。它对人类进步和科学技术发展起着巨大的推动作用。

在国际上，为了促进世界各国在技术上的统一，成立了**国际标准化组织**（简称为 **ISO**）和国际电工委员会（简称为 IEC），由这两个组织负责制定和颁发国际标准。我国于 1978 年恢复参加 ISO 组织后，陆续修订了自己的标准。修订的原则是，在立足我国生产实际的基础上向 ISO 靠拢，以利于加强我国在国际上的技术交流和产品互换。

1.4　优先数和优先数系

优先数和优先数系标准是重要的基础标准。工程上的技术参数值具有传播特性，如造纸机械的规格和参数值会影响印刷机械、书刊、报纸、复印机、文件柜等的规格和参数值；又如动力机械的功率和转速确定后，不仅会影响到有关机器的相应参数值，而且必然会影响到其本身的轴、轴承、齿轮、联轴器等一整套零部件的尺寸和材料特性参数值，进而将传播到加工和检验这些零部件的刀具、夹具、量具及机床等的相应参数值。这些参数值经过反复传播，即使只有很小的差别，也会造成尺寸规格的繁多杂乱，以致给生产组织、协调配套以及使用维护带来极大的不方便。

因此，对各种技术参数值，必须从全局出发，加以协调。优先数和优先数系就是对各种技术参数的数值进行协调、简化和统一的科学数值制度。国家标准 GB/T 321—2005《优先数和优先数系》规定十进制等比数列为**优先数系**，并规定优先数系由 5 个**等比数列**组成，其**公比**分别为 $\sqrt[5]{10}$、$\sqrt[10]{10}$、$\sqrt[20]{10}$、$\sqrt[40]{10}$ 和 $\sqrt[80]{10}$，公比简化为 1.60、1.25、1.12、1.06 和 1.03，分别用符号 R5、R10、R20、R40 和 R80 来表示，其中前 4 个是基本系列，R80 是补充系列，仅用于分级很细的特殊场合。

优先数系中的每一个数称为**优先数**，表 1-1 中列出了 1～10 范围内的优先数的常用值，如果将表中所列数值乘以 10，100，…，或乘以 0.1，0.01，…，即可得到大于 10 或小于 1 的优先数。

表 1-1 优先数系的基本系列（摘自 GB/T 321—2005）

基本系列（常用值）				计算值	基本系列（常用值）				计算值
R5	R10	R20	R40		R5	R10	R20	R40	
1.00	1.00	1.00	1.00	1.0000				3.35	3.3497
			1.06	1.0593			3.55	3.55	3.5481
		1.12	1.12	1.1220				3.75	3.7584
			1.18	1.1885	4.00	4.00	4.00	4.00	3.9811
	1.25	1.25	1.25	1.2589				4.25	4.2170
			1.32	1.3335			4.50	4.50	4.4668
		1.40	1.40	1.4125				4.75	4.7315
			1.50	1.4962		5.00	5.00	5.00	5.0119
1.60	1.60	1.60	1.60	1.5849				5.30	5.3088
			1.70	1.6788			5.60	5.60	5.6234
		1.80	1.80	1.7783				6.00	5.9566
			1.90	1.8836	6.30	6.30	6.30	6.30	6.3096
	2.00	2.00	2.00	1.9953				6.70	6.6834
		2.24	2.12	2.1135			7.10	7.10	7.0795
			2.24	2.2387				7.50	7.4989
			2.36	2.3714			8.00	8.00	7.9433
2.50	2.50	2.50	2.50	2.5119				8.50	8.4140
			2.65	2.6607			9.00	9.00	8.9125
		2.80	2.80	2.8184				9.50	9.4406
			3.00	2.9854	10.00	10.00	10.00	10.00	10.0000
	3.15	3.15	3.15	3.1623					

从表 1-1 中可知：R5 系列的常用值包含在 R10 系列的常用值之中；R10 系列的常用值包含在 R20 系列的常用值之中；依此类推。

为了满足生产需要，标准还允许从基本系列和补充系列 Rr 中每逢 p 项取一值组成派生系列，记为 Rr/p 系列。如 R10/3 是在 R10 系列中每逢 3 项取一值得到的系列，即 1.00、

2.00、4.00、8.00 等。派生系列首项取的数值不同，所得的派生系列值也不同。

优先数系选用原则：先基本后补充，必要时用派生。

习　题

1-1　什么是互换性？互换性有什么作用？互换性分成哪几类？

1-2　完全互换与不完全互换有什么异同？各适用于什么场合？

1-3　什么是标准化？标准化的实施有什么意义？

1-4　什么是优先数和优先数系？

1-5　下列数据是否属于优先数系？若是，那么公比是多少？

表面粗糙度 Ra 的基本系列为 0.012、0.025、0.050、0.100、0.20 等，单位为 μm。

第2章

测量技术基础

【学习指导】

　　本章要求学生了解测量技术基本知识，掌握测量方法，能够正确进行测量和处理测量数据。

2.1　概述

2.1.1　测量的基本概念

1. 任务引入

　　图2-1所示为减速器输出轴零件图。零件加工后如何判断合格性？如何选择测量工具？选择什么样的测量方法？测量后如何处理这些测量数据？这是本章所要讲的内容。

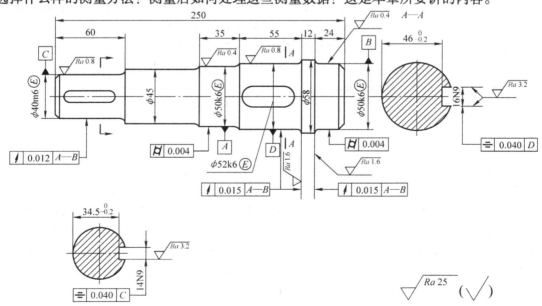

图2-1　减速器输出轴零件图

由于零部件的加工误差不可避免，因此决定了必须采用先进的公差标准，对构成机械的零部件的几何量规定合理的公差，用以实现零部件的互换性。但若不采用适当的检测措施，规定的公差也就形同虚设，不能发挥作用，所以制造业的发展离不开检测技术，而**检测**是测量与检验的总称。**测量**是指将被测量与作为测量单位的标准量进行比较，从而确定被测量的实验过程，其实质是为了确定被测几何量的量值而进行的实验认知过程，即将被测几何量 L 与作为计量单位的标准量 E 进行比较。**检验**是判断零部件是否合格而不需要测出具体数值的实验过程。几何量检测是组织互换性生产必不可少的重要措施，只有合格的零部件才具有互换性。在机械制造中，为了保证机械零部件的互换性和几何精度，应对其几何参数（包括长度、角度、几何误差及表面粗糙度等）进行测量，以判断其是否符合设计要求。

2. 测量的定义

测量是指将被测量与作为测量单位的标准量进行比较，从而确定被测量的实验过程，其实质是为了确定被测几何量的量值而进行的实验认知过程，即将被测几何量 L 与作为计量单位的标准量 E 进行比较。

3. 测量的四要素

测量的过程是一个比较的过程，任何一个完整的测量过程都必须有明确的被测对象和确定的计量单位，还要有与被测对象相适应的测量方法，而且测量结果还要达到所要求的测量精度。因此，一个完整的测量过程应包括**被测对象**、**计量单位**、**测量方法**和**测量精度**四个要素。

（1）被测对象　机械制造中的被测对象是变化多样的，要测量的参数也纷繁多变。本课程研究的被测对象是几何量，即长度、角度、形状、相对位置、表面粗糙度以及螺纹、齿轮等的几何参数等。

（2）计量单位　我国采用的法定计量单位是：长度的计量单位为米（m），其他常用的长度计量单位为毫米（mm）；角度的计量单位为弧度（rad）和度（°）、分（′）、秒（″）。

（3）测量方法　测量时所采用的测量原理、计量器具和测量条件的总和。实际测量中，对于同一被测量往往可以采用多种测量方法，应根据具体情况确定合适的测量方法。

（4）测量精度　测量结果与被测量真值的一致程度。精密测量要将误差控制在允许的范围内，以保证测量精度。分析测量误差产生的原因，估算其大小，研究减小误差的方法也是测量精度研究的问题。无精度的测量是没有意义的。

2.1.2　长度和角度计量基准与量值传递

1. 长度与角度基准

（1）长度基准　在测量过程中，为了保证长度测量的准确度，首先需要建立统一、可靠的长度基准。国际上统一使用的公制长度基准是在 1983 年第 17 届国际计量大会上通过的，以米（m）作为长度基准。米的定义：米是光在真空中于 1s/299792458 的时间间隔内所行进的距离。为了保证长度测量的精度，还需要建立准确的量值传递系统。鉴于激光稳频技术的发展，用激光波长作为长度基准具有很好的稳定性和复现性。我国采用碘吸收稳定的 $0.633\mu m$ 氦氖激光辐射作为波长标准来复现"米"的定义。常用的长度计量单位是毫米（mm），$1mm = 10^{-3}m$；在精密测量中，常用的长度计量单位是微米（μm），$1\mu m = 10^{-6}m$；在超精密测量中，常用的长度计量单位是纳米（nm），$1nm = 10^{-9}m$。

（2）角度基准　角度是重要的几何量之一，一个圆周角定义为360°，角度不需要像长度一样建立自然基准。但在计量部门，为了方便，仍采用多面棱体（棱形块）作为角度量值的基准。常用的角度计量单位是弧度、微弧度（μrad）和度、分、秒。$1\mu rad = 10^{-6}rad$，$1° = 0.0174533rad$，$1° = 60'$，$1' = 60''$。机械制造中的角度标准一般是角度量块、测角仪或分度头等。

2. 长度与角度量值传递系统

（1）长度量值传递系统　在实际应用中，不能直接使用光波作为长度基准进行测量，而是采用各种计量器具进行测量。为了保证量值统一，必须把长度基准的量值准确地传递到生产中应用的计量器具和被测工件上。长度基准的量值传递系统如图2-2所示。从图中可以看出，长度量值分两个平行的系统向下传递，一个是端面量具（量块）系统，另一个是刻线量具（线纹尺）系统。其中以端面量具系统为量值传递媒介系统的应用较广。

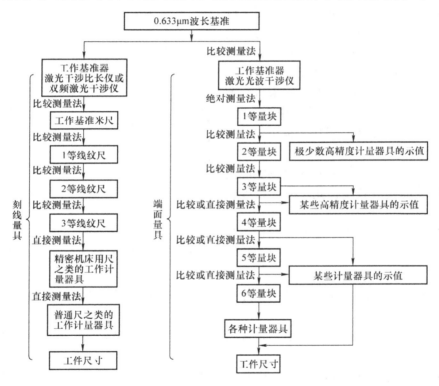

图2-2　长度基准的量值传递系统

（2）角度量值传递系统　作为角度量值基准的多面棱体有4面、6面、8面、12面、24面、36面及72面等。以多面棱体作为角度基准的量值传递系统，如图2-3所示。

图2-3　角度基准的量值传递系统

2.1.3　量块

量块是精密测量中经常使用的标准量器，分长度量块和角度量块两类。下面主要介绍长度量块的有关问题。

长度量块是没有刻度、两平行面间具有精确尺寸，且其截面一般为矩形的长度定值测量工具。作为长度尺寸传递的实物基准，量块广泛用于计量器具的校准和检定，以及精密设备的调整、精密划线和精密工件的测量等。

（1）量块的一般知识 量块是用特殊合金钢制成的，具有线膨胀系数小、不易变形、硬度高、耐磨性好、工作面的表面粗糙度值小以及研合性好等特点。

量块通常制成正六面体，它有两个相互平行的测量面和四个非测量面，如图2-4所示。公称尺寸小于5.5mm的量块，有数字的一面为上测量面；公称尺寸大于6mm的量块，有数字一面的右侧为上测量面。测量面的表面非常光滑平整，平面度精度高，两个测量面间具有精确的尺寸。

（2）量块的尺寸 量块尺寸主要有以下几种：

1）量块长度 l：从量块一个测量面上任意一点（距边缘0.8mm区域除外）到与此量块另一个测量面相研合的平晶表面间的垂直距离称为量块长度，如图2-4所示。

2）量块的中心长度 lc：对应于未研合测量面中心点的量块长度称为量块的中心长度。

3）量块的标称长度：量块上标出的尺寸称为量块的标称长度。

4）量块的实际长度：量块长度的实际测得值称为量块的实际长度，此尺寸的精度依测量条件而定。

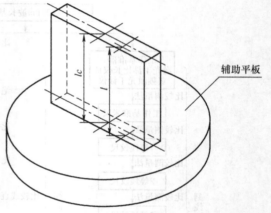

辅助平板

图2-4 量块及量块尺寸

5）量块的长度变动量：量块测量面上任意点（距边缘0.8mm区域除外）中的最大长度 l_{max} 与最小长度 l_{min} 的差值，即 $V = l_{max} - l_{min}$。

6）量块的实际长度偏差：量块的实际长度与量块的标称长度之差称为量块的实际长度偏差。

7）量块中心长度极限偏差：它由量块的中心长度上、下极限偏差构成，对称于量块的标称长度布置。

标称长度不大于10mm的量块，其截面尺寸为30mm×9mm；标称长度大于10mm至1000mm的量块，其截面尺寸为35mm×9mm。

（3）量块的精度 为了满足不同的使用场合，量块可做成不同的精度等级，按制造精度和检定精度将量块的精度规定为若干"级"和"等"。

1）GB/T 6093—2001《几何量技术规范（GPS）长度标准 量块》规定：量块的制造精度分为五级，即0、1、2、3、K级，其中0级最高，精度依次降低，3级最低。其中3级量块使用较少，所以只根据用户订货才供应。另外，标准还规定了K级为**校准级**，主要用于校准0、1、2级量块。按级使用时，以量块的**标称尺寸**为工作尺寸，忽略了量块的制造误差。量块的"级"主要是根据量块长度相对于标称长度的极限偏差和量块长度变动量最大允许值来划分的，同时参考测量面的平面度、量块的研合性以及测量面的表面粗糙度等。各级量块的精度指标见表2-1。

表2-1　各级量块的精度指标（摘自 GB/T 6093—2001）　　　　（单位：μm）

标称长度 /mm	0 级		1 级		2 级		3 级		标准级 K 级	
	$\pm t_e$	t_V	$\pm t_e$	t_V	$\pm t_e$	t_V	$\pm t_e$	t_V	$\pm t_e$	t_V
~10	0.12	0.10	0.20	0.16	0.45	0.30	1.00	0.50	0.20	0.05
10~25	0.14	0.10	0.30	0.16	0.60	0.30	1.20	0.50	0.30	0.05
25~50	0.20	0.10	0.40	0.18	0.80	0.30	1.60	0.55	0.40	0.06
50~75	0.25	0.12	0.50	0.18	1.00	0.35	2.00	0.55	0.50	0.06
75~100	0.30	0.12	0.60	0.20	1.20	0.35	2.50	0.60	0.60	0.07
100~150	0.40	0.14	0.80	0.20	1.60	0.40	3.00	0.65	0.80	0.08

注：$\pm t_e$—量块测量面上任意点长度相对于标称长度的极限偏差；t_V—量块长度变动量最大允许值。

2）标准 JJG 146—2011 按检定精度将量块分为 1~5 等，其中 1 等最高，精度依次降低，5 等最低。分等的主要指标是：量块中心长度极限偏差和平面平行性允许偏差，即检定量块时的测量总不确定度。

量块的使用方法可分为按"级"使用和按"等"使用。量块按"级"使用时，是以量块的标称长度作为工作尺寸，该尺寸包含了量块的制造误差和磨损误差，它们将被引入到测量结果中去，因此测量精度不高，但因不需要加修正值，故量块按"级"使用较方便。

量块按"等"使用时，是用量块检定后所给出的实测中心长度作为工作尺寸的，该尺寸消除了量块制造误差的影响，提高了测量精度。但是在检定量块时，不可避免地存在一定的测量误差，它将被引入测量结果中。

虽然按"等"使用量块，在测量上需要加入修正值，比按"级"使用量块麻烦一些，但由于消除了量块尺寸制造误差的影响，因此可用制造精度较低的量块进行较精密地测量。量块按"等"使用比按"级"使用的测量精度高。

量块在长时间使用和存放过程中会磨损和变形，因此，需按尺寸传递系统将量块送交计量部门定期地检定其各项精度指标，并给出标明量块实际尺寸的规定证书。

（4）长度量块的组合应用　研合性：将量块顺其测量面加压推合，就能研合在一起。利用这一特性可在一定范围内，根据需要将多个尺寸不同的量块研合成量块组，便可以组成所需要的各种尺寸，从而扩大了量块的应用。因此，量块往往是成套制成的，每套包括一定数量不同尺寸的量块。我国生产的成套量块共有 17 套，每套的块数为 91 块、83 块、46 块、38 块、12 块、10 块、8 块、6 块、5 块等。表2-2 列出了 83 块、46 块、38 块、10 块成套量块尺寸。

在使用成套量块测量时，组合的原则是以最少的块数组成所需的尺寸，一般不超过 4 块，这样可以获得较高的尺寸精度。组合时，应从所需尺寸的最后一位数字开始选第一块量块的尺寸，逐块选取。每选一块量块至少应减去所需尺寸的一位尾数。

表 2-2 成套量块尺寸表（摘自 GB/T 6093—2001）

总块数	级　别	尺寸系列/mm	间隔/mm	块　数
		0.5	—	1
		1	—	1
		1.005	—	1
83	0, 1, 2	1.01, 1.02…1.49	0.01	49
		1.5, 1.6…1.9	0.1	5
		2.0, 2.5…9.5	0.5	16
		10, 20…100	10	10
		1	—	1
		1.001, 1.002…1.009	0.001	9
46	0, 1, 2	1.01, 1.02…1.09	0.01	9
		1.1, 1.2…1.9	0.1	9
		2, 3…9	1	8
		10, 20…100	10	10
		1	—	1
		1.005	—	1
38	0, 1, 2	1.01, 1.02…1.09	0.01	9
		1.1, 1.2…1.9	0.1	9
		2, 3…9	1	8
		10, 20…100	10	10
10^+	0, 1	1, 1.001…1.009	0.001	10

例如，从 83 块一套的量块组中选取几块量块组成尺寸 61.995mm，选择步骤如下：

$$
\begin{array}{ll}
61.995 & \cdots\cdots\cdots\cdots\quad \text{所需尺寸} \\
\underline{-1.005} & \cdots\cdots\cdots\cdots\quad \text{第一块量块的尺寸} \\
60.990 & \\
\underline{-1.490} & \cdots\cdots\cdots\cdots\quad \text{第二块量块的尺寸} \\
59.500 & \\
\underline{-9.500} & \cdots\cdots\cdots\cdots\quad \text{第三块量块的尺寸} \\
50 & \qquad\qquad\qquad\qquad \text{第四块量块的尺寸}
\end{array}
$$

即 61.995 = 1.005 + 1.490 + 9.5 + 50，它由四块量块研合而成。

2.2　测量方法与计量器具的分类及其主要技术指标

2.2.1　测量方法的分类

为了便于根据被测件的特点和要求选择合适的测量方法，按照测量值的获得方式不同，将测量方法概括为以下几种：

1）按实际测量值是否是被测量，测量方法可分为直接测量和间接测量。

① **直接测量**是用计量器具直接测量被测量的整个数值或相对于标准量的偏差的测量方

法。例如，用千分尺直接测量圆柱体直径，用比较仪和标准件测量轴径等。

② **间接测量**是先测量与被测量有函数关系的其他量，再通过函数关系式求出被测量的测量方法。例如，通过测量弦高和弦长，计算半径。

直接测量过程简单，其测量精度只与这一测量过程有关，而间接测量的精度不仅取决于实测几何量的测量精度，还与所依据的计算公式和计算的精度有关。一般来说，直接测量的精度比间接测量的精度高。因此，应尽量采用直接测量，对于受条件所限无法进行直接测量的场合才采用间接测量。

2）按示值是否是被测量的整个量值，测量方法可分为绝对测量和相对测量。

① **绝对测量**是指能从计量器具读数装置上读出被测量的整个量值的测量方法。例如，用游标卡尺、千分尺测量轴径的大小。

② **相对测量**又称为比较测量，是指计量器具的示值仅表示被测量对已知标准量的偏差值，而被测量的量值为计量器具的示值与标准量的代数和的测量方法。例如，用比较仪测量轴径，测量时先用量块调整其零位，然后对被测量进行测量，该比较仪的示值为被测轴径相对于量块尺寸的偏差。一般来说，相对测量的测量精度比绝对测量的测量精度高。

3）按测量时被测对象与计量器具的测头之间是否有机械作用的测量力，测量方法可分为接触测量和非接触测量。

① **接触测量**是指计量器具在测量时其测头与被测表面直接接触，并存在机械作用的测量力的测量方法。例如，用立式光学比较仪测量轴径。

② **非接触测量**是指测量时计量器具的测头不与被测表面接触的测量方法。例如，用光切显微镜测量表面粗糙度和用气动量仪测量孔径。

接触测量有测量力，会使被测表面和计量器具有关部分产生弹性变形，从而影响测量精度。非接触测量则无此影响，故易变形的软质表面或薄壁工件多用非接触测量。

4）按工件上是否有多个被测几何量同时测量，测量方法可分为单项测量和综合测量。

① **单项测量**是指分别对工件上的各个被测几何量进行测量。例如，用公法线千分尺测量齿轮的公法线长度变动，用跳动检查仪测量齿轮的齿圈径向跳动，分别测量螺纹的螺距、中径和牙型半角等。

② **综合测量**是指同时测量工件上的几个相关参数，综合地判断工件是否合格，不要求知道有关单项值的测量方法。其目的是保证被测工件在规定的极限轮廓内，以满足互换性要求。例如，用花键塞规检验内花键，用齿轮单啮仪测量齿轮的切向综合误差。

综合测量效率高，适用于检验工件的合格性，但不能测出各分项的参数值。单项测量效率不如综合测量效率高，但能测出各分项的参数值，适用于工艺分析。

5）按被测量在测量过程中与测头所处的相对状态，测量方法可分为静态测量和动态测量。

① **静态测量**是指在测量时被测表面与计量器具的测头之间处于相对静止状态的测量方法。例如，用千分尺测量工件的直径。

② **动态测量**是指测量时被测表面与计量器具的测头之间处于相对运动状态的测量方法。其目的是为了测得误差的瞬时值及其随时间变化的规律，能显著地提高测量效率和保证测量精度，也是技术测量的发展方向。例如，用电动轮廓仪测量表面粗糙度，在磨削过程中用千分表测量零件的跳动量，用激光丝杠动态检查仪测量丝杠。

6）按测量是否在加工过程中进行，测量方法可分为在线测量（主动测量）和离线测量（被动测量）。

① **在线测量**是指在加工过程中对工件进行测量的测量方法。这种测量可以是静态的，也可以是动态的。其测量结果直接用来控制工件的加工过程，以决定是否需要继续加工或如何进行加工，进而防止废品的产生。该测量方法主要应用在自动化生产线上，是检测技术发展的方向。

② **离线测量**是指在工件加工完后，脱离加工生产线对工件进行测量的测量方法。测量结果仅限于发现并剔除废品。

7）按测量过程中测量条件是否改变（通常指人为改变），测量方法可分为等精度测量和不等精度测量。

① **等精度测量**是指对某量需重复多次测量时，在测量过程中决定测量结果的全部因素或条件不变的测量方法。例如，由同一个人，在计量器具、测量环境和测量方法都相同的情况下，对同一个量仔细地进行多次测量，可以认为每一个测量结果的可靠性和精确度都是相等的。为了简化对测量结果的处理，一般情况下大多采用等精度测量。

② **不等精度测量**是指对某量需重复多次测量时，在测量过程中决定测量结果的全部因素或条件完全改变或部分改变的测量方法。例如，用不同的测量方法，不同的计量器具，在不同的条件下，由不同人员对同一被测量进行不同次数的测量，显然，其测量结果的可靠性和精确度各不相等。由于不等精度测量的数据处理比较麻烦，因此只用于重要的高精度测量。

以上对测量方法的分类是从不同的角度考虑的，但对一个具体的测量过程，可能同时兼有几种测量方法的特性。例如，用三坐标测量仪对工件的轮廓进行测量，则同时属于直接测量、接触测量、在线测量和动态测量等。因此，测量方法的选择应考虑被测对象的结构特点、精度要求、生产批量、技术条件和经济效益等。

2.2.2 计量器具的分类

计量器具是指量具、量规、量仪和其他用于测量目的的测量装置的总称。测量仪器和测量工具统称为计量器具。按计量器具的原理、结构特点及用途可分为基准量具、极限量规、通用量仪和计量装置。

（1）基准量具　用来校对或调整计量器具，或作为标准尺寸进行相对测量的量具称为基准量具。它可分为定值基准量具和变值基准量具。定值基准量具如量块、角度块等；变值基准量具如标准线纹尺等。

（2）极限量规　**极限量规**是指没有刻度的专用计量器具，用来检验工件实际尺寸和几何误差的综合结果。量规只能判断工件是否合格，而不能获得被测几何量的具体数值，如光滑极限量规、螺纹量规等。

（3）通用量仪　**通用量仪**是指通用性大、能将被测量转换成可直接观测的指示值或等效信息的计量器具。其特点是一般都有传感元件、指示装置和放大系统。根据所测信号的转换原理和通用量仪本身的结构特点，通用量仪可分为以下几种：

1）卡尺类量仪，如数显卡尺、数显高度尺、数显量角器和游标卡尺等。其特点是结构简单、使用方便，但测量精度较低。

2）微动螺旋副类量仪，如数显千分尺、数显内径千分尺和普通千分尺等。其特点是结构比较简单，测量精度比游标类卡尺高。

3）机械类量仪是利用机械装置将微小位移放大的计量仪器，如指示表（百分表千分表）、杠杆比较仪、扭簧比较仪等。其特点是测量精度高于微动螺旋副类量仪，示值范围小。

4）光学类量仪是指用光学方法实现对被测量的转换和放大的计量仪器，如光学计、工具显微镜、光学分度头、测长仪、投影仪、干涉仪、激光准直仪和激光干涉仪等。其特点是测量精度高，结构较复杂。

5）气动类量仪是以压缩空气为介质，通过气动系统流量或压力的变化来实现原始信号转换的计量仪器，如压力式气动量仪、流量计式气动量仪等。其特点是结构简单，测量精度、测量效率和灵敏度较高，操作方便，示值范围小，抗干扰性强，线性范围小。

6）电动类量仪是指将被测量通过传感器转变为电量，再经变换而获得读数的计量仪器，其一般都具有放大、滤波等电路，如电感比较仪、电动轮廓仪等。其特点是灵敏度高，示值范围小，精度高，测量信号经模/数（A/D）转换后易于与计算机接口，实现测量和数据处理的自动化。

7）光电类量仪，如光电显微镜、光栅测长机等。

8）机电光综合类量仪，如三坐标测量仪、齿轮测量中心等。其特点是精度高，结构复杂，可以对结构复杂的工件进行二维、三维高精度测量。它是计算机技术应用于各类量仪的产物，也是测量仪器的发展趋势。

（4）计量装置　**计量装置**是指为确定被测量值所必需的计量器具和辅助设备的总体。它能够测量同一工件上较多的几何量和形状比较复杂的工件，有助于实现检测自动化或半自动化。如齿轮综合精度检查仪、发动机缸体孔的几何精度综合测量仪等。

2.2.3　计量器具的主要技术指标

计量器具的基本技术指标是合理选择、使用和研究计量器具的重要依据。计量器具的常用计量技术指标如下：

1）**标尺间距**（分度间距）是指计量器具的刻度标尺或分度盘上相邻刻线中心之间的距离或圆弧长度。考虑到人的视觉特点，一般为 1~2.5mm。

2）**分度值**（刻度值）是指计量器具的刻度标尺或分度盘上每一刻度间距所代表的量值，其表示计量器具所能读出的被测尺寸的最小单位，一般均以不同形式标明在刻度标尺或分度盘上。例如，千分尺的微分套筒上相邻两刻线间距所代表的量值为 0.01mm，即分度值为 0.01mm。分度值通常取 1、2、5 的倍数，如 0.01mm、0.001mm、0.002mm 和 0.005mm 等。对于数显式量仪，其分度值称为分辨力。一般来说，分度值越小，计量器具的精度越高。

3）**示值范围**是指计量器具所显示或指示的最小值到最大值的范围。例如，立式光学比较仪的示值范围为 ±0.1mm，机械式测微仪的示值范围为 ±100μm。

4）**测量范围**是指在允许的误差范围内，计量器具所能测出的被测量值的最小值到最大值的范围。例如，立式光学比较仪的测量范围为 0~180mm，也可以说其量程为 180mm。某些计量器具的测量范围和示值范围是相同的，如游标卡尺和千分尺。

5）**分辨力**是指计量器具所能显示的最末一位数所代表的量值。由于在一些量仪（如数显式量仪）中，其读数采用非标尺或非分度盘显示，因此就不能使用分度值这一概念，而将其称为分辨力。例如，国产 JC19 型数显式万能工具显微镜的分辨力为 $0.5\mu m$。

6）**测量力**是指计量器具的测头与被测表面之间的机械接触压力。在接触测量中，要求有恒定的测量力。

7）**示值误差**是指计量器具显示的数值与被测量真值的代数差。示值误差可从说明书或检定规程中查得，也可通过实验统计确定。

8）**示值变动性**是指在测量条件不变的情况下，对同一被测量进行多次（一般 5～10 次）重复测量时，系列测得值的最大变动量。

9）**灵敏度**是指计量器具对被测量变化的反映能力。若被测量变化为 Δx，所引起的计量器具的相应变化为 ΔL，则灵敏度 S 为

$$S = \frac{\Delta L}{\Delta x} \tag{2-1}$$

当式（2-1）中的分子和分母为同一类量时，灵敏度又称为放大比或放大倍数，其值为常数。放大倍数 K 为

$$K = \frac{a}{i} \tag{2-2}$$

式中　　a ——计量器具的标尺间距；

　　　　i ——计量器具的分度值。

10）**灵敏阈**（灵敏限）是指引起仪器示值可察觉变化的被测量的最小变化值。它表示计量器具对被测量微小变化的敏感能力。

11）**回程误差**是指当被测量不变，在相同测量条件下，计量器具沿正、反行程对同一被测量值进行测量时，计量器具示值之差的绝对值。

12）**修正值**（校正值）是指为消除系统误差，用代数法加到未修正的测量结果上的值。修正值与计量器具的系统误差的绝对值相等而符号相反。

13）**测量的不确定度**是指由于测量误差的存在而对被测量值不能肯定的程度。它直接反映测量结果的置信度。

2.3　测量误差和数据处理

2.3.1　测量误差的基本概念

对于任何测量过程，由于计量器具和测量条件方面的限制，不可避免地会出现或大或小的测量误差。因此，每一个实际测得值，往往只是在一定程度上接近被测量的真值，这种实际测得值与被测量的真值之差称为**测量误差**。一般情况下，被测量的真值是未知的，在实际测量时，常用相对真值或不存在系统误差情况下的多次测量的算术平均值来代表真值。测量误差可以分为绝对误差和相对误差。

1. 绝对误差 δ

绝对误差是指被测量的测得值（仪表的指示值）x 与其真值 x_0 之差，即

$$\delta = x - x_0 \tag{2-3}$$

由于测得值 x 可能大于或小于真值 x_0，所以测量误差 δ 可能是正值也可能是负值。因此，真值为

$$x_0 = x \pm |\delta| \tag{2-4}$$

式（2-4）表示：可用测得值 x 和测量误差 δ 来估算真值 x_0 所在的范围。测量误差的绝对值越小，说明测得值越接近真值，因此测量精度就越高。反之，测量精度就越低。但这一结论只适用于被测尺寸相同的情况下，而不能适用于被测尺寸不同时被测量的测量精度。为此，需要用相对误差来表示或比较大小不同的被测量的测量精度。

2. 相对误差 f

相对误差是指绝对误差 δ 的绝对值 $|\delta|$ 与被测量真值 x_0 之比，即

$$f = \frac{|x - x_0|}{x_0} \times 100\% = \frac{|\delta|}{x_0} \times 100\% \tag{2-5}$$

例如，测得两个孔直径大小分别为 26.97mm 和 51.96mm，绝对误差分别为 +0.01mm 和 +0.015mm，则由式（2-5）计算得到其相对误差分别为

$$f_1 = \frac{0.01}{26.97} \times 100\% = 0.037\%$$

$$f_2 = \frac{0.015}{51.96} \times 100\% = 0.029\%$$

显然后者的测量精度比前者高。

在实际测量中，由于被测量真值是未知的，而测得值又很接近真值，因此可以用测得值 x 代替真值 x_0 来计算相对误差。

2.3.2　测量误差产生的原因

测量误差的存在使测得值只能近似地反映被测量的真值。为了减小测量误差，提高测量精度，就必须分析产生测量误差的原因，在实际测量中，产生测量误差的因素有很多，归纳起来主要有以下几个方面：

1. 计量器具误差

计量器具误差是指计量器具本身在设计、制造和使用过程中产生的各项误差。许多测量仪器为了简化结构，设计时常采用近似机构，如杠杆齿轮比较仪中测杆的直线位移与指针的角位移不成正比，而表盘标尺却采用等分刻度。使用这类仪器时必须注意其示值范围。

另外一项常见的计量器具误差就是阿贝误差，即由于违背阿贝原则所产生的测量误差。阿贝原则是指测量长度时，应使被测工件的尺寸线（简称为被测线）和量仪中作为标准的刻度尺（简称为标准线）重合或顺次排成一条直线。例如，千分尺的标准线（测微螺杆轴线）与工件被测线（被测直径）在同一条直线上，而游标卡尺作为标准长度的刻度尺与被测直径不在同一条直线上，所以用千分尺测量轴径要比用游标卡尺测量轴径的测量误差更小，即测量精度更高。

计量器具组成零件的制造误差、装配误差以及使用中的变形也会产生测量误差。

2. 测量方法误差

测量方法误差是指测量方法的不完善（包括计算公式不准确，测量方法选择不当，工

件安装、定位不准确，测量力不稳定等）引起的误差。例如：在接触测量中，由于测头测量力的影响，引起的计量器具和零件表面变形误差；间接测量中计算公式的不准确，测量过程中工件安装、定位不合理，测量基准的不统一等都会引起测量误差。

为了消除或减小测量方法误差，应对各种测量方案进行误差分析，尽可能在最佳条件下进行测量，并对误差予以修正。

3. 测量环境误差

测量环境误差是指测量时的环境条件不符合标准条件所引起的误差。测量的环境条件包括温度、湿度、气压、振动、照明、电磁场及灰尘等。其中温度对测量结果的影响最大。图样上标注的各种尺寸、公差和极限偏差都是以标准温度 20℃ 为依据的。在测量时，当工件尺寸较大、温度偏离标准值较多并且被测工件与计量器具的线膨胀系数相差较大或者工件与计量器具温差较大时，都会引起较大的测量误差 ΔL，其值为

$$\Delta L = L[\alpha_2(t_2 - 20) - \alpha_1(t_1 - 20)] \tag{2-6}$$

式中　ΔL——测量误差（mm）；

　　　L——被测尺寸（mm）；

　　　t_1、t_2——计量器具和被测工件的温度（℃）；

　　　α_1、α_2——计量器具和被测工件的线膨胀系数（1/℃）。

4. 人员误差

人员误差是指测量人员的主观因素所引起的误差。例如，测量人员技术不熟练、视觉偏差和估读判断错误等引起的误差。

总之，产生误差的因素有很多，有些误差是不可避免的，但有些是可以避免的或者通过修正来消除的。因此，测量人员应对一些可能产生测量误差的原因进行分析，掌握其影响规律，采取相应的措施，设法避免、消除或减小其对测量结果的影响，以保证测量精度。

2.3.3　测量误差的分类

测量误差按其特点和性质可分为系统误差、随机误差和粗大误差。

1. 系统误差

系统误差是指在相同条件下多次重复测量同一量值时，大小和符号均保持不变或按一定规律变化的测量误差。前者称为**定值系统误差**，后者称为**变值系统误差**。

计量器具本身性能不完善、测量方法不完善、测量人员对仪器使用不当和环境条件的变化等原因都可能产生系统误差。定值系统误差可以用加**修正值**的方法消除。例如，在大型工具显微镜上测量工件的长度，由于玻璃刻尺的刻度误差引起的测量误差是定值系统误差，对于这种误差，可以通过检定的方法获得，并用加修正值的方法对测量结果加以修正。温度、气压等环境条件的变化则可能产生变值系统误差，而变值系统误差不能通过加修正值的方法消除。

系统误差的大小表明测量结果的准确度，它说明测量结果相对真值有一定的误差。系统误差越小，则测量结果的准确度越高。系统误差对测量结果影响较大，要尽量**减少**或**消除**系统误差，提高测量精度。

2. 随机误差

随机误差是指在相同条件下，多次测量同一量值时，大小和符号以不可预见的方式变化

的误差。随机误差是由测量过程中一些偶然性因素或不确定因素引起的。例如，量仪传动机构的间隙、摩擦、测量力的不稳定以及温度波动等引起的测量误差，都属于随机误差。

随机误差是不可避免的，也不能用实验的方法加以修正或消除，只能估计和减小它对测量结果的影响。就某一次具体测量而言，随机误差的绝对值大小和符号无法预先知道。但对同一被测量进行连续多次重复测量而得到一系列测得值（简称为测量列）时，随机误差通常服从正态分布规律，因此，可以应用概率论与数理统计的方法来对它进行处理。随机误差的正态分布曲线如图 2-5 所示，横坐标表示随机误差 δ，纵坐标表示概率密度 y。

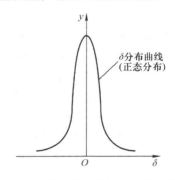

图 2-5　随机误差的正态分布曲线

从图 2-5 中可以看出，随机误差具有以下四个分布特性：

1）单峰性。绝对值越小的随机误差出现的概率越大，反之则越小。绝对值为零的随机误差出现的概率最大。

2）对称性。绝对值相等、符号相反的随机误差出现的概率相等。

3）有界性。在一定的测量条件下，随机误差的绝对值不会超出一定界限。

4）抵偿性。随着测量次数的增加，随机误差的算术平均值趋向于零，即各次随机误差的代数和趋于零，这一特性是对称性的必然反映。

根据概率论的原理，正态分布密度函数为

$$y = \frac{1}{\sigma\sqrt{2\pi}}e^{-\frac{\delta^2}{2\sigma^2}} \tag{2-7}$$

式中　y——随机误差的概率密度；

　　　e——自然对数的底（$e = 2.71828\cdots$）；

　　　δ——随机误差，它是指在没有系统误差的条件下，测得值 x_i 与真值 x_0 之差（$\delta_i = x_i - x_0$）；

　　　σ——随机误差的标准偏差，σ^2 为方差。

理论上从式（2-7）可以看出，概率密度 y 的大小与随机误差 δ、标准偏差 σ 有关。当 $\delta = 0$ 时，概率密度 y 最大，即 $y_{max} = 1/(\sigma\sqrt{2\pi})$，显然概率密度最大值 y_{max} 是随标准偏差 σ 变化的。标准偏差 σ 越小，正态分布曲线就越陡，随机误差的分布就越集中，表示测量精度就越高。反之，标准偏差 σ 越大，正态分布曲线就越平坦，随机误差的分布就越分散，表示测量精度就越低。如图 2-6 所示，不同的 σ 对应不同形状的正态分布曲线，图中：$\sigma_1 < \sigma_2 < \sigma_3$，而 $y_{1max} > y_{2max} > y_{3max}$。

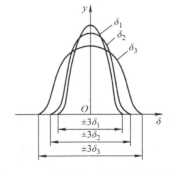

图 2-6　三种不同 σ 的正态分布曲线

从理论上讲，正态分布曲线中心位置的均值代表被测量的真值 x_0，标准偏差 σ 代表测得值的分散程度。

根据误差理论，随机误差的标准偏差 σ 的数学表达式为

$$\sigma = \sqrt{\frac{\delta_1^2 + \delta_2^2 + \cdots + \delta_n^2}{n}} = \sqrt{\frac{\sum\limits_{i=1}^{n}\delta_i^2}{n}} \qquad (2\text{-}8)$$

式中　δ_1，δ_2，$\cdots$，δ_n——测量列中各个测得值相应的随机误差；

　　　　n——测量次数。

为了减小随机误差的影响，可以采用多次测量并取其算术平均值作为测量结果。

由于随机误差具有有界性，因此随机误差的大小不会超过一定的范围。随机误差的极限值就是测量极限误差。

由概率论与数理统计的知识可知，正态分布曲线和横坐标轴间所包含的面积等于所有随机误差出现的概率总和，若随机误差区间落在（$-\infty$，$+\infty$）之间，则其概率为 1，即

$$P_{(-\infty, +\infty)} = \int_{-\infty}^{+\infty} \frac{1}{\sigma\sqrt{2\pi}} e^{-\frac{\delta^2}{2\sigma^2}} \mathrm{d}\delta = 1 \qquad (2\text{-}9)$$

若随机误差落在（$-\delta$，$+\delta$）内，则其概率 p 为

$$p = \int_{-\delta}^{+\delta} \frac{1}{\sigma\sqrt{2\pi}} e^{-\frac{\delta^2}{2\sigma^2}} \mathrm{d}\delta \qquad (2\text{-}10)$$

为计算方便，令 $z = \dfrac{\delta}{\sigma}$，则 $\mathrm{d}z = \dfrac{\mathrm{d}\delta}{\sigma}$，将其带入式（2-10）得

$$p = \frac{1}{\sqrt{2\pi}} \int_{-z}^{+z} e^{-\frac{z^2}{2}} \mathrm{d}z = \frac{2}{\sqrt{2\pi}} \int_{0}^{z} e^{-\frac{z^2}{2}} \mathrm{d}z \qquad (2\text{-}11)$$

令 $p = 2\Phi(z)$，则

$$\Phi(z) = \frac{1}{\sqrt{2\pi}} \int_{0}^{z} e^{-\frac{z^2}{2}} \mathrm{d}z \qquad (2\text{-}12)$$

式（2-12）是将所求概率转化为变量 z 的函数，该函数称为拉普拉斯函数，也称为概率函数积分。只要确定了 z 值，就可由式（2-12）计算出 $\Phi(z)$ 值。实际使用时，可直接查表 2-3。

表 2-3　几个特殊区间的概率值表

z	δ	$\Phi(z)$	p	测量次数	超出 $|\delta|$ 的测量次数
1	$\pm\sigma$	0.3413	0.6826 = 68.26%	3	1
2	$\pm 2\sigma$	0.4772	0.9544 = 95.44%	22	1
3	$\pm 3\sigma$	0.49865	0.9973 = 99.73%	370	1
4	$\pm 4\sigma$	0.49997	0.9999 = 99.99%	15626	1

由上述可见，正态分布的随机误差的 99.73% 可能分布在 $\pm 3\sigma$ 范围内，而超出该范围的概率仅为 0.27%，因此可知绝对值大于 3σ 的随机误差几乎是不可能出现的。通常将 $\pm 3\sigma$ 作为单次测量的随机误差的极限值，记为

$$\delta_{\mathrm{lim}} = \pm 3\sigma = \pm 3\sqrt{\frac{\sum\limits_{i=1}^{n}\delta_i^2}{n}} \qquad (2\text{-}13)$$

因此单次测量的测量结果为

$$x = x_i \pm \delta_{\lim} = x_i \pm 3\sigma \qquad (2\text{-}14)$$

3. 粗大误差

粗大误差（也称为过失误差），它往往是由测量人员的疏忽或测量环境条件的突然变化引起的，其数值远远超出随机误差或系统误差。粗大误差如仪器操作不正确、读错数、记错数和计算错误等。由于粗大误差明显歪曲测量结果，因此在处理测量数据时，应根据判别粗大误差的准则设法将其**剔除**。

2.3.4　测量精度分类

测量精度是指被测几何量的测得值与其真值的接近程度。它和测量误差是从两个不同角度说明同一概念的术语。测量误差越大，则测量精度就越低；测量误差越小，则测量精度就越高。为了反映系统误差和随机误差对测量结果的不同影响，测量精度可分为以下几种。

（1）正确度　**正确度**反映测量结果受系统误差的影响程度。系统误差越小，正确度越高。

（2）精密度　**精密度**反映测量结果受随机误差的影响程度。它是指在一定测量条件下连续多次测量所得的测得值之间相互接近的程度。随机误差越小，精密度越高。

（3）准确度　**准确度**是指连续多次测量所得的测得值与真值的接近程度，反映测量结果同时受系统误差和随机误差的综合影响程度。若系统误差和随机误差都小，则准确度就高。

对于一个具体的测量，精密度越高，正确度不一定越高；正确度越高，精密度也不一定越高；精密度和正确度都高的测量，准确度就越高；精密度和正确度当中有一个不高，准确度就不高。

以射击为例，如图 2-7 所示，中间小圆表示靶心，点表示弹孔。其中，图 2-7a 表示系统误差大而随机误差小，即正确度低而精密度高；图 2-7b 表示系统误差小而随机误差大，即正确度高而精密度低；图 2-7c 表示系统误差和随机误差均大，即准确度低；图 2-7d 表示系统误差和随机误差均小，即准确度高。

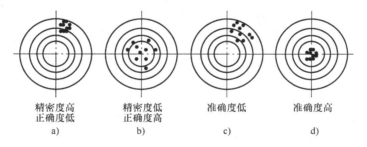

图 2-7　正确度、精密度、准确度示意图

2.3.5　误差处理和测量结果的表示

通过对某一被测几何量进行连续多次的重复测量，得到一系列的测量数据（测得值）即测量列，测量列中可能同时存在系统误差、随机误差和粗大误差，因此必须对这些误差进行

处理，以消除或减小测量误差的影响，提高测量精度。

1. 测量列中系统误差的处理

在实际测量中，系统误差以一定的规律对测量结果产生较显著的影响，因此，分析处理系统误差的关键首先在于发现系统误差，进而设法消除或减小系统误差，以便有效地提高测量精度。

（1）发现系统误差的方法　在测量过程中产生系统误差的因素是复杂多样的，但目前还没有找到可以发现各种系统误差的方法，因此查明所有的系统误差是很困难的事情，同时也不可能完全消除系统误差的影响。下面只介绍适用于发现某些系统误差常用的两种方法。

1）用实验对比法发现定值系统误差。定值系统误差可以用实验对比的方法发现，即通过改变测量条件进行不等精度的测量来揭示定值系统误差。例如，量块按标称尺寸使用时，量块的尺寸偏差使测量结果中存在着定值系统误差，这时可用高精度仪器对量块的实际尺寸进行鉴定来发现，或用另一块高一级精度的量块进行对比测量来发现（以两者对同一量值进行相同测量次数的多次重复测量，求出其算术平均值之差，作为定值系统误差）。定值系统误差的大小和符号均不变，一般不影响测量误差的分布规律，只改变测量误差分布中心的位置。

2）用残差观察法发现变值系统误差。将测量列按测量顺序排列（或作图）观察各残差（残差是各测得值与测得值的算术平均值之差）的变化规律，若各残差大体上正负相间、无明显的变化规律，如图 2-8a 所示，则不存在变值系统误差；若各残差有规律地递增或递减，且在测量开始与结束时符号相反，如图 2-8b 所示，则存在线性系统误差；若各残差的符号有规律地周期变化，如图 2-8c 所示，则存在周期性系统误差；若残差按某种特定的规律变化，如图 2-8d 所示，则存在复杂变化的系统误差。显然，在应用残差观察法时，必须有足够的重复测量次数以及按各测得值的先后顺序进行作图，否则变化规律不明显，判断的可靠性就差。

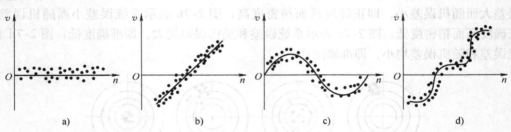

图 2-8　变值系统误差

（2）系统误差的消除　系统误差对测量精度影响最大，必须尽可能予以消除。

1）从误差根源上消除。这是清除系统误差最根本的方法。这要求测量人员在测量前，对测量过程中可能产生系统误差的环节做仔细分析，将误差从产生根源上加以消除。例如，在测量前仔细调整仪器工作台，调准零位，测量仪器和被测工件应处于标准温度状态，测量人员要正确读数。

2）用加修正值的方法消除。预先将计量器具的误差鉴定出来，制成修正表，测量时，在修正表中选取与误差数值相同而符号相反的值作为修正值，将测得值加上相应的修正值，即可得到不包含该系统误差的测量结果。例如，量块的实际尺寸不等于标称尺寸，若按标称尺寸使用，就要产生系统误差，而按经过检定的量块实际尺寸使用，就可避免该系统误差的产生。

3）用抵消法消除。若两次测量所产生的系统误差大小相等或相近、符号相反，则取两次测量的平均值作为测量结果，就可使固定的系统误差互相抵消。例如，在工具显微镜上测量螺纹的螺距时，由于工件安装时其轴线与仪器工作台纵向移动的方向不重合，从而产生测量误差，从图2-9中可以看出，实测左螺距比实际左螺距大，实测右螺距比实际右螺距小。为了减少安装不正确而引起的系统误差对测量结果的影响，必须分别测出左右螺距（图中为双线螺纹），取二者的平均值作为测得值，从而减小了安装不正确而引起的系统误差。

4）用对称测量法消除。对称法是减小和消除线性系统误差较为有效的方法。按测量顺序对某一量对称地进行测量，取对某一中间数值两端对称的测量值的平均值，如图2-10所示取$(Q_1 + Q_5)/2 = (Q_2 + Q_4)/2 = Q_3$。

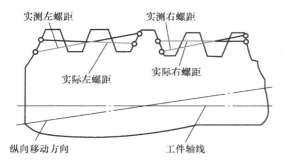

图2-9　用抵消法消除系统误差

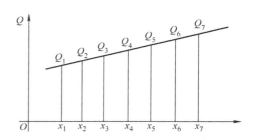

图2-10　用对称测量法消除系统误差原理图

5）用半周期法消除。对于周期性变化的变值系统误差，可用半周期法消除，即取相隔半个周期的两个测得值的平均值作为测量结果。

虽然从理论上讲系统误差可以完全消除，但由于种种因素的影响，实际上系统误差只能减小到一定程度。例如，采用加修正值的方法消除系统误差，由于修正值本身也含有一定的误差，因此不可能完全消除系统误差。如能将系统误差减小到使其影响相当于随机误差的程度，则可认为系统误差已被消除。

2. 测量列中随机误差的处理

从2.3.3节的分析可知，随机误差的出现是不规律的，也是不可避免和不可能消除的，只能将多次测量同一量的各测得值用概率论与数理统计的方法来处理，以估算随机误差的范围和分布规律，最后对测量结果进行处理。由于被测量的真值未知，所以不能直接计算求得标准偏差σ的数值。在实际测量时，当测量次数N充分大时，随机误差的算术平均值趋于零，便可以用测量列中各个测得值的算术平均值代替真值，并估算出标准偏差，进而确定测量结果。在假定测量列中不存在系统误差和粗大误差的前提下，可按下列步骤对随机误差进行处理。

1）计算测量列的**算术平均值** $\bar{x}$。在同一条件下，对同一被测量进行多次（n次）重复测量，得到一系列测得值x_1，x_2，$\cdots$，x_n，这是一组等精度的测量数据，这些测得值的算术平均值为

$$\bar{x} = \frac{x_1 + x_2 + \cdots + x_n}{n} = \frac{\sum\limits_{i=1}^{n} x_i}{n} \qquad (2\text{-}15)$$

式中　n——测量次数。

测量列的误差分别为

$$\left.\begin{array}{l} \delta_1 = x_1 - x_0 \\ \delta_2 = x_2 - x_0 \\ \vdots \\ \delta_n = x_n - x_0 \end{array}\right\} \qquad (2\text{-}16)$$

对以上各式求和，得

$$\sum_{i=1}^{n} \delta_i = \sum_{i=1}^{n} x_i - n x_0$$

真值为

$$x_0 = \frac{\sum\limits_{i=1}^{n} x_i}{n} - \frac{\sum\limits_{i=1}^{n} \delta_i}{n} = \bar{x} - \frac{\sum\limits_{i=1}^{n} \delta_i}{n} \qquad (2\text{-}17)$$

由随机误差的抵偿性可知

$$\lim_{n \to \infty} \frac{\delta_1 + \delta_2 + \cdots + \delta_n}{n} = 0$$

因此有

$$\bar{x} \to x_0 \qquad (2\text{-}18)$$

事实上，无限次测量是不可能的。在进行有限次测量时，仍可证明算术平均值最接近真值 x_0。所以，当测量列中没有系统误差和粗大误差时，一般取全部测得值的**算术平均值**作为测量结果。

2）计算**残差**（v_i）。用算术平均值 $\bar{x}$ 代替真值后计算得到的误差，称为**残余误差**（简称为残差），记作 v_i，即

$$v_i = x_i - \bar{x} \qquad (2\text{-}19)$$

在测量时，真值是未知的，因为测量次数 $n \to \infty$ 是不可能的，所以在实际应用中以算术平均值 $\bar{x}$ 代替真值 x_0，以残差 v_i 代替随机误差 δ_i。

残差有两个特性：

① 一组测量值的残差代数和等于零，即 $\sum\limits_{i=1}^{n} v_i = 0$。此性质可用来检验数据处理中求得的算术平均值和残差是否正确。

② 残差的平方和为最小（$\sum\limits_{i=1}^{n} v_i^2 = \min$）。由此可见，用算术平均值 $\bar{x}$ 代替真值作为测量结果是最可靠且最合理的。

3）计算测量列中任一测得值的**标准偏差** σ。它是表征对同一被测量进行 n 次测量所得测得值的分散程度的参数。由于随机误差 δ_i 是未知量，实际测量时常用残差 v_i 代替 δ_i，所以不能直接用式（2-8）求 σ 值，而要用贝塞尔（Bessel）公式求出 σ 的估计值，即

$$\sigma = \sqrt{\frac{\sum\limits_{i=1}^{n} v_i^2}{n-1}} = \sqrt{\frac{\sum\limits_{i=1}^{n} (x_i - \bar{x})^2}{n-1}} \tag{2-20}$$

单次测量的随机误差的极限值及测量结果的表达见式（2-13）、式（2-14）。

4）计算测量列算术平均值的标准偏差 $\sigma_{\bar{x}}$。在一定的测量条件下，如果对同一被测量进行 m 组（每组 n 次）测量时，得到 m 个算术平均值为 $\bar{x}_1$、$\bar{x}_2$、$\cdots$、$\bar{x}_m$，每组 n 次测量结果的算术平均值 $\bar{x}_i$ 也不会完全相同，即 $\bar{x}_i$ 本身也是一个随机变量。它们分布在真值 x_0 附近，不过它们的分散程度要比单次测量值 x_i 的分散程度要小得多。描述它们的分散程度同样可以用标准偏差作为评定指标。根据误差理论，测量列算术平均值 $\bar{x}_i$ 的标准偏差 $\sigma_{\bar{x}}$ 与测量列单次测量值 x_i 的标准偏差 σ 有以下关系，即

$$\sigma_{\bar{x}} = \frac{\sigma}{\sqrt{n}} = \sqrt{\frac{\sum\limits_{i=1}^{n} v_i^2}{n(n-1)}} \tag{2-21}$$

5）计算测量列算术平均值的极限误差 $\delta_{\lim(\bar{x})}$。测量列算术平均值的极限误差为

$$\delta_{\lim(\bar{x})} = \pm 3\sigma_{\bar{x}} \tag{2-22}$$

于是，测量结果可表示为

$$x = \bar{x} \pm \delta_{\lim(\bar{x})} = \bar{x} \pm 3\sigma_{\bar{x}} = \bar{x} \pm 3\frac{\sigma}{\sqrt{n}} \tag{2-23}$$

由式（2-21）可知，增加重复测量次数 n 可提高测量的精密度。但由于 σ 与 $\sigma_{\bar{x}}$ 的比值与测量次数 n 的平方根成正比，σ 一定时，当 $n > 20$ 以后，再增加重复测量次数，$\sigma_{\bar{x}}$ 减小已很缓慢，对提高测量精密度效果不大，故一般取 $n = 10 \sim 15$。

3. 测量列中粗大误差的处理

粗大误差数值较大，从而使测量结果严重失真，故应从测量数据中将其**剔除**。发现和剔除粗大误差的方法，通常是用重复测量或者改用另一种测量方法加以核对。对于服从正态分布的一组等精度测量数据，判断和剔除粗大误差较简便的方法是按 3σ 准则。3σ 准则的具体做法是：对于在相同测量条件下多次测量获得的一组测量值，如果某个测量值的残余误差的绝对值超过 3σ，则认为该数据含有粗大误差，予以剔除；然后，重新进行统计检验，直至所有测量值的残余误差的绝对值均不超过 3σ 为止。

2.3.6　间接测量中函数误差的计算

间接测量值是把直接测量的结果带入函数关系式（即测量公式）计算而得到的。由于直接测量有误差，导致间接测量也有误差。间接测量结果的不确定度取决于直接测量结果的被测量的函数关系式，即 $y = f(x_1, x_2, \cdots, x_n)$。$x_1, x_2, \cdots, x_n$ 为各自独立的直接测量量。

测量结果：$\bar{y} = f(\bar{x}_1, \bar{x}_2, \cdots, \bar{x}_n)$。

间接测量不确定度：对被测量的函数关系式进行全微分，求出结果的不确定度。为使微分简化，具体分为以下两种形式。

1）当测量公式为和差形式时，$y = f(x_1, x_2, \cdots, x_n)$ 直接用微分求不确定度 Δy。

$$dy = \frac{\partial f}{\partial x_1} dx_1 \pm \frac{\partial f}{\partial x_2} dx_2 \pm \cdots \pm \frac{\partial f}{\partial x_n} dx_n$$

$$\Delta y = \sqrt{\left(\frac{\partial f}{\partial x_1}\Delta x_1\right)^2 + \left(\frac{\partial f}{\partial x_2}\Delta x_2\right)^2 + \cdots + \left(\frac{\partial f}{\partial x_n}\Delta x_n\right)^2} = \sqrt{\sum_{i=1}^{n}\left(\frac{\partial f}{\partial x_i}\Delta x_i\right)^2}$$

例 2.1　求 $y = 3A - B$ 的不确定度的表达式。

解：对 y 求微分得

$$dy = 3dA - dB$$

用不确定度符号代替微分符号并合成得

$$\Delta y = \sqrt{9(\Delta A)^2 + (\Delta B)^2}$$

2）当测量公式为乘、除、指数等形式时，对 $y = f(x_1, x_2, \cdots, x_n)$ 先取对数，再微分求相对不确定度 $\Delta y/y$。

$$\ln y = f(\ln x_1 \pm \ln x_2 \pm \cdots \pm \ln x_n)$$

$$\frac{dy}{y} = \frac{\partial \ln f}{\partial x_1}dx_1 \pm \frac{\partial \ln f}{\partial x_2}dx_2 \pm \cdots \pm \frac{\partial \ln f}{\partial x_n}dx_n$$

$$\frac{\Delta y}{y} = \sqrt{\left(\frac{\partial \ln f}{\partial x_1}\Delta x_1\right)^2 + \left(\frac{\partial \ln f}{\partial x_2}\Delta x_2\right)^2 + \cdots + \left(\frac{\partial \ln f}{\partial x_n}\Delta x_n\right)^2} = \sqrt{\sum_{i=1}^{n}\left(\frac{\partial \ln f}{\partial x_i}\Delta x_i\right)^2}$$

例 2.2　求 $y = \dfrac{3A}{B^5}$ 的不确定度的表达式。

解：对 y 取对数得

$$\ln y = \ln 3 + \ln A - 5\ln B$$

再求微分得

$$\frac{dy}{y} = \frac{dA}{A} - 5\frac{dB}{B}$$

用不确定度符号代替微分符号并合成得

$$\frac{\Delta y}{y} = \sqrt{\left(\frac{\Delta A}{A}\right)^2 + 25\left(\frac{\Delta B}{B}\right)^2}$$

测量结果通常按如下方式表示：

$$y = \bar{y} \pm \Delta y = \underline{\hspace{2cm}}(p = 0.683)$$

$$\frac{\Delta y}{y} = \underline{\hspace{2cm}}$$

常用函数的不确定度关系式见表 2-4。

表 2-4　常用函数的不确定度关系式

函数	不确定度关系式
$y = A \pm B$	$\Delta y = \sqrt{(\Delta A)^2 + (\Delta B)^2}$
$y = AB$ 或 $y = A/B$	$\frac{\Delta y}{y} = \sqrt{\left(\frac{\Delta A}{A}\right)^2 + \left(\frac{\Delta B}{B}\right)^2}$
$y = kA$	$\Delta y = k\Delta A$
$y = A^k B^m / C^n$	$\frac{\Delta y}{y} = \sqrt{\left(k\frac{\Delta A}{A}\right)^2 + \left(m\frac{\Delta B}{B}\right)^2 + \left(n\frac{\Delta C}{C}\right)^2}$

（续）

函数	不确定度关系式
$y = \sqrt[n]{A}$	$\dfrac{\Delta y}{y} = \dfrac{1}{n}\dfrac{\Delta A}{A}$
$y = \ln A$	$\Delta y = \dfrac{\Delta A}{A}$
$y = \sin A$	$\Delta y = |\cos A|\Delta A$

例 2.3　用一级千分尺（$\Delta_{仪} = \pm 0.004\text{mm}$）对一钢丝直径 d 进行六次测量，测量结果分别为 2.125mm、2.131mm、2.121mm、2.127mm、2.124mm、2.126mm。千分尺的零位读数 d_0 为 -0.008mm，要求进行数据处理，写出测量结果。

解：测量数据及数据处理见表 2-5。

表 2-5　测量数据及数据处理

i	1	2	3	4	5	6
d/mm	2.125	2.131	2.121	2.127	2.124	2.126
$\overline{d}_{(0)}/\text{mm}$	2.126					
δ_d/mm	-0.001	0.005	-0.005	0.001	-0.002	0

消除确定定值系统误差后的平均值：

$$\overline{d} = \overline{d}_{(0)} - d_0 = 2.126\text{mm} - (-0.008\text{mm}) = 2.134\text{mm}$$

（1）A 类分量　测量列的标准差：

$$\sigma = \sqrt{\frac{1}{6-1}\sum_{i=1}^{6}(\delta_d)^2} = 0.0033\text{mm}(n \geqslant 6)$$

经检查测量列中无坏值。

平均值的标准差：

$$\sigma_{\overline{d}} = \frac{\sigma}{\sqrt{6}} = 0.001\text{mm}$$

$$\Delta X_A = \sigma_{\overline{d}} = 0.001\text{mm}$$

（2）B 类分量　仪器不确定度：

$$\Delta_{仪} = \pm 0.004\text{mm}$$

$$\Delta X_B = \frac{\Delta_{仪}}{\sqrt{3}} = \frac{\pm 0.004}{\sqrt{3}}\text{mm}$$

不确定度：

$$\Delta d = \sqrt{0.001^2 + \frac{0.004^2}{3}}\text{mm} = 0.002\text{mm}$$

相对不确定度：

$$\frac{\Delta d}{\overline{d}} = \frac{0.002}{2.134} \times 100\% = 0.094\%$$

测量结果：

$$d = (2.134 \pm 0.002)\,\mathrm{mm}\,(P = 0.683)$$

$$\frac{\Delta d}{\overline{d}} = 0.094\%$$

例 2.4 单摆法测量重力加速度的公式为 $g = \dfrac{4\pi^2 L}{T^2}$。各直接测量量的结果为：$T = (1.984 \pm 0.002)\,\mathrm{s}$，$\dfrac{\Delta T}{T} = 0.10\%$；$L = (97.8 \pm 0.1)\,\mathrm{cm}$，$\dfrac{\Delta L}{L} = 0.10\%$（$P = 0.683$）。试进行数据处理，写出测量结果。

解： $\overline{g} = \dfrac{4\pi^2 L}{T^2} = 980.9\,\mathrm{cm/s^2}$

相对不确定度：

$$\frac{\Delta g}{g} = \sqrt{\left(\frac{\Delta L}{L}\right)^2 + \left(2\,\frac{\Delta T}{T}\right)^2} = 0.22\%$$

不确定度：

$$\Delta g = \frac{\Delta g}{g}\,\overline{g} = 2\,\mathrm{cm/s^2}$$

测量结果：

$$g = \overline{g} \pm \Delta g = (981 \pm 2)\,\mathrm{cm/s^2} \quad (p = 0.683)$$

$$\frac{\Delta g}{g} = 0.22\%$$

习　题

2-1　测量的实质是什么？一个完整的测量过程包括哪几个要素？

2-2　什么是尺寸传递系统？建立尺寸传递系统有什么意义？

2-3　量块的"等""级"是根据什么划分的？在实际测量中，按"级"和按"等"使用量块有什么区别？

2-4　计量器具的基本度量指标有哪些？其含义是什么？

2-5　试述测量误差的分类、特性及其处理原则。

2-6　什么是系统误差、随机误差和粗大误差？三者有什么区别？如何进行处理？

2-7　试从 46 块一套的量块中，组合下列尺寸：51.59mm、82.456mm、20.73mm。

2-8　设对某一个轴径在同一位置上重复测量 10 次，读数如下：29.955mm、29.958mm、29.957mm、29.958mm、29.956mm、29.957mm、29.958mm、29.955mm、29.957mm、29.959mm。设已消除了系统误差，试求测量结果。

2-9　用两种方法分别测量尺寸为 100mm 和 80mm 的零件，其测量绝对误差分别是 8μm 和 7μm，试问此两种测量方法哪种测量精度高？为什么？

第3章

极限与配合

【学习指导】

本章要求学生掌握极限与配合制的基本术语及其定义；了解标准公差和基本偏差数值表的由来，并能熟练查表；能对圆柱体结合的精度进行合理设计并在图样上正确标注。

3.1 概述

1. 任务引入

在图 2-1 所示的减速器输出轴零件图中，一些关键尺寸，如 $\phi40m6$、$\phi50k6$ 和 $\phi52k6$ 等，其中 m6、k6 是什么含义呢？如何查表获得相应数据呢？在零件图上，还有一些尺寸，如 $\phi45$、$\phi58$，与 $\phi40m6$、$\phi50k6$ 有什么不同呢？这是本章所要讲的内容。

2. 极限与配合的国家标准

光滑圆柱体结合是机械制造业中应用最广泛的一种结合形式。现代化的机械工业，要求零件具有互换性。为使零件具有互换性，必须保证零件的尺寸、几何形状和相互位置，以及表面特征技术要求的一致性。就尺寸而言，互换性要求尺寸的一致性，即要求尺寸在某一合理的范围内。对于相互结合的零件，这个范围既要保证相互结合的尺寸之间形成一定的关系，以满足不同的使用要求，又要在制造上是经济合理的，这样就形成了"极限与配合"的概念。由此可见，"极限"用于协调机器零件使用要求与制造经济性之间的矛盾，"配合"则是反映零件组合时相互之间的关系。因此极限与配合决定了机器零部件相互结合的条件与状态，是评定最终产品的重要技术指标之一。

经标准化的极限与配合制，有利于机器的设计、制造、使用与维修，有利于保证产品质量、使用性能和寿命等，也有利于刀具、量具、夹具和机床等工艺装备的标准化。

自 1979 年以来，我国参照国际标准（ISO）并结合我国的实际生产情况，颁布了一系列国家标准，1994 年以后，又进行了进一步的修订，新修订的"极限与配合"标准由以下几个标准组成。

GB/T 1800.1—2020《产品几何技术规范（GPS）　线性尺寸公差 ISO 代号体系　第 1 部分：公差、偏差和配合的基础》。

GB/T 1800.2—2020《产品几何技术规范（GPS）　线性尺寸公差 ISO 代号体系　第 2 部

分：标准公差带代号和孔、轴的极限偏差表》。

GB/T 1804—2000《一般公差 未注公差的线性和角度尺寸的公差》。

3.2 极限与配合的基本术语及其定义

3.2.1 有关孔、轴的术语和定义

（1）轴（shaft） 轴是工件的外尺寸要素，包括非圆柱形的外尺寸要素，如图 3-1a 所示。随着加工的进行，轴的尺寸由大变小。

（2）孔（hole） 孔是工件的内尺寸要素，包括非圆柱面形的内尺寸要素，如图 3-1b 所示。随着加工的进行，孔的尺寸由小变大。

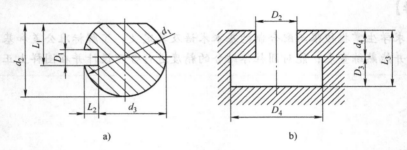

a) b)

图 3-1 孔和轴的定义示意图

3.2.2 有关尺寸要素的术语和定义

（1）尺寸要素（feature of size） 尺寸要素包括线性尺寸要素和角度尺寸要素。**线性尺寸要素（feature of linear size）**是具有线性尺寸的尺寸要素，有一个或者多个本质特征的几何要素，其中只有一个可以作为变量参数。尺寸要素可以是一个球体、一个圆、两条直线、两相对平行面、一个圆柱体、一个圆环等。尺寸表示长度的大小时，包括直径、长度、宽度、高度、厚度以及中心距、圆角半径等。它由数字和长度单位（如 mm）组成。**角度尺寸要素（feature of angular size）**属于回转恒定类别的几何要素，其母线名义上倾斜一个不等于 0°或 90°的角度；或属于棱柱面恒定类别，两个方位要素之间的角度由具有相同形状的两个表面组成。一个圆锥和一个楔块是角度尺寸要素。

（2）公称组成要素（nominal integral feature） 公称组成要素是由设计者在产品技术文件中定义的理想组成要素。

（3）公称要素（nominal feature） 公称要素是由设计者在产品技术文件中定义的理想要素。公称要素可以是有限的或者是无限的，缺省时，它是有限的。

（4）组成要素（integral feature） 组成要素属于工件的实际表面或表面模型的几何要素。组成要素是从本质上定义的，如工件的肤面。从表面模型上或从工件实际表面上分离获得的几何要素，这些要素称为组成要素，它们是工件不同物理部位的模型，特别是工件之间的接触部分，它们各自具有特定的功能。

（5）公称尺寸（nominal size） 公称尺寸是由图样规范定义的理想形状要素的尺寸，

过去被称为基本尺寸，其数值应圆整后按国家标准中的基本系列选取，以减少定值刀具、量具的规格。孔、轴配合时的公称尺寸应相同。孔和轴的公称尺寸分别用 D、d 表示。

（6）实际尺寸（actual size）　实际尺寸是拟合组成要素的尺寸。实际尺寸通过测量得到。当然由于存在测量误差，因此测量尺寸并非实际尺寸的真值。同一表面的不同部位的实际尺寸往往不同。孔和轴的实际尺寸分别用 D_a、d_a 表示。

（7）极限尺寸（limits of size）　极限尺寸是尺寸要素的尺寸所允许的极限值。**上极限尺寸（upper limit of size）** 是指尺寸要素允许的最大尺寸，孔和轴的上极限尺寸分别用 D_{max} 和 d_{max} 表示；**下极限尺寸（lower limit of size）** 是指尺寸要素允许的最小尺寸，孔和轴的下极限尺寸分别用 D_{min} 和 d_{min} 表示，如图 3-2 所示。

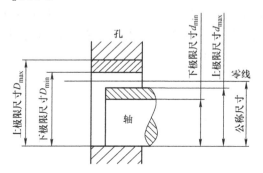

图 3-2　公称尺寸、极限尺寸

（8）最大实体状态（MMC）与最大实体尺寸（MMS）　最大实体状态是指当尺寸要素的提取组成要素的局部尺寸处处位于极限尺寸且使其具有材料量最多（实体最大）时的状态，如最小直径的孔和最大直径的轴。确定要素最大实体状态的尺寸称为**最大实体尺寸**。它是孔的下极限尺寸和轴的上极限尺寸的统称，孔和轴的最大实体尺寸分别以 D_M 和 d_M 表示。

$$D_M = D_{min}, d_M = d_{max}$$

（9）最小实体状态（LMC）与最小实体尺寸（LMS）　最小实体状态是指假定提取组成要素的局部尺寸处处位于极限尺寸且使其具有材料量最少（实体最小）时的状态，如最大直径的孔和最小直径的轴。确定要素最小实体状态的尺寸称为**最小实体尺寸**。它是孔的上极限尺寸和轴的下极限尺寸的统称，孔和轴的最小实体尺寸分别以 D_L 和 d_L 表示。

$$D_L = D_{max}, d_L = d_{min}$$

3.2.3　有关尺寸偏差和公差的术语和定义

（1）偏差（deviation）　偏差是指某值（实际尺寸）与其参考值（公称尺寸）之差。

1）实际偏差（actual deviation）是指实际尺寸减其公称尺寸所得的代数差，孔和轴的实际偏差分别用 E_a、e_a 表示。

2）极限偏差（limit deviation）是指相对于公称尺寸的上极限偏差和下极限偏差。轴（外尺寸要素）的上、下极限偏差代号分别用小写字母 es 和 ei 表示；孔（内尺寸要素）的上、下极限偏差代号分别用大写字母 ES 和 EI 表示。

上极限偏差（upper limit deviation）是指上极限尺寸减其公称尺寸所得的代数差，ES 用于内尺寸要素，es 用于外尺寸要素。

下极限偏差（lower limit deviation）是指下极限尺寸减其公称尺寸所得的代数差，EI 用于内尺寸要素，ei 用于外尺寸要素。

对于孔：上极限偏差 $ES = D_{max} - D$；下极限偏差 $EI = D_{min} - D$；实际偏差 $E_a = D_a - D$。

对于轴：上极限偏差 $es = d_{max} - d$；下极限偏差 $ei = d_{min} - d$；实际偏差 $e_a = d_a - d$。

（2）公差（tolerance）　公差是指上极限尺寸与下极限尺寸之差，也可以是上极限偏差

与下极限偏差之差。公差是一个没有符号的绝对值

孔的公差：$T_D (T_h) = |D_{max} - D_{min}| = |ES - EI|$　　　　　(3-1)

轴的公差：$T_d (T_s) = |d_{max} - d_{min}| = |es - ei|$　　　　　(3-2)

（3）公差带（tolerance interval）　公差带是指公差极限之间（包括公差极限）的尺寸变动值。由于公差或偏差的数值比公称尺寸的数值小得多，如图 3-3 所示，在图中不便用同一比例表示，同时为了简化，在分析有关问题时，不画出孔、轴的结构，只画出放大的孔、轴公差区域和位置，采用这种方法表达的图形，称为公差与配合图解，简称为公差带图，如图 3-4 所示。

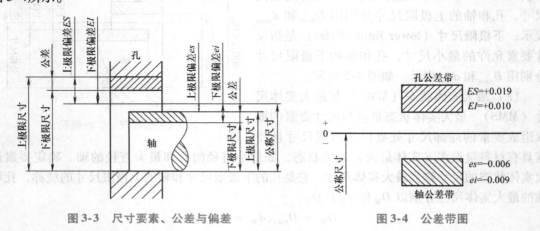

图 3-3　尺寸要素、公差与偏差　　　　　　图 3-4　公差带图

绘制公差带图时，一般先沿水平方向画一条代表公称尺寸的界线（零线），作为确定偏差的基准线。在公称尺寸的左端标出"0"，在其上方标"＋"，下方标"－"，再按给定比例画出两条平行于零线的直线，代表上极限偏差和下极限偏差。由代表上、下极限偏差的两平行直线所限定的区域称为公差带。

从图 3-4 中可以看出，公差带图包括了"公差带大小"与"公差带位置"两个参数，前者是指公差带在公称尺寸垂直方向的宽度，由标准公差确定；后者是指公差带沿公称尺寸垂直方向的坐标位置，由基本偏差确定。

（4）标准公差（standard tolerance）　标准公差 IT 是指线性尺寸公差 ISO 代号体系中的任一公差。缩略语字母"IT"代表"国际公差"。

（5）基本偏差（fundamental deviation）　基本偏差是指确定公差带相对公称尺寸位置的那个极限偏差。它可以是上极限偏差或下极限偏差，一般指靠近公称尺寸的那个极限偏差。

（6）Δ 值（Δ value）　Δ 值是指为得到内尺寸要素的基本偏差，给一定值增加的变动值。

3.2.4　有关配合的术语和定义

（1）间隙（clearance）　间隙是指当轴的直径小于孔的直径时，孔和轴的尺寸之差。在间隙的计算中，所得到的值是正值，用 X 表示。

（2）过盈（interference）　过盈是指当轴的直径大于孔的直径时，相配孔和轴的尺寸之差。在过盈计算中，所得到的值是负值，用 Y 表示。

（3）配合（fit）　配合是指类型相同且待装配的外尺寸要素（轴）和内尺寸要素（孔）之间的关系。根据孔和轴公差带之间的关系不同，配合分为间隙配合、过盈配合和过渡配合三大类。

配合的实质是孔和轴公差带之间的关系，它包括两层含义：一是指孔和轴公差带相互位置之间的关系，它反映配合的松紧程度，用间隙或过盈来确定；二是指孔和轴公差带大小的关系，它反映配合的松紧变动程度，即配合的精度。

1）间隙配合（clearance fit）是指孔和轴装配时总是存在间隙的配合即孔的下极限尺寸大于或在极端情况下等于轴的上极限尺寸，如图3-5所示。由于孔、轴的实际尺寸允许在各自公差带内变动，所以孔、轴配合的间隙也是变动的。当孔为D_{max}而相配轴为d_{min}时，装配后形成**最大间隙**

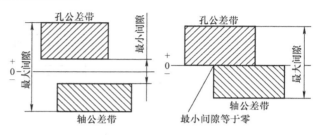

图 3-5　间隙配合

（**maximum clearance**）X_{max}；当孔为D_{min}而相配合轴为d_{max}时，装配后形成**最小间隙**（**minimum clearance**）X_{min}。用公式表示为

$$X_{max} = D_{max} - d_{min} = ES - ei \qquad (3-3)$$
$$X_{min} = D_{min} - d_{max} = EI - es \qquad (3-4)$$

X_{max}和X_{min}统称为极限间隙。有时取最大间隙和最小间隙的平均值，即平均间隙以X_{av}来表示孔轴配合的平均松紧程度，其大小为

$$X_{av} = \frac{(X_{max} + X_{min})}{2} \qquad (3-5)$$

2）过盈配合（interference fit）是指孔和轴装配时总是存在过盈的配合，即孔的上极限尺寸小于或在极端情况下等于轴的下极限尺寸，如图3-6所示。当孔为D_{min}而相配合轴为d_{max}时，装配后形成**最大过盈**（**maximum interference**）Y_{max}；当孔为D_{max}而相配合轴为d_{min}时，装配后形成**最小过盈**（**minimum interference**）Y_{min}。

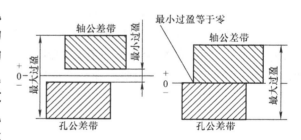

图 3-6　过盈配合

用公式表示为

$$Y_{max} = D_{min} - d_{max} = EI - es \qquad (3-6)$$
$$Y_{min} = D_{max} - d_{min} = ES - ei \qquad (3-7)$$

Y_{max}和Y_{min}统称为极限过盈。同上，在成批生产中，最可能得到的是平均过盈附近的过盈值，平均过盈用Y_{av}表示，其大小为

$$Y_{av} = \frac{(Y_{max} + Y_{min})}{2} \qquad (3-8)$$

3）过渡配合（transition fit）是指孔和轴装配时可能具有间隙或过盈的配合。在过渡配合中，孔和轴的公差带或完全重叠或部分重叠，因此是否形成间隙配合或过盈配合取决于孔

和轴的实际尺寸，如图 3-7 所示。

当孔为 D_{max} 而相配合的轴为 d_{min} 时，装配后形成最大间隙 X_{max}；而孔为 D_{min} 相配合轴为 d_{max} 时，装配后形成最大过盈 Y_{max}。用公式表示为

$$X_{max} = D_{max} - d_{min} = ES - ei \tag{3-9}$$

$$Y_{max} = D_{min} - d_{max} = EI - es \tag{3-10}$$

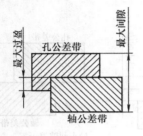 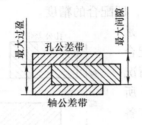 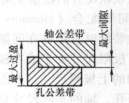

图 3-7 过渡配合

与前两种配合一样，成批生产中的零件，最可能得到的是平均间隙或平均过盈附近的值，其大小为

$$X_{av}(Y_{av}) = \frac{(X_{max} + Y_{max})}{2} \tag{3-11}$$

按上式计算所得的值为正时是平均间隙，为负时是平均过盈。

（4）配合公差（span of a fit）（T_f） 配合公差是指组成配合的两个尺寸要素的尺寸公差之和。配合公差是一个没有符号的绝对值，其表示配合所允许的变动量。

$$\left.\begin{array}{ll}\text{对于间隙配合} & T_f = |X_{max} - X_{min}| \\ \text{对于过盈配合} & T_f = |Y_{min} - Y_{max}| \\ \text{对于过渡配合} & T_f = |X_{max} - Y_{max}|\end{array}\right\} = T_h + T_s = T_D + T_d \tag{3-12}$$

式（3-12）说明配合精度取决于相互配合的孔和轴的尺寸精度。若要提高配合精度（使用要求），则必须减少相配合孔、轴的尺寸公差，这将会使制造难度增加，成本提高。所以设计时要综合考虑使用要求和制造难易这两个方面，合理选取，从而提高综合技术经济效益。

3.3 极限与配合国家标准的构成

经标准化的公差与偏差制度称为**极限制**，它是一系列标准的孔、轴公差数值和极限偏差数值。ISO 配合制（ISO fit system）是指由线性尺寸公差 ISO 代号体系确定公差的孔和轴组成的一种配合制度，也称为 ISO 基准制。GB/T 1800.1—2020 规定了两种平行的 ISO 配合制，即**基孔制配合（hole - basis fit system）**和**基轴制配合（shaft - basic fit system）**。"极限与配合制"是极限制与配合制的总称，该国家标准主要由**标准公差等级、基本偏差**和 **ISO 配合制**组成。

3.3.1 标准公差系列

标准公差（IT）是线性尺寸公差 ISO 代号体系中的任一公差。它的数值取决于孔或轴

的标准公差等级和公称尺寸。规定标准公差的目的在于实现公差带大小的标准化。

（1）标准公差等级　用常用标示符表征的线性尺寸公差组。标准公差等级用字符 IT 和等级数字表示，如 IT7。极限与配合标准在公称尺寸不大于 500mm 内将标准公差规定为 20 个等级，即 IT01，IT0，IT1，IT2，IT3，…，IT18，在公称尺寸大于 500～3150mm 内将标准公差规定为 18 个等级，即 IT1，IT2，IT3，…，IT18。从 IT01 至 IT18 公差等级依次降低，IT01 级精度最高，IT18 级精度最低，对于相同的公称尺寸公差值依次增大。

（2）标准公差大小　公差带代号示出了公差大小。公差大小是一个标准公差等级与被测要素的公称尺寸的函数。在 GB/T 1800.1—2009 中规定了标准公差因子（i，I）（单位：μm）（注：标准公差因子在新国家标准中已删除）。公称尺寸≤500mm 的 IT5～IT18 的标准公差因子为

$$i = 0.45 \sqrt[3]{D} + 0.001D \tag{3-13}$$

式中　D——公称尺寸段的几何平均值。

标准公差因子计算公式中的第一项主要反映加工误差，第二项主要用于补偿测量时温度不稳定和偏离标准温度以及量规的变形等引起的测量误差。当尺寸很小时，第二项所占比重很小；当尺寸较大时，第二项所占的比重增大，故当公称尺寸 >500～3150mm 时，标准公差因子 I 的计算式为

$$I = 0.004D + 2.1 \tag{3-14}$$

在该尺寸范围内，考虑到测量误差的影响很大，特别是温度变化的影响特别突出，由此引起的误差与直径的增大呈线性关系，因此国家标准规定的大尺寸标准公差因子采用线性关系式。

（3）公差等级系数　在公称尺寸一定的情况下，公差等级系数 a 的大小反映了加工方法的难易程度，也是决定标准公差大小的参数，即标准公差 IT 可以表示为

$$IT = ai(I) \tag{3-15}$$

公称尺寸≤500mm 的标准公差的计算公式见表 3-1。

表 3-1　公称尺寸≤500mm 的标准公差的计算公式

公差等级	公　式	公差等级	公　式	公差等级	公　式
IT01	$0.3 + 0.008D$	IT6	$10i$	IT13	$250i$
IT0	$0.5 + 0.012D$	IT7	$16i$	IT14	$400i$
IT1	$0.8 + 0.020D$	IT8	$25i$	IT15	$640i$
IT2	$(IT1)(IT5/IT1)^{1/4}$	IT9	$40i$	IT16	$1000i$
IT3	$(IT1)(IT5/IT1)^{2/4}$	IT10	$64i$	IT17	$1600i$
IT4	$(IT1)(IT5/IT1)^{3/4}$	IT11	$100i$	IT18	$2500i$
IT5	$7i$	IT12	$160i$		

标准公差 IT01～IT4 级的公差值，主要考虑测量误差等影响，故采用其他公式计算，在此不再详述。标准公差值见表 3-2。

（4）公称尺寸分段　按公式计算标准公差值，每个公称尺寸都应有一个相对应的公差值。在生产实践中，公称尺寸数目繁多，这样，公差值的数值表将非常庞大，使用也不方

便。其次，公差等级相同而公称尺寸相近的公差值计算结果相差甚微，因此，国家标准将公称尺寸分成若干段，以简化公差表格，将3150mm及以下的公称尺寸分为21个主段，见表3-2，同一尺寸段的所有公称尺寸都规定同样的标准公差因子。在同一尺寸段内，公差值是按尺寸段的几何平均值 D 代入公式来计算的，D 为该尺寸段首尾两端尺寸 D_1 和 D_2 的几何平均值，即 $D = \sqrt{D_1 D_2}$。

表 3-2 标准公差值（摘自 GB/T 1800.2—2020）

公称尺寸/mm 大于	至	IT01	IT0	IT1	IT2	IT3	IT4	IT5	IT6	IT7	IT8	IT9	IT10	IT11	IT12	IT13	IT14	IT15	IT16	IT17	IT18
		标准公差值																			
		μm													mm						
—	3	0.3	0.5	0.8	1.2	2	3	4	6	10	14	25	40	60	0.1	0.14	0.25	0.4	0.6	1	1.4
3	6	0.4	0.6	1	1.5	2.5	4	5	8	12	18	30	48	75	0.12	0.18	0.3	0.48	0.75	1.2	1.8
6	10	0.4	0.6	1	1.5	2.5	4	6	9	15	22	36	58	90	0.15	0.22	0.36	0.58	0.9	1.5	2.2
10	18	0.5	0.8	1.2	2	3	5	8	11	18	27	43	70	110	0.18	0.27	0.43	0.7	1.1	1.8	2.7
18	30	0.6	1	1.5	2.5	4	6	9	13	21	33	52	84	130	0.21	0.33	0.52	0.84	1.3	2.1	3.3
30	50	0.6	1	1.5	2.5	4	7	11	16	25	39	62	100	160	0.25	0.39	0.62	1	1.6	2.5	3.9
50	80	0.8	1.2	2	3	5	8	13	19	30	46	74	120	190	0.3	0.46	0.74	1.2	1.9	3	4.6
80	120	1	1.5	2.5	4	6	10	15	22	35	54	87	140	220	0.35	0.54	0.87	1.4	2.2	3.5	5.4
120	180	1.2	2	3.5	5	8	12	18	25	40	63	100	160	250	0.4	0.63	1	1.6	2.5	4	6.3
180	250	2	3	4.5	7	10	14	20	29	46	72	115	185	290	0.46	0.72	1.15	1.85	2.9	4.6	7.2
250	315	2.5	4	6	8	12	16	23	32	52	81	130	210	320	0.52	0.81	1.3	2.1	3.2	5.2	8.1
315	400	3	5	7	9	13	18	25	36	57	89	140	230	360	0.57	0.89	1.4	2.3	3.6	5.7	8.9
400	500	4	6	8	10	15	20	27	40	63	97	155	250	400	0.63	0.97	1.55	2.5	4	6.3	9.7
500	630			9	11	16	22	32	44	70	110	175	280	440	0.7	1.1	1.75	2.8	4.4	7	11
630	800			10	13	18	25	36	50	80	125	200	320	500	0.8	1.25	2	3.2	5	8	12.5
800	1000			11	15	21	28	40	56	90	140	230	360	560	0.9	1.4	2.3	3.6	5.6	9	14
1000	1250			13	18	24	33	47	66	105	165	260	420	660	1.05	1.65	2.6	4.2	6.6	10.5	16.5
1250	1600			15	21	29	39	55	78	125	195	310	500	780	1.25	1.95	3.1	5	7.8	12.5	19.5
1600	2000			18	25	35	46	65	92	150	230	370	600	920	1.5	2.3	3.7	6	9.2	15	23
2000	2500			22	30	41	55	78	110	175	280	440	700	1100	1.75	2.8	4.4	7	11	17.5	28
2500	3150			26	36	50	68	96	135	210	330	540	860	1350	2.1	3.3	5.4	8.6	13.5	21	33

3.3.2 基本偏差系列

在对公差带的大小进行标准化后，还需对公差带相对于零线的位置进行标准化。规定基本偏差的目的就是对公差带位置进行标准化。

1. 基本偏差代号及特点

基本偏差系列如图3-8所示，基本偏差是定义了与公称尺寸最近的极限尺寸的那个极限偏差。基本偏差的代号用拉丁字母表示，大写字母代表孔，小写字母代表轴，在26个字母中，除去易与其他含义混淆的 I（i）、L（l）、O（o）、Q（q）、W（w）5 个字母外，采用了 21 个单写字母和 7 个双字母 CD（cd）、EF（ef）、FG（fg）、JS（js）、ZA（za）、ZB（zb）、ZC（zc）组成，共有 28 个，即孔和轴各有 28 个基本偏差。

由图 3-8 可见，轴 a ~ h 基本偏差是上极限偏差 es，孔 A ~ H 基本偏差是下极限偏差 EI，它们的绝对值依次减小，其中 h 和 H 的基本偏差为**零**。

轴 js 和孔 JS 的公差带相对于零线对称分布，故基本偏差可以是上极限偏差，也可以是下极限偏差，其值为标准公差的一半（ $\pm ITn/2$ n 是标准公差等级数）。js、JS 将逐渐取代近似对称的基本偏差 j、J，目前在国家标准中，孔仅保留了 J6、J7、J8，轴仅保留了 j5、j6、j7、j8。

轴 j ~ zc 基本偏差是下极限偏差 ei，孔 J ~ ZC 基本偏差是上极限偏差 ES，其绝对值依次增大。

孔和轴的基本偏差原则上不随公差等级变化，只有极少数基本偏差例外。

图 3-8 中各公差带只画出了由基本偏差决定的一端，另一端取决于基本偏差与标准公差值的组合。

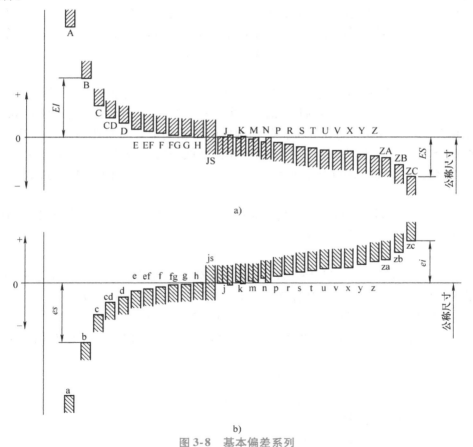

图 3-8　基本偏差系列

a）孔（内尺寸要素）　b）轴（外尺寸要素）

2. ISO 配合制

由线性尺寸公差 ISO 代号体系确定公差的孔和轴组成的一种配合制度。改变孔和轴的公差带位置可以得到很多种配合。为便于现代大生产，简化标准，国家标准对配合规定了两种 ISO 制配合：基孔制配合和基轴制配合。

（1）基孔制配合（hole – basis fit system） 孔的基本偏差为零的配合，即其下极限偏差等于零。**基准孔（basic hole）**是指在基孔制配合中选作基准的孔。其下极限偏差为零，即 $EI = 0$，并以代号 H 表示，应优先选用。

（2）基轴制配合（shaft – basic fit system） 轴的基本偏差为零的配合，即其上极限偏差等于零。**基准轴（basic shaft）**是指在基轴制配合中选作基准的轴。其上极限偏差为零，即 $es = 0$，并以代号 h 表示。

基本偏差代号为 a ~ h 的轴（或 A ~ H 的孔）与基准孔（或基准轴 h）相配形成间隙配合；js、j、k、m、n（或 JS、J、K、M、N）5 种基本偏差的轴或孔与基准孔 H（或基准轴 h）形成过渡配合；p ~ zc（或 P ~ ZC）12 种基本偏差的轴或孔与基准孔 H（或基准轴 h）形成过盈配合。

3. 轴的基本偏差

轴的基本偏差数值是以基孔制配合为基础，根据各种配合要求，经过理论计算、实验或统计分析得到的。实际使用时可由表 3-3（只摘录了尺寸至 500mm 的）查出。轴的另一个偏差（上极限偏差或下极限偏差）可根据轴的基本偏差和标准公差按下列关系式计算，即

$$ei = es - \mathrm{IT} \qquad es = ei + \mathrm{IT} \tag{3-16}$$

4. 孔的基本偏差

由于构成基本偏差公式所考虑的因素是一致的，所以，孔的基本偏差不需要另外制定一套计算公式，而是根据同一字母代号轴的基本偏差，按一定的规则换算得来的。换算的原则如下：

基本偏差字母代号同名的孔和轴，分别构成的基轴制配合与基孔制配合（这样的配合称为**同名配合**），在孔、轴为同一公差等级或孔比轴低一级的条件下（如 H9/f9 与 F9/ h9、H7/p6 与 P7/h6），其配合的性质必须相同（即具有相同的极限间隙或极限过盈）。据此有两种换算规则。

（1）通用规则 同一字母表示的孔、轴基本偏差的绝对值相等，而符号相反，即

对于 A ~ H（a ~ h）：$EI = -es$

对于 K ~ ZC（k ~ zc）：$ES = -ei$

说明：该规则适用于公称尺寸≤500mm 的所有公差等级的 A ~ H（a ~ h），标准公差大于 IT8 的 K、M、N（k、m、n）和标准公差大于 IT7 的 P ~ ZC（p ~ zc）。

（2）特殊规则 对于标准公差≤IT8 的 K、M、N（k、m、n）和≤IT7 的 P ~ ZC（p ~ zc），孔的基本偏差 ES 与同字母的轴的基本偏差 ei 的符号相反，而绝对值相差一个 Δ 值，即

$$ES = -ei + \Delta \tag{3-17}$$

$$\Delta = \mathrm{IT}n - \mathrm{IT}(n-1) \tag{3-18}$$

式中 ITn——孔的标准公差；

IT（$n-1$）——比孔高一级的轴的标准公差。

换算得到的孔的基本偏差数值见表 3-4（只摘录 3 尺寸至 500mm）。实际应用时可直接查表 3-3 或表 3-4 确定轴与孔的基本偏差数值。

例 3-1　查表确定 $\phi25f6$ 和 $\phi25K7$ 的极限偏差。

解：1）查表 3-2 确定标准公差值为

$$IT6 = 13\mu m,\quad IT7 = 21\mu m$$

2）查表 3-3 确定 $\phi25f6$ 的基本偏差 $es = -20\mu m$，查表 3-4 确定 $\phi25K7$ 的基本偏差 $ES = -2\mu m + \Delta$，$\Delta = 8\mu m$，所以 $\phi25K7$ 的基本偏差 $ES = -2\mu m + 8\mu m = +6\mu m$。

求另一极限偏差：

$\phi25f6$ 的下极限偏差 $ei = es - IT6 = -20\mu m - 13\mu m = -33\mu m$

$\phi25K7$ 的下极限偏差 $EI = ES - IT7 = +6\mu m - 21\mu m = -15\mu m$

所以 $\phi25f6$ 用极限偏差的形式表示为 $\phi25^{-0.020}_{-0.033}\text{mm}$；$\phi25K7$ 用极限偏差的形式表示为 $\phi25^{+0.006}_{-0.015}\text{mm}$。

3.3.3　有关公差带与配合的规定

（1）公差带（tolerance interval）　公差带是指公差极限之间（包括公差极限）的尺寸变动值。**公差带代号（tolerance class）** 是指基本偏差和标准公差等级的组合。国家标准规定对公称尺寸 ≤500mm 有 20 个公差等级和 28 个基本偏差代号，由此可得到的孔公差带有 543 个，轴公差带有 544 个（对于孔仅保留了 J6、J7、J8，轴仅保留了 j5、j6、j7、j8）。数量如此之多，故可满足广泛的需要，不过，同时应用所有可能的公差带显然是不经济的，因为这会导致定值刀具、量具规格的繁杂。另外还应避免那些与实际使用要求显然不符合的公差带，如 g12、a4 等。所以对公差带的选用应加以限制。

在极限与配合制中，对公称尺寸 ≤500mm 的常用尺寸段和公称尺寸大于 500 ~ 3150mm 的尺寸段，国家标准推荐了孔、轴的公差带，如图 3-9 ~ 图 3-12 所示。对公称尺寸 ≤500mm 的常用尺寸段，国家标准推荐了孔、轴的常用和优先公差带，如图 3-13 和图 3-14 所示。在选用时，应首先考虑优先公差带（图 3-13 和图 3-14 的框中所示公差带），其次是常用公差带，再次为一般用途公差带。这些公差带的上、下极限偏差均可从国家标准中直接查得。仅在特殊情况下，即当一般用途公差带不能满足要求时，才允许按规定的标准公差与基本偏差组成所需公差带。

A	B	C	CD	D	E	EF	F	FG	G	H	JS	J	K	M	N	P	R	S	T	U	V	X	Y	Z	ZA	ZB	ZC
										H1	JS1																
										H2	JS2																
						EF3	F3	FG3	G3	H3	JS3		K3	M3	N3	P3	R3	S3									
						EF4	F4	FG4	G4	H4	JS4		K4	M4	N4	P4	R4	S4									
					E5		F5	FG5	G5	H5	JS5		K5	M5	N5	P5	R5	S5	T5	U5	V5	X5					
			CD6	D6	E6	EF6	F6	FG6	G6	H6	JS6	J6	K6	M6	N6	P6	R6	S6	T6	U6	V6	X6	Y6	Z6	ZA6		
			CD7	D7	E7	EF7	F7	FG7	G7	H7	JS7	J7	K7	M7	N7	P7	R7	S7	T7	U7	V7	X7	Y7	Z7	ZA7	ZB7	ZC7
	B8	C8	CD8	D8	E8	EF8	F8	FG8	G8	H8	JS8	J8	K8	M8	N8	P8	R8	S8	T8	U8	V8	X8	Y8	Z8	ZA8	ZB8	ZC8
A9	B9	C9	CD9	D9	E9	EF9	F9	FG9	G9	H9	JS9		K9	M9	N9	P9	R9	S9		U9		X9	Y9	Z9	ZA9		ZC9
A10	B10	C10	CD10	D10	E10	EF10	F10	FG10	G10	H10	JS10		K10	M10	N10	P10	R10	S10		U10		X10	Y10	Z10	ZA10	ZB10	ZC10
A11	B11	C11		D11						H11	JS11				N11									Z11	ZA11	ZB11	ZC11
A12	B12	C12		D12						H12	JS12																
A13	B13	C13		D13						H13	JS13																
										H14	JS14																
										H15	JS15																
										H16	JS16																
										H17	JS17																
										H18	JS18																

图 3-9　公称尺寸 ≤500mm 的孔的公差带代号示图

表3-3 轴的基本偏差

公称尺寸/mm		上极限偏差, es												基 本 偏		
		所有标准公差等级												IT5 和 IT6	IT7	IT8
大于	至	a①	b①	c	cd	d	e	ef	f	fg	g	h	js	j		
—	3	−270	−140	−60	−34	−20	−14	−10	−6	−4	−2	0		−2	−4	−6
3	6	−270	−140	−70	−46	−30	−20	−14	−10	−6	−4	0		−2	−4	
6	10	−280	−150	−80	−56	−40	−25	−18	−13	−8	−5	0		−2	−5	
10	14	−290	−150	−95	−70	−50	−32	−23	−16	−10	−6	0		−3	−6	
14	18															
18	24	−300	−160	−110	−85	−65	−40	−25	−20	−12	−7	0		−4	−8	
24	30															
30	40	−310	−170	−120	−100	−80	−50	−35	−25	−15	−9	0	偏差 = $\pm\dfrac{ITn}{2}$, 式中 n 是标准公差等级数	−5	−10	
40	50	−320	−180	−130												
50	65	−340	−190	−140	−100	−60		−30		−10	0			−7	−12	
65	80	−360	−200	−150												
80	100	−380	−220	−170	−120	−72		−36		−12	0			−9	−15	
100	120	−410	−240	−180												
120	140	−460	−260	−200	−145	−85		−43		−14	0			−11	−18	
140	160	−520	−280	−210												
160	180	−580	−310	−230												
180	200	−660	−340	−240	−170	−100		−50		−15	0			−13	−21	
200	225	−740	−380	−260												
225	250	−820	−420	−280												
250	280	−920	−480	−300	−190	−110		−56		−17	0			−16	−26	
280	315	−1050	−540	−330												
315	355	−1200	−600	−360	−210	−125		−62		−18	0			−18	−28	
355	400	−1350	−680	−400												
400	450	−1500	−760	−440	−230	−135		−68		−20	0			−20	−32	
450	500	−1650	−840	−480												

①公称尺寸≤1mm 时，不使用基本偏差 a 和 b。

数值（摘自 GB/T 1800.1—2020）

差　数　值/μm — 下极限偏差, ei

k (IT4至IT7)	k (≤IT3 >IT7)	m	n	p	r	s	t	u	v	x	y	z	za	zb	zc
								所有标准公差等级							
0	0	+2	+4	+6	+10	+14		+18		+20		+26	+32	+40	+60
+1	0	+4	+8	+12	+15	+19		+23		+28		+35	+42	+50	+80
+1	0	+6	+10	+15	+19	+23		+28		+34		+42	+52	+67	+97
+1	0	+7	+12	+18	+23	+28		+33		+40		+50	+64	+90	+130
								+39	+45			+60	+77	+108	+150
+2	0	+8	+15	+22	+28	+35		+41	+47	+54	+63	+73	+98	+136	+188
							+41	+48	+55	+64	+75	+88	+118	+160	+218
+2	0	+9	+17	+26	+34	+43	+48	+60	+68	+80	+94	+112	+148	+200	+274
							+54	+70	+81	+97	+114	+136	+180	+242	+325
+2	0	+11	+20	+32	+41	+53	+66	+87	+102	+122	+144	+172	+226	+300	+405
					+43	+59	+75	+102	+120	+146	+174	+210	+274	+360	+480
+3	0	+13	+23	+37	+51	+71	+91	+124	+146	+178	+214	+258	+335	+445	+585
					+54	+79	+104	+144	+172	+210	+254	+310	+400	+525	+690
+3	0	+15	+27	+43	+63	+92	+122	+170	+202	+248	+300	+365	+470	+620	+800
					+65	+100	+134	+190	+228	+280	+340	+415	+535	+700	+900
					+68	+108	+146	+210	+252	+310	+380	+465	+600	+780	+1000
+4	0	+17	+31	+50	+77	+122	+166	+236	+284	+350	+425	+520	+670	+880	+1150
					+80	+130	+180	+258	+310	+385	+470	+575	+740	+960	+1250
					+84	+140	+196	+284	+340	+425	+520	+640	+820	+1050	+1350
+4	0	+20	+34	+56	+94	+158	+218	+315	+385	+475	+580	+710	+920	+1200	+1550
					+98	+170	+240	+350	+425	+525	+650	+790	+1000	+1300	+1700
+4	0	+21	+37	+62	+108	+190	+268	+390	+475	+590	+730	+900	+1150	+1500	+1900
					+114	+208	+294	+435	+530	+660	+820	+1000	+1300	+1650	+2100
+5	0	+23	+40	+68	+126	+232	+330	+490	+595	+740	+920	+1100	+1450	+1850	+2400
					+132	+252	+360	+540	+660	+820	+1000	+1250	+1600	+2100	+2600

表 3-4　孔的基本偏差

公称尺寸/mm		下极限偏差，EI 所有标准公差等级												基本偏						
																	≤IT8	>IT8	≤IT8	>IT8
														IT6	IT7	IT8				
大于	至	A①	B①	C	CD	D	E	EF	F	FG	G	H	JS	J			K③④		M②③④	
—	3	+270	+140	+60	+34	+20	+14	+10	+6	+4	+2	0		+2	+4	+6	0	0	−2	−2
3	6	+270	+140	+70	+46	+30	+20	+14	+10	+6	+4	0		+5	+6	+10	−1+Δ		−4+Δ	−4
6	10	+280	+150	+80	+56	+40	+25	+18	+13	+8	+5	0		+5	+8	+12	−1+Δ		−6+Δ	−6
10	14	+290	+150	+95	+70	+50	+32	+23	+16	+10	+6	0		+6	+10	+15	−1+Δ		−7+Δ	−7
14	18											0								
18	24	+300	+160	+110	+85	+65	+40	+28	+20	+12	+7	0		+8	+12	+20	−2+Δ		−8+Δ	−8
24	30											0								
30	40	+310	+170	+120	+100	+80	+50	+35	+25	+15	+9	0		+10	+14	+24	−2+Δ		−9+Δ	−9
40	50	+320	+180	+130								0								
50	65	+340	+190	+140		+100	+60		+30		+10	0		+13	+18	+28	−2+Δ		−11+Δ	−11
65	80	+360	+200	+150								0	偏差=±ITn/2，式中n为标准公差等级数							
80	100	+380	+220	+170		+120	+72		+36		+12	0		+16	+22	+34	−3+Δ		−13+Δ	−13
100	120	+410	+240	+180								0								
120	140	+460	+260	+200		+145	+85		+43		+14	0		+18	+26	+41	−3+Δ		−15+Δ	−15
140	160	+520	+280	+210								0								
160	180	+580	+310	+230								0								
180	200	+660	+340	+240		+170	+100		+50		+15	0		+22	+30	+47	−4+Δ		−17+Δ	−17
200	225	+740	+380	+260								0								
225	250	+820	+420	+280								0								
250	280	+920	+480	+300		+190	+110		+56		+17	0		+25	+36	+55	−4+Δ		−20+Δ	−20
280	315	+1050	+540	+330								0								
315	355	+1200	+600	+360		+210	+125		+62		+18	0		+29	+39	+60	−4+Δ		−21+Δ	−21
355	400	+1350	+680	+400								0								
400	450	+1500	+760	+440		+230	+135		+68		+20	0		+33	+43	+66	−5+Δ		−23+Δ	−23
450	500	+1650	+840	+480								0								

① 公称尺寸≤1mm 时，不适用基本偏差 A 和 B，不使用标准公差等级大于 IT8 的基本偏差 N。

② 特例：对于公称尺寸大于 250~315mm 的公差带代号 M6，$ES = -9\mu m$（计算结果不是 $-11\mu m$）。

③ 为确定 K、M、N 和 P~ZC 的值，见 GB/T 1800.1—2020 中的 4.3.2.5。

④ 对于 Δ 值，见本表右边的最后六列。

数值（摘自 GB/T 1800.1—2020）

差 数 值/μm															Δ 值/μm					
上极限偏差，ES															Δ 值/μm					
≤IT8	>IT8≤IT7	P 至 ZC	>IT7 的标准公差等级												标准公差等级					
N[1][3]	P至ZC[3]	在 <IT7 的标准公差等级的基本偏差数值上增加一个 Δ 值	P	R	S	T	U	V	X	Y	Z	ZA	ZB	ZC	IT3	IT4	IT5	IT6	IT7	IT8
−4	−4		−6	−10	−14		−18		−20		−26	−32	−40	−60	0	0	0	0	0	0
−8+Δ	0		−12	−15	−19		−23		−28		−35	−42	−50	−80	1	1.5	1	3	4	6
−10+Δ	0		−15	−19	−23		−28		−34		−42	−52	−67	−97	1	1.5	2	3	6	7
−12+Δ	0		−18	−23	−28		−33		−40		−50	−64	−90	−130	1	2	3	3	7	9
								−39	−45		−60	−77	−108	−150						
−15+Δ	0		−22	−28	−35		−41	−47	−54	−63	−73	−98	−136	−188	1.5	2	3	4	8	12
						−41	−48	−55	−64	−75	−88	−118	−160	−218						
−17+Δ	0		−26	−34	−43	−48	−60	−68	−80	−94	−112	−148	−200	−274	1.5	3	4	5	9	14
						−54	−70	−81	−97	−114	−136	−180	−242	−325						
−20+Δ	0		−32	−41	−53	−66	−87	−102	−122	−144	−172	−226	−300	−405	2	3	5	6	11	16
				−43	−59	−75	−102	−120	−146	−174	−210	−274	−360	−480						
−23+Δ	0		−37	−51	−71	−91	−124	−146	−178	−214	−258	−335	−445	−585	2	4	5	7	13	19
				−54	−79	−104	−144	−172	−210	−254	−310	−400	−525	−690						
−27+Δ	0		−43	−63	−92	−122	−170	−202	−248	−300	−365	−470	−620	−800	3	4	6	7	15	23
				−65	−100	−134	−190	−228	−280	−340	−415	−535	−700	−900						
				−68	−108	−146	−210	−252	−310	−380	−465	−600	−780	−1000						
−31+Δ	0		−50	−77	−122	−166	−236	−284	−350	−425	−520	−670	−880	−1150	3	4	6	9	17	26
				−80	−130	−180	−258	−310	−385	−470	−575	−740	−960	−1250						
				−84	−140	−196	−284	−340	−425	−520	−640	−820	−1050	−1350						
−34+Δ	0		−56	−94	−158	−218	−315	−385	−475	−580	−710	−920	−1200	−1550	4	4	7	9	20	29
				−98	−170	−240	−350	−425	−525	−650	−790	−1000	−1300	−1700						
−37+Δ	0		−62	−108	−190	−268	−390	−475	−590	−730	−900	−1150	−1500	−1900	4	5	7	11	21	32
				−114	−208	−294	−435	−530	−660	−820	−1000	−1300	−1650	−2100						
−40+Δ	0		−68	−126	−232	−330	−490	−595	−740	−920	−1100	−1450	−1850	−2400	5	5	7	13	23	34
				−132	−252	−360	−540	−600	−820	−1000	−1250	−1600	−2100	−2600						

D	E	F	G	H	JS	K	M	N	P	R	S	T	U
				H1	JS1								
				H2	JS2								
				H3	JS3								
				H4	JS4								
				H5	JS5								
D6	E6	F6	G6	H6	JS6	K6	M6	N6	P6	R6	S6	T6	U6
D7	E7	F7	G7	H7	JS7	K7	M7	N7	P7	R7	S7	T7	U7
D8	E8	F8	G8	H8	JS8	K8	M8	N8	P8	R8	S8	T8	U8
D9	E9	F9		H9	JS9			N9	P9				
D10	E10			H10	JS10								
D11				H11	JS11								
D12				H12	JS12								
D13				H13	JS13								
				H14	JS14								
				H15	JS15								
				H16	JS16								
				H17	JS17								
				H18	JS18								

图 3-10　公称尺寸大于 500～3150mm 的孔的公差带代号示图

a	b	c	cd	d	e	ef	f	fg	g	h	js	j	k	m	n	p	r	s	t	u	v	x	y	z	za	zb	zc
										h1	js1																
										h2	js2																
						ef3	f3	fg3	g3	h3	js3		k3	m3	n3	p3	r3	s3									
						ef4	f4	fg4	g4	h4	js4		k4	m4	n4	p4	r4	s4									
			cd5	d5	e5	ef5	f5	fg5	g5	h5	js5	j5	k5	m5	n5	p5	r5	s5	t5	u5	v5	x5					
			cd6	d6	e6	ef6	f6	fg6	g6	h6	js6	j6	k6	m6	n6	p6	r6	s6	t6	u6	v6	x6	y6	z6	za6		
			cd7	d7	e7	ef7	f7	fg7	g7	h7	js7	j7	k7	m7	n7	p7	r7	s7	t7	u7	v7	x7	y7	z7	za7	zb7	zc7
b8	c8	cd8	d8	e8	ef8	f8	fg8	g8	h8	js8	j8	k8	m8	n8	p8	r8	s8	t8	u8	v8	x8	y8	z8	za8	zb8	zc8
a9	b9	c9	cd9	d9	e9	ef9	f9	fg9	g9	h9	js9		k9	m9	n9	p9	r9	s9		u9		x9	y9	z9	za9	zb9	zc9
a10	b10	c10	cd10	d10	e10	ef10	f10	fg10	g10	h10	js10		k10			p10	r10	s10				x10	y10	z10	za10	zb10	zc10
a11	b11	c11		d11						h11	js11		k11											z11	za11	zb11	zc11
a12	b12	c12		d12						h12	js12		k12														
a13	b13			d13						h13	js13		k13														
										h14	js14																
										h15	js15																
										h16	js16																
										h17	js17																
										h18	js18																

图 3-11　公称尺寸 ≤500mm 的轴的公差带代号示图

d	e	f	g	h	js	k	m	n	p	r	s	t	u
				h1	js1								
				h2	js2								
				h3	js3								
				h4	js4								
				h5	js5								
	e6	f6	g6	h6	js6	k6	m6	n6	p6	r6	s6	t6	u6
d7	e7	f7	g7	h7	js7	k7	m7	n7	p7	r7	s7	t7	u7
d8	e8	f8	g8	h8	js8	k8			p8	r8	s8		u8
d9	e9	f9		h9	js9	k9							
d10	e10			h10	js10	k10							
d11				h11	js11	k11							
				h12	js12	k12							
				h13	js13	k13							
				h14	js14								
				h15	js15								
				h16	js16								
				h17	js17								
				h18	js18								

图 3-12　公称尺寸大于 500～3150mm 的轴的公差带代号示图

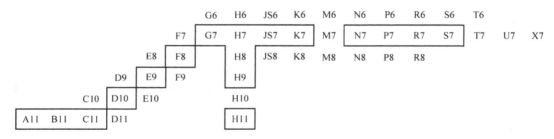

图 3-13　公称尺寸≤500mm 孔的常用和优先公差带

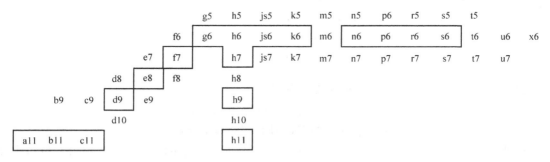

图 3-14　公称尺寸≤500mm 轴的常用和优先公差带

（2）配合　在上述推荐的孔、轴公差带的基础上，国家标准还推荐基孔制配合和基轴制配合的优先、常用配合（没有一般配合），如图 3-15 和图 3-16 所示。必须强调在图 3-15 和图 3-16 中，按照**工艺等价原则**，当轴的标准公差小于或等于 IT7 级时，该轴与低一级精度的孔相配合；当孔的标准公差小于 IT8 级或少数等于 IT8 级时，该孔与高一级精度的轴相配合，或与同级相配合。基孔制配合的常用配合有 45 种、优先配合有 16 种；基轴制配合的常用配合有 38 种，优先配合有 18 种。选用配合时，应按优先、常用的顺序选取。

基准孔	轴公差带代号																	
	间隙配合							过渡配合				过盈配合						
H6						g5	h5	js6	k5	m5		n5	p5					
H7					f6	g6	h6	js6	k6	m6	n6	p6	r6	s6	t6	u6	x6
H8				e7	f7		h7	js7	k7	m7			s7		u7		
			d8	e8	f8		h8										
H9			d8	e8	f8		h8										
H10	b9	c9	d9	e9			h9										
H11	b11	c11	d10				h10										

图 3-15　基孔制配合的优先、常用配合

注：框中所示为优先配合。

（3）公差与配合在图样上的标注　零件图上尺寸公差的标注方法有三种，如图 3-17 所示。

基准轴	孔公差带代号																	
	间隙配合						过渡配合				过盈配合							
h5						G6	H6	JS6	K6	M6		N6	P6					
h6				F7	G7	H7	JS7	K7	M7	N7		P7	R7	S7	T7	U7	X7
h7			E8	F8		H8											
h8		D9	E9	F9		H9											
h9			E8	F8		H8											
		D9	E9	F9		H9											
	B11	C10	D10			H10											

图 3-16　基轴制配合的优先、常用配合
注：框中所示为优先配合。

1) 在公称尺寸后标注所要求的公差带代号。

2) 在公称尺寸后标注所要求的公差带对应的极限偏差值。

3) 在公称尺寸后标注所要求的公差带代号和相对应的极限偏差值。

在装配图上，在公称尺寸后标注孔、轴公差带代号。国家标准规定孔、轴公差带写成分数形式，分子为孔的公差带代号，分母为轴的公差带代号，如图 3-18 所示。

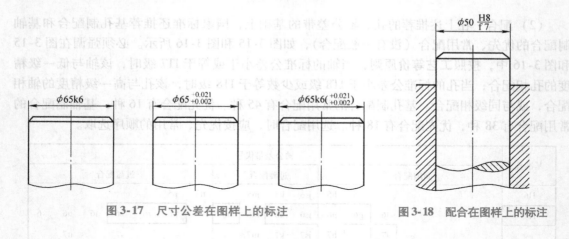

图 3-17　尺寸公差在图样上的标注　　　　　图 3-18　配合在图样上的标注

3.3.4　一般公差——线性尺寸的未注公差

GB/T 1804—2000 对以前的国家标准进行了修订，从而使我国未注公差尺寸的一般公差标准与国际标准基本一致或等同。**一般公差**是指在车间通常加工条件下可保证的公差。它是机床设备在正常维护和操作情况下，能达到的经济加工精度。采用一般公差时，在该尺寸后不标注极限偏差或其他代号，所以也称其为**未注公差**。

一般公差主要用于较低精度的非配合尺寸。在正常情况下，一般可不必检验。应用一般公差，可简化图样，使图样清晰易读。由于一般公差不需在图样上进行标注，则突出了图样上注出公差的尺寸，从而使人们在对这些注出尺寸进行加工和检验时给予应有的重视。

一般公差适用于金属切削加工的尺寸和一般冲压加工的尺寸，对非金属材料和用其他工

艺方法加工的尺寸也可参照采用。

线性尺寸的一般公差规定有 4 个公差等级。从高到低依次为精密、中等、粗糙和最粗，分别用字母 f、m、c 和 v 表示，而对尺寸也采用了大的分段。线性尺寸的极限偏差数值见表 3-5。

表 3-5　线性尺寸的极限偏差数值　　　　　　　　　（单位：mm）

公差等级	基本尺寸分段							
	0.5 ~ 3	>3 ~ 6	>6 ~ 30	>30 ~ 120	>120 ~ 400	>400 ~ 1000	>1000 ~ 2000	>2000 ~ 4000
精密 f	±0.05	±0.05	±0.1	±0.15	±0.2	±0.3	±0.5	—
中等 m	±0.1	±0.1	±0.2	±0.3	±0.5	±0.8	±1.2	±2
粗糙 c	±0.2	±0.3	±0.5	±0.8	±1.2	±2	±3	±4
最粗 v	—	±0.5	±1	±1.5	±2.5	±4	±6	±8

在图样中标注线性尺寸的一般公差，只需在图样的技术要求或有关文件中，用标准号和公差等级代号做出总的表示。

例如，选用中等等级时，表示为 GB/T 1804—m ；选用粗糙等级时，表示为 GB/T 1804—c 。

3.4　极限与配合标准的应用及尺寸精度设计示例

正确应用极限与配合标准，是机械设计中的一个重要内容。几乎所有机器中的零件连接都少不了孔、轴结合的形式，这种结合的意义不仅在于把零件组装到一起，而更重要的是保证机器的正常工作。为此，孔、轴的结合特性应与机器的使用要求相适应，也就是说，孔、轴结合应具有适度的松紧，并把这一松紧程度的变动量限制在一定的范围内。这就是我们所说的极限与配合的含义。如果极限与配合选用不当，将会影响机器的技术性能，甚至不能进行工作。

3.4.1　极限与配合标准的应用

极限与配合的选择主要包括 ISO 配合制的选择、公差等级的选择和配合的选择三个方面。

（1）ISO 配合制的选择　　基孔制配合和基轴制配合是两种平行的配合制度。相同代号的基孔制配合与基轴制配合的性质相同，因此 ISO 配合制的选择与使用要求无关。ISO 配合制的选择主要应从结构、工艺性和经济性等方面分析确定，一般**优先选择基孔制配合**，因为中等尺寸、同等精度的内孔加工比外圆加工困难，且通常要用价格较高的定值刀具、量具，所以成本高。因此采用基孔制配合可以减少备用定值刀具、量具的规格数量，降低成本，提高加工的经济性。对于大尺寸的孔及低精度孔，虽然一般不采用定值刀具、量具加工与检验，但从工艺上讲，采用基轴制配合或基孔制配合都一样，为了统一，也优先选择基孔制配合。

但有些情况下，由于结构和原材料等原因，选择基轴制配合更适宜。基轴制配合一般用于以下情况。

1）由冷拉棒料制造的零件，其配合表面不经切削加工。

2）与标准件相配合的孔（轴），应以标准件为基准轴（孔）来选择 ISO 配合制。

3）同一根轴上（公称尺寸相同）与几个零件孔配合，且有不同的配合性质。图 3-19a 所示为发动机活塞销（轴）与活塞销孔、连杆孔之间的配合。销（轴）需要同时与活塞销孔和连杆孔形成不同的配合。销（轴）两端与活塞销孔的配合为 M6/h5，销（轴）与连杆孔的配合为 H6/h5，显然它们的配合松紧是不同的，此时应当采用基轴制配合。这样销（轴）的直径尺寸精度是相同的 h5，便于加工，活塞销孔和连杆孔则分别按 M6 和 H6 加工，如图 3-19c 所示。装配时也比较方便，不至于将连杆孔表面划伤。相反，如果采用基孔制配合，由于活塞销孔和连杆孔尺寸相同，为了获得不同松紧的配合，销（轴）的尺寸应当两端大、中间小，如图 3-19b 所示。这样的销（轴）难装配，装配时容易将连杆孔表面划伤。

此外，为了满足配合的特殊需要，必要时允许采用任何适当的孔、轴公差带组成非 ISO 配合制的配合。

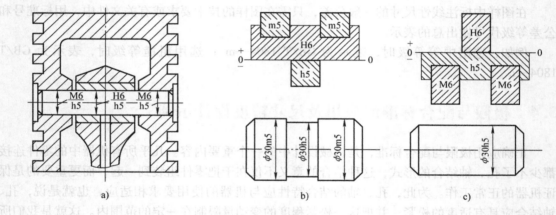

图 3-19 基轴制配合选择示例

（2）公差等级的选择 公差等级的选择就是确定尺寸的制造精度。由于尺寸精度与加工的难易程度、生产成本和零件的工作质量有关，所以在选择公差等级时，要正确处理使用要求、加工工艺及生产成本之间的关系。图 3-20 所示为公差与生产成本的关系曲线。从图中可看出，在高精度区，加工精度稍有提高，生产成本急剧上升。所以高公差等级的选择要特别谨慎。选择公差等级的基本原则是，在满足使用要求的前提下，尽量选取较低的公差等级。

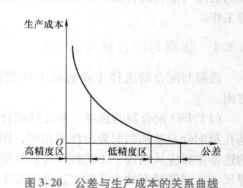

图 3-20 公差与生产成本的关系曲线

公差等级可采用计算法或类比法进行选择。

1）**计算法**。用计算法选择公差等级的依据是，$T_f = T_h + T_S$，T_h 与 T_S 的分配则可按工艺等价原则来考虑。

① 对 ≤500mm 的公称尺寸，在较高公差等级的配合（间隙配合和过渡配合中，孔的标准公差等级 ≤IT8；过盈配合中，孔的标准公差等级 ≤IT7）中，由于孔比轴难加工，所以选

定孔比轴低一级精度，使孔、轴的加工难易程度相同。对低精度的孔和轴选择相同公差等级，称其为"工艺等价原则"。

② 对 >500mm 的公称尺寸，一般采用同级孔、轴配合。

2）**类比法**。公差等级的选择常采用类比法，也就是参考从生产实践中总结出来的经验资料，进行比较选择。选择时应考虑以下几方面内容：

① 相配合的孔、轴加工难易程度应相当，即使孔、轴工艺等价。

② 公差等级的应用范围见表3-6。

表 3-6　公差等级的应用范围

应用	公差等级																			
	IT01	IT0	IT1	IT2	IT3	IT4	IT5	IT6	IT7	IT8	IT9	IT10	IT11	IT12	IT13	IT14	IT15	IT16	IT17	IT18
量　　块	√	√	√																	
量　　规			√	√	√	√	√	√	√											
配合尺寸						√	√	√	√	√	√	√	√	√						
特别精密零件				√	√	√														
非配合尺寸														√	√	√	√	√	√	√
原材料公差								√	√	√	√	√	√	√						

③ 常用加工方法能够达到的公差等级见表3-7，供选择时参考。

表 3-7　常用加工方法能够达到的公差等级

加工方法	公差等级																			
	IT01	IT0	IT1	IT2	IT3	IT4	IT5	IT6	IT7	IT8	IT9	IT10	IT11	IT12	IT13	IT14	IT15	IT16	IT17	IT18
研磨																				
珩磨																				
圆磨																				
平磨																				
金刚石车																				
拉销																				
铰孔																				
车																				
镗																				
铣																				
钻孔																				
滚压、挤压																				
砂型铸造、气割																				
锻造																	—			

④ 相配零件或部件的精度要匹配。例如：与滚动轴承相配合的轴和孔的公差等级与轴承的精度有关；与齿轮相配合的轴的公差等级直接受齿轮的精度影响。

⑤ 过盈配合、过渡配合的公差等级不能太低，一般孔的标准公差等级≤IT8，轴的标准

公差等级≤IT 7。间隙配合则不受此限制，但间隙小的配合公差等级应较高，而间隙大的公差等级可以低些。例如，选用 H6/g5 和 H11/a11 是可以的，而选用 H11/g11 和 H6/a5 则不合适。

⑥ 在非 ISO 配合制的配合中，所有的零件精度要求都不高，可与相配合零件的公差等级差 2~3 级。

⑦ 常用配合尺寸公差等级的应用见表3-8。

表3-8 常用配合尺寸公差等级的应用

公差等级	应 用
IT5	主要用在配合精度、几何精度要求较高的地方，一般在机床、发动机和仪表等重要部位应用。例如：与 P4 级滚动轴承配合的箱体孔；与 P5 级滚动轴承配合的机床主轴；机床尾座与套筒；精密机械及高速机械中的轴、精密丝杠轴等
IT6	用于配合均匀性要求较高的地方。例如：与 P5 级滚动轴承配合的孔、轴；与齿轮、蜗轮、联轴器、带轮和凸轮等连接的轴、机床丝杠轴；摇臂钻床立柱；机床夹具中导向件外径尺寸；6 级精度齿轮的基准孔，7、8 级精度齿轮的基准轴
IT7	在一般机械制造中应用较为普遍。例如：联轴器、带轮和凸轮等上的孔；机床夹盘座孔；夹具中固定钻套、可换钻套；7、8 级齿轮基准孔，9、10 级齿轮基准轴
IT8	在机械制造中属于中等精度。例如：轴承座衬套沿宽度方向尺寸，低精度齿轮基准孔与基准轴；通用机械中与滑动轴承配合的轴；重型机械或农业机械中某些较重要的零件
IT9、IT10	精度要求一般。例如：机械制造中衬套外径与孔；操纵件与轴；键与键槽等
IT11、IT12	精度较低，适用于基本没有配合要求的场合。例如：机床上法兰盘与止口；滑块与滑移齿轮；加工中工序间尺寸；冲压加工的配合件等

（3）配合的选择　配合的选择就是在确定了基准制的基础上，根据使用中允许间隙或过盈的大小及其变化范围，选定非基准件的基本偏差代号。

选择配合的步骤可分为配合类别的选择和非基准件的基本偏差代号的选择。

1）配合类别的选择。间隙配合、过渡配合或过盈配合应根据具体的使用要求来确定（见表3-9）。如果当孔、轴有相对运动（转动或移动）要求时，必须选择间隙配合；如果当孔、轴无相对运动要求时，应根据具体工作条件的不同确定过盈配合、过渡配合甚至间隙配合。确定配合类别后，应尽可能地选用优先配合，其次是常用配合。如果不能满足要求，则可按需要选择国家标准中推荐的一般用途的孔、轴公差带组成配合；如果仍不能满足要求，则可从国家标准所提供的孔、轴公差带中选取合适的公差带，组成所需要的配合。

表3-9 配合类别的大体方向

无相对运动	要求传递转矩	要求精确同轴	永久结合	过盈配合
			可拆结合	过渡配合或基本偏差为 H（h）[1]的间隙配合加紧固件[2]
		不要求精确同轴		间隙配合加紧固件
	不要求传递转矩			过渡配合或轻的过盈配合
有相对运动	只有移动			基本偏差为 H（h）、G（g）[1]的间隙配合
	转动或转动与移动复合运动			基本偏差为 A~F（a~f）[1]的间隙配合

① 指非基准件的基本偏差代号。

② 紧固件指键、销和螺钉等。

2）非基准件的基本偏差代号的选择。配合类别大体确定后，再进一步选择确定非基准件的基本偏差代号。选择基本偏差代号的方法有三种：计算法、试验法和类比法。

① **计算法**是按照一定的理论和公式，根据零件的材料、结构和功能要求，计算出所需的间隙或过盈，由此计算结果选择合适的配合的一种方法。由于影响配合间隙量和配合过盈量的因素有很多，理论计算结果也只是近似的，所以在实际应用中还要根据实际工作情况进行必要的修正。

② **试验法**是对选定的配合进行多次试验，根据试验结果，找到最合理的间隙或过盈，从而确定配合的一种方法。对机器性能影响很大的一些配合，往往采用试验法来确定机器最佳工作性能的间隙或过盈。采用这种方法需要进行大量试验，故成本较高。

③ **类比法**是参考现有同类机器或类似结构中经生产实践验证过的配合情况，与所设计产品的使用要求和应用条件相比较，经修正后确定配合的一种方法。这种方法快捷、经济，是目前采用最广泛的方法，但采用该方法时必须注意如下几个方面。

a. 应了解各类配合的基本特点与应用情况。基孔制（基轴制）配合中轴（孔）的基本偏差代号选用说明见表3-10，供选择时参考。

表 3-10　基孔制（基轴制）配合中轴（孔）的基本偏差代号选用说明

配合	基本偏差代号	配合特点及应用
间隙配合	a（A）b（B）	可得到特别大的间隙，应用很少，主要用于工作时温度高、热变形大的零件的配合，如发动机中活塞与缸套的配合为 H9/a9
	c（C）	可得到很大的间隙，一般用于工作条件较差（如农业机械）、工作时受力变形大及装配工艺性不好的零件的配合，也适用于高温工作的间隙配合，如内燃机排气阀与导管的配合为 H8/c7
	d（D）	多与 IT7～IT11 对应，适用于较松的间隙配合（如滑轮、空转带轮与轴的配合）以及大尺寸滑动轴承与轴的配合（如涡轮机、球磨机等的滑动轴承），如活塞环与活塞槽的配合可用 H9/d9
	e（E）	多与 IT6～IT9 对应，具有明显的间隙，用于大跨距及多支点的转轴与轴承的配合以及高速、重载的大尺寸轴与轴承的配合，如大型电动机、内燃机的主要轴承处的配合为 H8/e7
	f（F）	多与 IT6～IT8 对应，用于一般转动的配合，受温度影响不大、采用普通润滑油的轴与滑动轴承的配合，如齿轮箱、小电动机和泵等的转轴与滑动轴承的配合为 H7/f6
	g（G）	多与 IT5～IT7 对应，形成配合的间隙较小，用于轻载精密装置中的转动配合，最适合不回转的精密滑动配合，也用于插销等定位配合，如精密连杆轴承、活塞及滑阀、连杆销等处的配合
	h（H）	多与 IT4～IT11 对应，广泛用于无相对转动的零件，作为一般的定位配合。若没有温度、变形的影响，也可用于精密滑动配合，如车床尾座孔与滑动套筒的配合为 H6/h5
过渡配合	js（JS）j（J）	多用于 IT4～IT7 具有平均间隙的过渡配合，用于略有过盈的定位配合，如联轴器、齿圈与轮毂的配合，滚动轴承外圈与外壳孔的配合多用 JS7 或 J7，一般用手或木槌装配
	k（K）	多用于 IT4～IT7 平均间隙接近零的配合，用于定位配合，如滚动轴承的内、外圈分别与轴颈、外壳孔的配合，用木槌装配
	m（M）	多用于 IT4～IT7 平均过盈较小的配合，用于精密定位的配合，如蜗轮的青铜轮缘与轮毂的配合为 H7/m6
	n（N）	多用于 IT4～IT7 平均过盈较大的配合，很少形成间隙，用于加键传递较大转矩的配合，如压力机上齿轮与轴的配合

（续）

配合基本偏差代号		配合特点及应用
过盈配合	p（P）	小过盈配合。与 H6 或 H7 的孔形成过盈配合，而与 H8 的孔形成过渡配合。与碳钢和铸铁制零件形成的配合为标准压入配合，如卷扬机的绳轮与齿圈的配合为 H7/p6。对弹性材料，如轻合金等，往往要求很小的过盈，故可采用 p（P）与基准件形成的配合
	r（R）	用于传递大转矩或受冲击载荷而需加键的配合，如蜗轮与轴的配合为 H7/r6。配合 H8/r7 在公称尺寸小于 100mm 时，为过渡配合
	s（S）	用于钢和铸铁制零件的永久性和半永久性结合，可产生相当大的结合力，如套环压在轴、阀座上用 H7/s6 的配合。尺寸较大时，为避免损伤配合表面，需用热胀法或冷缩法装配
	t（T）	用于钢和铸铁制零件的永久性结合，不用键可传递转矩，需用热胀法或冷缩法装配，如联轴器与轴的配合为 H7/t6
	u（U）	大过盈配合，最大过盈需验算材料的承受能力，用热胀法或冷缩法装配，如火车轮毂和轴的配合为 H6/u5
	v（V）x（X）y（Y）z（Z）	特大过盈配合，目前使用的经验和资料很少，须经试验后才能应用，一般不推荐

b. 用类比法选择配合时，除了要了解配合类别的大体方向（见表 3-9），还要掌握各种配合的特征和应用场合，尤其是对国家标准所规定的常用配合与优先配合要更为熟悉。公称尺寸≤500mm 常用和优先基孔制配合的特征和应用场合见表 3-11。分析零件的工作条件及使用要求，合理调整配合的间隙与过盈。

c. 零件的工作条件是选择配合的重要依据。用类比法选择配合时，当待选部位和类比的典型实例在工作条件上有所变化时，应对配合的松紧做适当的调整。因此，必须充分分析零件的具体工作条件和使用要求，考虑工作时结合件的相对状态（如运动速度、运动方向、停歇时间和运动精度要求等）、承受载荷情况、润滑条件、温度变化、配合的重要性、装卸条件、生产类型以及材料的物理、力学性能等，参考表 3-12 对结合件配合的间隙量或过盈量的绝对值进行适当的调整。

表 3-11　公称尺寸≤500mm 常用和优先基孔制配合的特征和应用场合

配合类别	配合特征	配合代号	应　用
间隙配合	特大间隙	$\left(\dfrac{H11}{b11}\right)$	用于高温工作或工作时要求大间隙的配合
	很大间隙	$\left(\dfrac{H11}{c11}\right)$	用于工作条件较差、受力变形或为了便于装配而需要大间隙的配合和高温工作的配合
	较大间隙	$\dfrac{H8}{d8}$、$\dfrac{H8}{e7}$、$\left(\dfrac{H8}{e8}\right)$	用于高速重载的滑动轴承或大直径的滑动轴承，也可用于大跨距或多支点支承的配合
	一般间隙	$\dfrac{H7}{f6}$、$\left(\dfrac{H8}{f7}\right)$、$\dfrac{H8}{f8}$	用于一般转速的配合，当温度影响不大时，广泛应用于普通润滑油润滑的支承处
	较小间隙	$\left(\dfrac{H7}{g6}\right)$	用于精密滑动零件或缓慢间歇回转零件的配合部件

（续）

配合类别	配合特征	配合代号	应　　用
间隙配合	很小间隙或零间隙	$\dfrac{H6}{g5}$、$\dfrac{H6}{h5}$、$\left(\dfrac{H7}{h6}\right)$、$\left(\dfrac{H8}{h7}\right)$、$\dfrac{H8}{h8}$	用于不同精度要求的一般定位件的配合和缓慢移动和摆动零件的配合
过渡配合	大部分有微小间隙	$\dfrac{H6}{js5}$、$\left(\dfrac{H7}{js6}\right)$、$\dfrac{H8}{js7}$	用于易于装拆的定位配合或加紧固件后可传递一定静载荷的配合
		$\dfrac{H6}{k5}$、$\left(\dfrac{H7}{k6}\right)$、$\dfrac{H8}{k7}$	用于稍有振动的定位配合，加紧固件可传递一定载荷，装配方便，可用木槌敲入
	大部分有微小过盈	$\dfrac{H6}{m5}$、$\dfrac{H7}{m6}$、$\dfrac{H8}{m7}$	用于定位精度较高且能抗振的定位配合，加键可传递较大载荷，可用铜锤敲入或小压力压入
		$\left(\dfrac{H7}{n6}\right)$	用于精确定位或紧密组合件的配合、加键能传递大转矩或冲击载荷，只在大修时拆卸
	大部分有较小过盈	$\dfrac{H7}{p6}$	加键后能传递很大转矩，用于承受振动和冲击的配合，装配后不再拆卸
过盈配合	轻型	$\dfrac{H6}{n5}$、$\dfrac{H6}{p5}$、$\left(\dfrac{H7}{p6}\right)$、$\left(\dfrac{H7}{r6}\right)$	用于精确的定位配合，一般不能靠过盈传递转矩，要传递转矩需加紧固件
	中型	$\left(\dfrac{H7}{s6}\right)$、$\dfrac{H8}{s7}$、$\dfrac{H7}{t6}$	不需加紧固件就可传递较小转矩和轴向力，加紧固件后用于承受较大载荷或动载荷的配合
	重型	$\dfrac{H7}{u6}$、$\dfrac{H8}{u7}$	不需加紧固件就可传递和承受大的转矩和动载荷的配合，要求零件材料有高强度
	特重型	$\dfrac{H7}{x6}$	能传递和承受很大转矩和动载荷的配合，须经试验后方可应用

注：括号内的配合为优先配合。

表 3-12　不同工作条件影响配合间隙或过盈的趋势

具体情况	过盈量	间隙量	具体情况	过盈量	间隙量
材料强度小	减	—	装配时可能歪斜	减	增
经常拆卸	减	增	旋转速度增高	减	增
有冲击载荷	增	减	有轴向运动	—	增
工作时孔温高于轴温	增	减	润滑油黏度增大	—	增
工作时轴温高于孔温	减	增	表面趋向粗糙	增	减
配合长度增长	减	增	单件生产相对于成批生产	减	增
配合面形状和位置误差增大	减	增			

3.4.2 尺寸精度设计示例

例 3-2 有一孔、轴配合的公称尺寸为 $\phi 36\text{mm}$，要求配合间隙为 $+0.025 \sim +0.067\text{mm}$，试确定孔和轴的公差等级和配合种类。

解:（1）选择 ISO 配合制 本例无特殊要求，选用基孔制配合。孔的基本偏差代号为 H，$EI = 0$。

（2）确定公差等级 根据使用要求，其配合公差为

$$T_f = X_{max} - X_{min} = T_h + T_s = +0.067\text{mm} - (+0.025)\text{mm} = 0.042\text{mm}$$

假设孔、轴同级配合，则

$$T_h = T_s = T_f/2 = 21\mu\text{m}$$

从表 3-2 查得：孔和轴公差等级介于 IT6 和 IT7 之间。

根据工艺等价原则，在 IT6 和 IT7 的公差等级范围内配合时，孔应比轴低一个公差等级。

故选：孔为 IT7，$T_h = 25\mu\text{m}$；轴为 IT6，$T_s = 16\mu\text{m}$。

配合公差：$T_f = T_h + T_s = \text{IT7} + \text{IT6} = 0.025\text{mm} + 0.016\text{mm} = 0.041\text{mm} < 0.042\text{mm}$

满足使用要求。

（3）选择配合种类 根据使用要求，本例为间隙配合。采用基孔制配合，孔的基本偏差代号为 H7，孔的极限偏差为 $ES = EI + T_h = 0\text{mm} + 0.025\text{mm} = +0.025\text{mm}$。

孔的公差带代号为 $\phi 36\text{H7}$（$^{+0.025}_{0}$）。

根据 $X_{min} = EI - es$，得 $es = -X_{min} = -0.025\text{mm}$，而 es 为轴的基本偏差，从表 3-3 中查得轴的基本偏差代号为 f，即轴的公差带为 f6。所以 $ei = es - T_s = -0.025\text{mm} - (+0.016)\text{mm} = -0.041\text{mm}$，轴的公差带代号为 $\phi 36\text{f6}$（$^{-0.025}_{-0.041}$）。

选择的配合为 $\phi 36\text{H7/f6}$。

（4）验算设计结果

$$X_{max} = ES - ei = +0.025\text{mm} - (-0.041)\text{mm} = +0.066\text{mm}$$

$$X_{min} = EI - es = 0\text{mm} - (-0.025)\text{mm} = +0.025\text{mm}$$

$\phi 30\text{H7/f6}$ 的 $X_{max} = +66\mu\text{m}$，$X_{min} = +25\mu\text{m}$，它们分别小于要求的最大间隙（$+67\mu\text{m}$）和等于要求的最小间隙（$+25\mu\text{m}$），因此本例选定的配合为 $\phi 30\text{H7/f6}$ 满足使用要求。

3.5 光滑工件尺寸的检验

3.5.1 概述

在各种几何量的测量中，尺寸测量是最基本的。由于被测零件的形状、大小、精度要求和使用场合不同，采用的计量器具和检验方法也不同。国家标准对光滑工件的尺寸规定了两种检验方法：第一种是对于大批量生产的车间，为提高检测效率，多采用光滑极限量规来检验（详见第 6 章）；第二种是对于单件或小批量生产，则常采用通用计量器具来检验。本节只介绍后一种方法。

通过测量可以测得工件的实际尺寸。由于存在着各种测量误差，测量所得到的实际尺寸

并非真值，尤其在车间生产现场，一般不可能采用多次测量取平均值的办法以减小随机误差的影响，也不能对温度、湿度等环境因素引起的测量误差进行修正，通常只进行一次测量来判断工件的合格与否。因此，当测得值在工件上极限尺寸、下极限尺寸附近时，就有可能将本来处在公差带之内的合格品判为废品（**误废**），或将本来处在公差带之外的废品判为合格品（**误收**）。

误收影响产品质量，误废会造成经济损失。为了保证产品的质量，我国制定了国家标准 GB/T 3177—2009《产品几何技术规范（GPS） 光滑工件尺寸的检验》，对验收原则、验收极限和检验尺寸用的计量器具的选择以及仲裁等做出规定。该标准适用于使用通用计量器具（如游标卡尺、千分尺及车间使用的比较仪、投影仪等量具量仪）对图样上注出的公差等级为 IT6 ~ IT18、公称尺寸至 500mm 的光滑工件尺寸的检验，也适用于对一般公差尺寸的检验。

3.5.2 验收极限

国家标准规定的验收原则是所用验收方法应只接收位于规定的极限尺寸之内的工件，即允许有误废而不允许有误收。为了保证这个验收原则的实现，保证零件达到互换性要求，将误收减至最小，规定了验收极限。

验收极限是指判断所检验工件尺寸合格与否的尺寸界限。国家标准规定，确定验收极限的方式有内缩方式和不内缩方式。选择验收极限方式时应综合考虑被测尺寸的功能要求、重要程度、公差等级、测量不确定度和工艺能力等。

（1）**内缩方式** 验收极限是从图样上标定的最大实体尺寸和最小实体尺寸分别向工件公差带内移动一个**安全裕度 A** 来确定的，如图 3-21 所示。计算出的两极限值为验收极限（**上验收极限和下验收极限**），计算式如下。

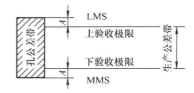

图 3-21 验收极限示意图

轴尺寸的验收极限：
$$上验收极限 = 最大实体尺寸(MMS) - 安全裕度(A)$$
$$下验收极限 = 最小实体尺寸(LMS) + 安全裕度(A)$$

孔尺寸的验收极限：
$$上验收极限 = 最小实体尺寸(LMS) - 安全裕度(A)$$
$$下验收极限 = 最大实体尺寸(MMS) + 安全裕度(A)$$

由图 3-21 可以看出，有了安全裕度 A 就可确保零件的使用质量和互换性，防止误收。但 A 值过大，会使生产公差缩小，加工的经济性差；A 值过小，则要求测量精度高。因此安全裕度（A）大小的确定，必须从技术和经济两方面予以综合考虑。国家标准规定 A 的数值一般取工件公差（**T**）的 **1/10**，其数值可由表 3-13 查得。

表3-13　安全裕度（A）与计量器具的测量不确定度允许值（u_1）　（单位：μm）

| 公差等级 | | IT6 | | | | | IT7 | | | | | IT8 | | | | | IT9 | | | | |
| 公称尺寸/mm | | T | A | u_1 | | | T | A | u_1 | | | T | A | u_1 | | | T | A | u_1 | | |
大于	至			Ⅰ	Ⅱ	Ⅲ			Ⅰ	Ⅱ	Ⅲ			Ⅰ	Ⅱ	Ⅲ			Ⅰ	Ⅱ	Ⅲ
—	3	6	0.6	0.5	0.9	1.4	10	1.0	0.9	1.5	2.3	14	1.4	1.3	2.1	3.2	25	2.5	2.3	3.8	5.6
3	6	8	0.8	0.7	1.2	1.8	12	1.2	1.1	1.8	2.7	18	1.8	1.6	2.7	4.1	30	3.0	2.7	4.5	6.8
6	10	9	0.9	0.8	1.4	2.0	15	1.5	1.4	2.3	3.4	22	2.2	2.0	3.3	5.0	36	3.6	3.3	5.4	8.1
10	18	11	1.1	1.0	1.7	2.5	18	1.8	1.7	2.7	4.1	27	2.7	2.4	4.1	6.1	43	4.3	3.9	6.5	9.7
18	30	13	1.3	1.2	2.0	2.9	21	2.1	1.9	3.2	4.7	33	3.3	3.0	5.0	7.4	52	5.2	4.7	7.8	12
30	50	16	1.6	1.4	2.4	3.6	25	2.5	2.3	3.8	5.6	39	3.9	3.5	5.9	8.8	62	6.2	5.6	9.3	14
50	80	19	1.9	1.7	2.9	4.3	30	3.0	2.7	4.5	6.8	46	4.6	4.1	6.9	10	74	7.4	6.7	11	17
80	120	22	2.2	2.0	3.3	5.0	35	3.5	3.2	5.3	7.9	54	5.4	4.9	8.1	12	87	8.7	7.8	13	20
120	180	25	2.5	2.3	3.8	5.6	40	4.0	3.6	6.0	9.0	63	6.3	5.7	9.5	14	100	10	9.0	15	23
180	250	29	2.9	2.6	4.4	6.5	46	4.6	4.1	6.9	10	72	7.2	6.5	11	16	115	12	10	17	26
250	315	32	3.2	2.9	4.8	7.2	52	5.2	4.7	7.8	12	81	8.1	7.3	12	18	130	13	12	19	29
315	400	36	3.6	3.2	5.4	8.1	57	5.7	5.1	8.5	13	89	8.9	8.0	13	20	140	14	13	21	32
400	500	40	4.0	3.6	6.0	9.0	63	6.3	5.7	9.5	14	97	9.7	8.7	15	22	155	16	14	23	35

| 公差等级 | | IT10 | | | | | IT11 | | | | | IT12 | | | | IT13 | | | |
| 公称尺寸/mm | | T | A | u_1 | | | T | A | u_1 | | | T | A | u_1 | | T | A | u_1 | |
大于	至			Ⅰ	Ⅱ	Ⅲ			Ⅰ	Ⅱ	Ⅲ			Ⅰ	Ⅱ			Ⅰ	Ⅱ
—	3	40	4.0	3.6	6.0	9.0	60	6.0	5.4	9.0	14	100	10	9.0	15	140	14	13	21
3	6	48	4.8	4.3	7.2	11	75	7.5	6.8	11	17	120	12	11	18	180	18	16	27
6	10	58	5.8	5.2	8.7	13	90	9.0	8.1	14	20	150	15	14	23	220	22	20	33
10	18	70	7.0	6.3	11	16	110	11	10	17	25	180	18	16	27	270	27	24	41
18	30	84	8.4	7.6	13	19	130	13	12	20	29	210	21	19	32	330	33	30	50
30	50	100	10	9.0	15	23	160	16	14	24	36	250	25	23	38	390	39	35	59
50	80	120	12	11	18	27	190	19	17	29	43	300	30	27	45	460	46	41	69
80	120	140	14	13	21	32	220	22	20	33	50	350	35	32	53	540	54	49	81
120	180	160	16	14	24	36	250	25	23	38	56	400	40	36	60	630	63	57	95
180	250	185	19	17	28	42	290	29	26	44	65	460	46	41	69	720	72	65	110
250	315	210	21	19	32	47	320	32	29	48	72	520	52	47	78	810	81	73	120
315	400	230	23	21	35	52	360	36	32	54	81	570	57	51	86	890	89	80	130
400	500	250	25	23	38	56	400	40	36	60	90	630	63	57	95	970	97	87	150

　　由于验收极限向工件的公差带之内移动，为了保证验收时合格，在生产时不能按原有的极限尺寸加工，应按由验收极限所确定的范围生产，这个范围称为**生产公差**。

$$生产公差 = 上验收极限 - 下验收极限$$

　　（2）**不内缩方式**　安全裕度（A）等于零，即验收极限等于工件的最大实体尺寸和最小实体尺寸。

（3）**验收极限方式选择的原则** 具体选择哪一种方法，要结合工件的尺寸、功能要求及其重要程度、尺寸公差等级、测量不确定度和工艺能力等因素综合考虑。具体原则如下：

1）要求符合包容要求的尺寸、公差等级高的尺寸，其验收极限按内缩方式确定。

2）当过程能力指数 $C_p \geq 1$ 时，其验收极限可以按不内缩方式确定［**过程能力指数 C_p**值是工件公差 T 与加工设备工艺能力 C 和加工设备的标准偏差 σ 之积的比值。工件尺寸遵循正态分布时 $C = 6$，即 $C_p = T/(6\sigma)$］。但采用包容要求时，在最大实体尺寸一侧仍应按内缩方式确定验收极限。

3）对偏态分布的尺寸，尺寸偏向的一边应按内缩方式确定。

4）对非配合和一般公差的尺寸，其验收极限按不内缩方式确定。

3.5.3 计量器具的选择

正确选择计量器具，既要考虑计量器具的精度，以保证检验结果的准确性，同时也要考虑经济性。在综合考虑这些指标时，要注意如下两点：

1）选择计量器具应与被测工件的外形、位置、尺寸的大小及被测参数特性相适应，使所选计量器具的测量范围能满足工件测量的要求。

2）选择计量器具应考虑工件的尺寸公差，使所选计量器具的不确定度既保证测量精度要求，又符合经济性要求。

为了保证测量的可靠性和量值的统一，国家标准规定：按照**计量器具的测量不确定度允许值 u_1** 选择计量器具。u_1 是表征计量器具的内在误差引起测量结果分散的一个误差范围，其中也包括调整时用的标准件的不确定度。u_1 值见表 3-13。u_1 值分为Ⅰ、Ⅱ、Ⅲ档，分别约为工件公差的 **1/10、1/6 和 1/4**。一般情况下，优先选用Ⅰ档，其次为Ⅱ档、Ⅲ档。选用计量器具时，应使所选计量器具的不确定度 u'_1 等于或小于表 3-13 所列的 u_1 值（$u'_1 \leq u_1$）。对不同测量结果的争议，可以采用更精确的计量器具或按事先双方商定的方法解决。

各种常用**计量器具的不确定度 u'_1** 见表 3-14 ~ 表 3-16。

表 3-14 指示表的不确定度 （单位：mm）

尺寸范围		所使用的计量器具			
		分度值为 0.001mm 的千分表（0 级在全程范围内，1 级在 0.2mm 内）；分度值为 0.002mm 的千分表（1 转范围内）	分度值为 0.001mm、0.002mm、0.005mm 的千分表（1 级在全程范围内）；分度值为 0.01mm 的百分表（0 级在任意 1mm 内）	分度值为 0.01mm 的百分表（0 级在全程范围内，1 级在任意 1mm 内）	分度值为 0.01mm 的百分表（1 级在全程范围内）
大于	至	不 确 定 度 u'_1			
—	115	0.005	0.01	0.018	0.30
115	315	0.006			

表 3-15　千分尺和游标卡尺的不确定度　　　　　　　　　　（单位：mm）

尺寸范围		计量器具类型			
		分度值为 0.01mm 的外径千分尺	分度值为 0.01mm 的内径千分尺	分度值为 0.02mm 的游标卡尺	分度值为 0.05mm 的游标卡尺
大于	至	不确定度 u'₁			
—	50	0.004			0.05
50	100	0.005	0.008		
100	150	0.006		0.020	
50	200	0.007			
200	250	0.008	0.013		
250	300	0.009			
300	350	0.010			
350	400	0.011	0.020		
400	450	0.012			0.100
450	500	0.013	0.025		
500	600		0.030		
600	700				
700	1000				0.150

注：1. 当采用比较测量时，千分尺的不确定度可小于本表规定的数值，一般可减小 40%。

2. 考虑到某些车间的实际情况，当从本表中选用的计量器具不确定度（u'₁）需在一定范围内大于 GB/T 3177—2009 规定的 u₁ 值时，须按式：$A' = u'_1/0.9$ 重新计算出相应的安全裕度。

表 3-16　比较仪的不确定度　　　　　　　　　　　（单位：mm）

尺寸范围		所使用的计量器具			
		分度值为 0.0005mm（相当于放大 2000 倍）的比较仪	分度值为 0.001mm（相当于放大 1000 倍）的比较仪	分度值为 0.002mm（相当于放大 500 倍）的比较仪	分度值为 0.005mm（相当于放大 200 倍）的比较仪
大于	至	不确定度 u'₁			
—	25	0.0006	0.0010	0.0017	0.0030
25	40	0.0007			
40	65	0.0008	0.0011	0.0018	
65	90	0.0008			
90	115	0.0009	0.0012	0.0019	
115	165	0.0010	0.0013		
165	215	0.0012	0.0014	0.0020	0.0035
215	265	0.0014	0.0016	0.0021	
265	315	0.0016	0.0017	0.0022	

3.5.4　光滑工件尺寸检验示例

例3-3　被测工件为 $\phi60g8$（$_{-0.056}^{-0.010}$）Ⓔmm，试确定验收极限并选择合适的计量器具，分析该轴可否使用分度值为 0.05mm 的比较仪进行比较法测量验收。

解：（1）确定验收极限　该轴公差等级要求为 IT8 级，采用包容要求，故验收极限按内缩方式确定。由表 3-13 确定安全裕度 A 和计量器具的测量不确定度允许值 u_1。

该工件的公差为 0.046mm，从表 3-13 查得 $A = 0.0046$mm，$u_1 = 0.0041$mm，其上、下验收极限为

上验收极限 = MMS − A = 60mm − 0.010mm − 0.0046mm = 59.9854mm

下验收极限 = LMS + A = 60mm − 0.056mm + 0.0046mm = 59.9486mm

（2）选择计量器具　按工件公称尺寸 60mm，从表 3-16 中查得分度值为 0.005mm 的比较仪不确定度为 $u'_1 = 0.0030$mm，小于允许值 $u_1 = 0.0041$mm，故能满足使用要求。

习　题

3-1　什么是公称尺寸、极限尺寸和实际尺寸，它们有何区别和联系？

3-2　公差、极限偏差和实际偏差有何区别和联系？

3-3　配合分为几类？各种配合中孔、轴公差带的相对位置分别有什么特点？配合公差等于相互配合的孔、轴公差之和说明了什么？

3-4　什么叫标准公差？什么叫基本偏差？它们与公差带有什么联系？

3-5　间隙配合、过渡配合与过盈配合各适用于什么场合？每类配合在选定松紧程度时应考虑哪些因素？

3-6　说明下列配合代号所表示的 ISO 配合制、公差等级和配合类别（间隙配合、过渡配合或过盈配合），并查表计算其极限间隙或极限过盈，画出其尺寸公差带图。

1）$\phi45H7/g6$。

2）$\phi65K7/h6$。

3）$\phi35H8/t7$。

3-7　计算出表 3-17 中空格处的数值，并按规定填写在表中。

表 3-17　根据要求填表　　　　　　　　　　　　　（单位：mm）

公称尺寸	孔			轴			X_{max} 或 Y_{min}	X_{min} 或 Y_{max}	T_f
	ES	EI	T_h	es	ei	T_s			
$\phi25$		0				0.052	+0.074		0.104
$\phi45$			0.025	0				− 0.050	0.041
$\phi30$		+ 0.065			− 0.013		+ 0.099	+ 0.065	

3-8　某孔 $\phi20_{\,0}^{+0.013}$mm 与某轴配合，要求 $X_{max} = +0.04$mm，$T_f = 0.022$mm，试确定该配合。

3-9　已知某配合的公称尺寸是 $\phi30$mm，要求装配后的间隙为 +0.018 ~ +0.088mm，按照基孔制确定它们的配合代号。

3-10　加工一批轴，设计要求为 $\phi60p6$。加工后测得其中最大的尺寸为 $\phi60.030mm$，最小的尺寸为 $\phi60.012mm$。试问这批轴的公差是多少？其实际尺寸的误差是多少？这批轴是否合格？

3-11　查表确定下列配合中的孔、轴极限偏差数值，计算极限间隙或过盈，并画出公差带图，说明该配合的 ISO 配合制及配合性质。

1）$\phi50H8/f7$。

2）$\phi60K7/h6$。

3）$\phi180H7/u6$。

4）$\phi45T7/h6$。

3-12　已知下列孔、轴配合的极限间隙或过盈，试分别确定孔、轴尺寸的公差等级及配合代号，并画出公差带图。

1）公称尺寸 $\phi45$，$X_{max} = +0.050mm$，$X_{min} = +0.009mm$。

2）公称尺寸 $\phi35$，$X_{max} = +0.023mm$，$Y_{max} = -0.018mm$。

3）公称尺寸 $\phi65$，$Y_{max} = -0.087mm$，$Y_{min} = -0.034mm$。

3-13　有轴 $\phi30h7$ 和孔 $\phi100E10$，试确定验收权限和选择计量器具。

第 4 章

几何公差及其检测

【学习指导】

机械零件几何要素的几何精度在很大程度上影响着该零件的质量和互换性，从而影响整个机械产品的质量。为了保证机械产品的质量，就应该正确选择几何公差，在零件图上正确标注，并按零件图上给出的几何公差来评定和检测几何误差。通过本章知识的学习，要求学生熟练掌握几何公差带的有关概念、正确标注方法；掌握几何误差评定的"最小条件""最小包容区域"、几何公差的选用、公差原则在图样上的标注及含义；了解几何误差检测的基本方法。

4.1　概述

4.1.1　几何误差对零件使用功能的影响

1. 任务引入

图样上给出的零件都是没有误差的理想几何体，它们通常都是通过机械加工而成。由于机床、夹具、刀具和工件所组成的工艺系统本身具有一定的误差，以及在加工过程中出现受力变形、振动和磨损等各种干扰，致使加工后零件的实际几何体和理想几何体之间存在差异。这种差异表现在零件实际几何体的线、面、形状及相互位置上，它们称为形状误差、方向误差位置误差、跳动误差，简称为几何误差。图 4-1 所示为机床主轴箱中的齿轮轴，ϕd_1、ϕd_2 安装在主轴箱的轴承孔中，ϕd 安装齿轮。给三个圆柱体标注尺寸公差并不能控制它们彼此轴线的相对位置的误差，如图 4-1a 所示。为保证零件的使用功能，还要标注几何公差，以控制三个圆柱体轴线的相对位置，如图 4-1b 所示，标注了全跳动公差要求。下面分别介绍几何要素及其分类、几何公差特征项目及其符号和几何公差的标注。

2. 几何误差对零件性能的影响

几何误差对零件性能的影响可归纳为以下三方面：

（1）影响零件的功能要求　例如：机床导轨表面的直线度、平面度误差影响机床刀架的运动精度；汽车变速器齿轮箱上各轴承孔的位置误差影响齿轮齿面的接触均匀性和齿侧间隙。

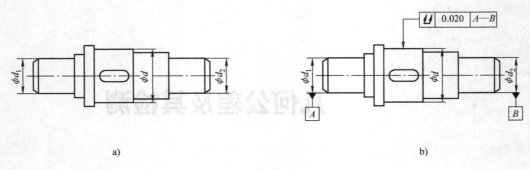

图 4-1　机床主轴箱中的齿轮轴

（2）影响零件的配合性质　当结合的孔、轴有几何误差时，对间隙配合，会使间隙分布不均，从而加剧磨损，降低结合的使用寿命，并且降低回转精度；对过盈配合，会使过盈在整个结合面上大小不一，从而降低其连接强度；对过渡配合，会降低其位置精度。

（3）影响零件的自由装配性　例如，若轴承盖上各个螺钉孔的位置不正确，在装配时就难以自由装配。

对于精密机械以及经常在高速、高压、高温和重载条件下工作的机器，几何误差的影响更为严重。所以几何误差的大小是衡量机械产品质量的一项重要指标。

4.1.2　零件的几何要素及其分类

构成零件几何特征的点、线、面统称为**几何要素**，简称为要素，它们是几何公差研究的对象。图 4-2 所示零件的几何要素有：点——锥顶、球心；线——圆柱和圆锥的素线、轴线；面——端平面、球面、圆锥面及圆柱面等。要素可以从不同的角度进行分类：

1）公称（理想）要素是指具有几何学意义的要素，是设计图样上给出的理论上的要素。

2）实际要素是指零件上实际存在的要素，通过测量由测得要素来代替（由于测量误差总是客观存在的，因此测得要素并非要素的真实状态）。

3）被测要素是指在图样上给出了形状和（或）位置公差要求的要素，也就是需要研究和测量的要素，是箭头所指的对象。

4）基准要素是指用来确定被测要素方向和（或）位置公差要求的要素。公称（理想）基准要素简称为基准。

5）单一要素是指仅对其本身给出形状公差要求的要素。

6）关联要素是指对基准要素具有功能关系，并给出位置公差要求的要素。

7）组成（轮廓）要素是指构成零件外形特征的点、线、面，如图 4-2 所示的圆柱面和圆锥面、端平面、球面、圆锥面及圆柱面的素线。

8）导出（中心）要素是指与组成（轮廓）要素有对称关系的点、线、面，如图 4-2 所示的球心、轴线等。导出（中心）要素是假想的，它依赖于实际存在的组成（轮廓）要素。显然，没有圆柱面的存在，也就没有圆柱面的轴线。

4.1.3　几何公差特征项目及其符号

为限制机械零件的几何误差，提高机械产品的质量，增加寿命，保证互换性生产，我国

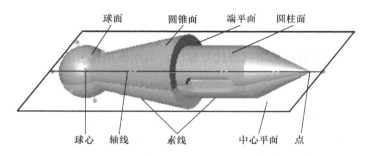

图 4-2　零件的几何要素

制定了国家标准 GB/T 1182—2018。《产品几何技术规范（GPS）　几何公差形状、方向、位置和跳动公差标注》，标准中规定了 19 种几何公差特征项目，其中形状公差有 6 种，方向公差有 5 种，位置公差有 6 种，跳动公差有 2 种。几何公差特征项目及其符号见表 4-1。

表 4-1　几何公差特征项目及其符号

公差类型	几何特征	符　　号	基准要求
形状公差	直线度	—	无
	平面度	▱	无
	圆度	○	无
	圆柱度	⌭	无
	线轮廓度	⌒	无
	面轮廓度	◠	无
方向公差	平行度	//	有
	垂直度	⊥	有
	倾斜度	∠	有
	线轮廓度	⌒	有
	面轮廓度	◠	有
位置公差	位置度	⊕	有或无
	同心度（用于中心点）	◎	有
	同轴度（用于轴线）	◎	有
	对称度	=	有
	线轮廓度	⌒	有
	面轮廓度	◠	有
跳动公差	圆跳动	↗	有
	全跳动	⌿	有

4.1.4　几何公差的标注

国家标准规定，几何公差采用框格代号标注。当用框格代号表达不清或过于复杂时，允许在技术要求中用文字说明。

1. 被测要素的标注

几何公差要求用框格（框格线的宽度为字高的 1/10）表达，框格水平或垂直放置，如图 4-3 所示。第一格为几何公差特征项目符号；第二格为几何公差值 t（或 ϕt、$S\phi t$）及其他有关符号，公差带形状为圆形或圆柱形时公差值标注 ϕt，公差带形状为球形时标注 $S\phi t$；第三格及以后各格为按顺序排列的表示基准的字母及其有关符号。需要时可在框格上方或下方附加数字或文字说明。

用带箭头的指引线连接公差框格与被测要素，箭头应指向公差带的宽度或直径方向。当被测要素为组成要素时，指引线箭头应指向被测要素的轮廓线或其延长线上，并与尺寸线明显错开，如图 4-3a 所示；当被测要素为导出要素时，指引线箭头应与该被测要素的尺寸线对齐，如图 4-3b、c 所示。

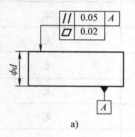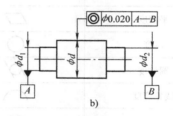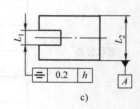

图 4-3　几何公差的标注 1

2. 基准要素的标注

基准要素用大写字母表示，字母永远呈水平状态，它与一个涂黑的或空白的三角形（两者含义相同）相连，如图 4-4 所示。当基准要素为组成要素时，细实线应指向要素的轮廓线或其延长线上，并与尺寸线明显错开，如图 4-3a 所示；当基准要素

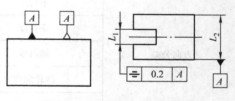

图 4-4　几何公差的标注 2

为导出要素时，细实线应与该要素的尺寸线对齐，如图 4-3b、c 所示。对于由两个要素组成的公共基准，用短实线连接两个基准要素的字母，如图 4-3b 所示。

4.2　几何公差与公差带

4.2.1　形状公差与公差带

1. 任务引入

图 4-5 所示为铣床工作台，工作台表面的平整性对被加工零件的装夹定位起着重要的作用。用形状公差控制工作台的表面形状是保证工作台使用功能的要求之一。形状公差包括直线度、平面度、圆度、圆柱度，在无基准的情况下，线（面）轮廓度也属于形状公差。零

件的表面形状是否满足使用功能的要求，必须对其进行测量和相应的数据分析、判断评定。

图 4-6 所示为数控镗铣床的主轴，外圆锥面、圆柱面和花键处要安装轴承、齿轮，左端内圆锥孔要安装加工刀具。这些几何体的相对方向、位置必须保持一定的关系才能保证主轴的旋转精度。方向、位置、跳动公差是指关联实际要素的方向、位置、跳动对基准所允许的变动全量。方向、位置、跳动公差用以控制其相应的误差，用公差带表示，它是限制关联实际要素的变动区域。关联实际要素位于该区域内为合格，区域的大小由公差值决定。

图 4-5 铣床工作台

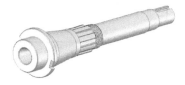

图 4-6 数控镗铣床的主轴

2. 形状公差与公差带概述

形状公差是单一被测实际要素的形状对其理想要素所允许的变动全量。形状公差用**形状公差带**表示。形状公差带是限制单一实际要素变动的区域，零件实际要素在该区域内为合格。形状公差带的大小用公差带的宽度或直径来表示，由形状公差值决定。典型的形状公差带定义、标注和解释见表 4-2。

表 4-2 典型的形状公差带定义、标注和解释

名称	公差带定义	标注和解释
直线度	在给定平面内，公差带是距离为公差值 t 的两平行直线之间的区域	提取（实际）圆柱面与任一轴向截面的交线（平面线）必须位于在该平面内距离为 0.03mm 的两平行直线内 — 0.03
	在给定方向上，公差带是距离为公差值 t 的两相对平行面之间的区域	提取（实际）表面的素线必须位于距离为 0.05mm 的两相对平行面内 — 0.05
	若在公差值前加注 ϕ，则公差带是直径为 t 的圆柱面内的区域	提取（实际）圆柱体的轴线必须位于直径为 $\phi0.06$mm 的圆柱面内 $\phi0.06$

（续）

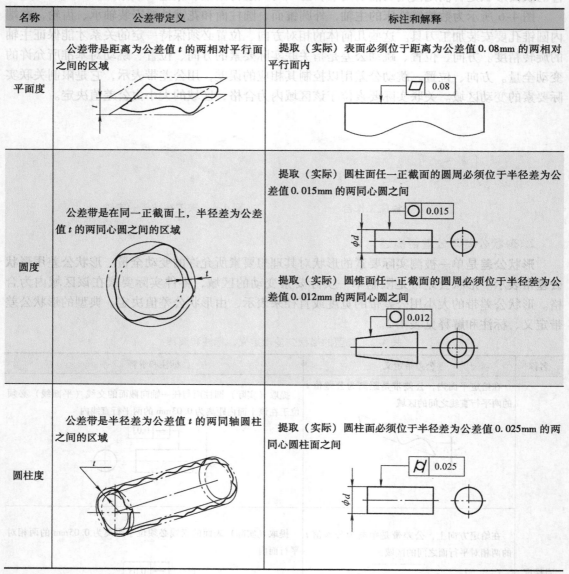

名称	公差带定义	标注和解释
平面度	公差带是距离为公差值 t 的两相对平行面之间的区域	提取（实际）表面必须位于距离为公差值 0.08mm 的两相对平行面内
圆度	公差带是在同一正截面上，半径差为公差值 t 的两同心圆之间的区域	提取（实际）圆柱面任一正截面的圆周必须位于半径差为公差值 0.015mm 的两同心圆之间 提取（实际）圆锥面任一正截面的圆周必须位于半径差为公差值 0.012mm 的两同心圆之间
圆柱度	公差带是半径差为公差值 t 的两同轴圆柱之间的区域	提取（实际）圆柱面必须位于半径差为公差值 0.025mm 的两同心圆柱面之间

形状公差带具有如下特点：

1）由表4-2可见，形状公差带的形状有多种形式，例如，两条平行直线、两相对平行平面、圆柱、两个同心圆、两个同轴圆柱面所限定的区域等。公差带形状取决于被测要素的特征和功能要求。

2）直线度、平面度、圆度和圆柱度不涉及基准，其公差带没有方向或位置的约束，可以根据被测实际要素不同的状态而浮动。

3. 轮廓度公差与公差带概述

轮廓度公差特征有线轮廓度和面轮廓度两类。轮廓度无基准要求时为形状公差，有基准要求时为位置公差。轮廓度公差带定义、标注和解释见表4-3。

表4-3　轮廓度公差带定义、标注和解释

特征		公差带定义	标注和解释
线轮廓度	无基准	公差带是包络一系列直径为公差值 t 的圆的两包络线之间的区域，诸圆的圆心位于具有理论正确几何形状的线上 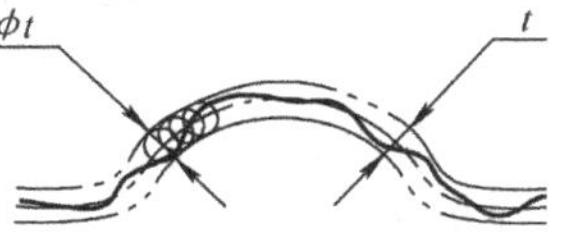	在平行于图样所示投影面的任一截面上，提取（实际）轮廓线必须位于包络一系列直径为公差值 0.05mm，且圆心位于具有理论正确几何形状的线上的两包络线之间 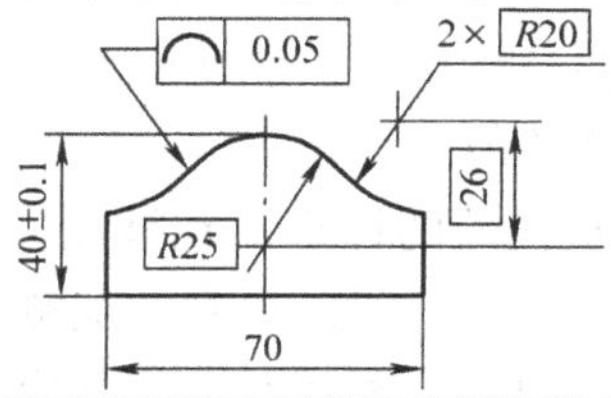
	有基准	公差带为直径等于公差值 t、圆心位于由基准平面 A 和 B 确定的被测要素理论正确几何形状上的一系列圆的两包络线所限定的区域，C 为平行于基准平面 A 的平面、垂直于基准平面 C 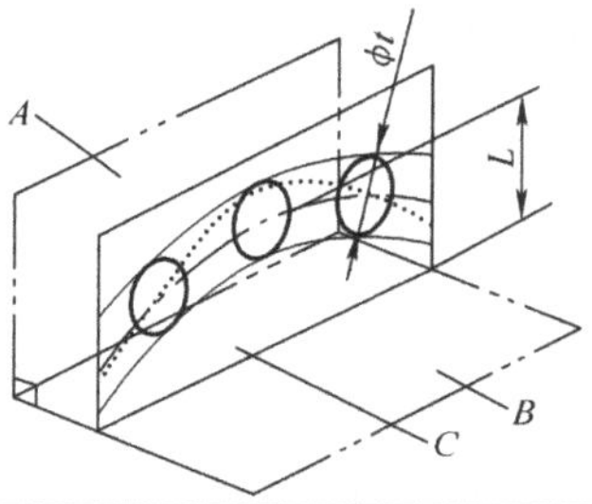	在平行于图示投影平面的截面内，提取（实际）轮廓线应限定在直径等于公差值 0.04mm、圆心位于由基准平面 A 和 B 确定的被测要素理论正确几何形状上的一系列圆的两等距包络线之间 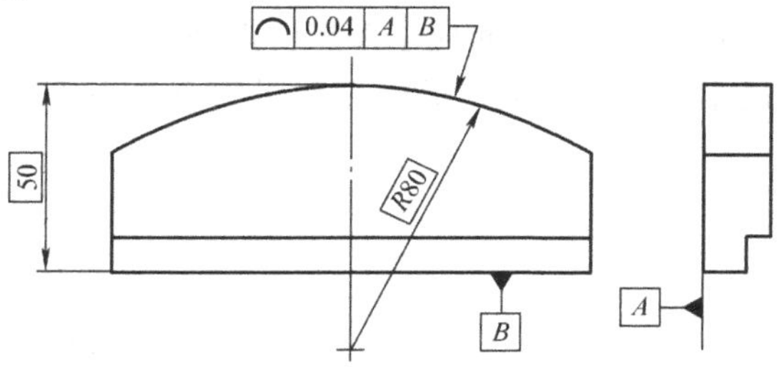
面轮廓度	无基准	公差带是包络一系列直径为公差值 t 的球的两包络面之间的区域，诸球的球心位于具有理论正确几何形状的面上 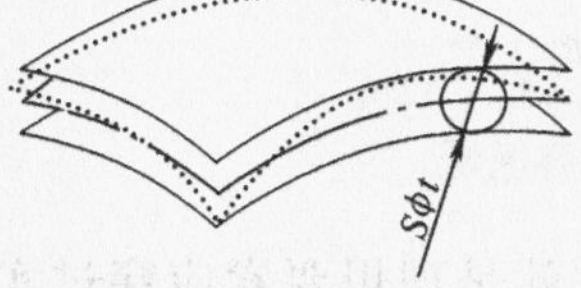	提取（实际）轮廓面必须位于包络一系列球的两包络面之间，诸球的直径为公差值 0.02mm，且球心位于具有理论正确几何形状的面上 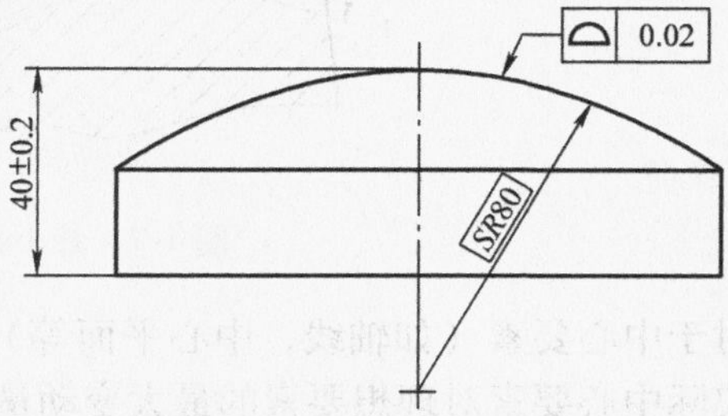
	有基准	公差带是包络一系列直径为公差值 t 的球的两包络面之间的区域，诸球的球心位于由基准平面 A 确定位置、具有理论正确几何形状的面上 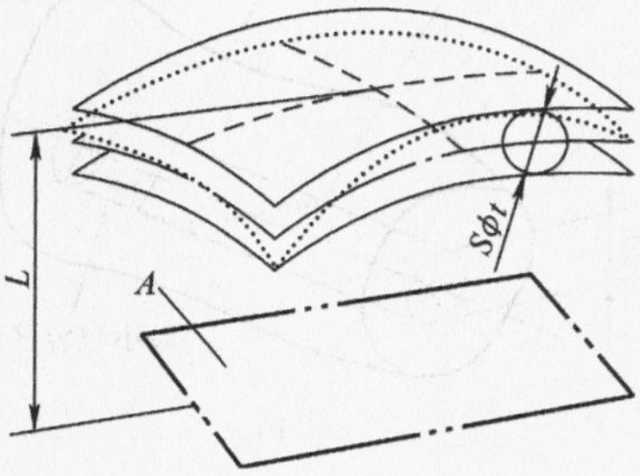	提取（实际）轮廓面应位于包络一系列球的两包络面之间，诸球的直径为公差值 0.02mm，且球心位于距离基准平面 A 为 40mm、具有理论正确几何形状的面上 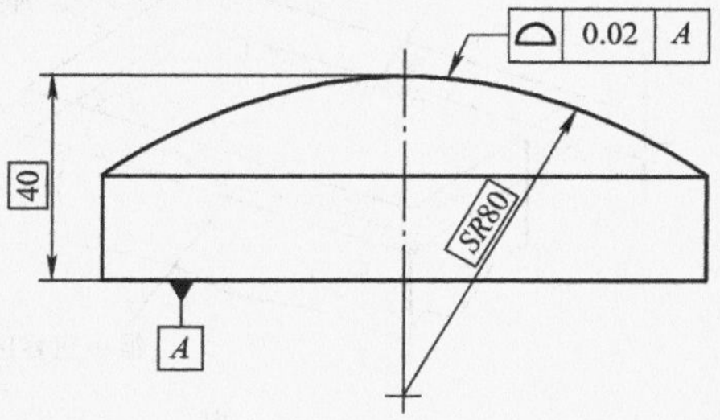

线轮廓度和面轮廓度的公差带具有如下特点。

1）无基准要求的轮廓度，其公差带的形状只由理论正确尺寸决定。

2）有基准要求的轮廓度，其公差带的位置由理论正确尺寸和基准决定。

4. 形状误差的评定及判别准则

形状误差是指单一被测实际要素对其理想要素的变动量。形状误差的误差值小于或等于相应的形状公差值为合格。

（1）形状误差的评定　在被测实际要素与其理想要素作比较以确定变动量时，由于理想要素所处位置的不同，得到的被测实际要素的最大变动量也不同。因此，评定实际要素的形状误差时，理想要素相对于实际要素的位置，必须有一个统一的评定准则，这个准则就是最小条件。

1）最小条件。对于轮廓要素（线轮廓度、面轮廓度除外），最小条件就是理想要素位于实体之外与实际要素相接触，并使被测实际要素的最大变动量为最小，如图 4-7 所示。图中，h_1、h_2、h_3 是对应于理想要素处于不同位置时得到的最大变动量，且 $h_1 < h_2 < h_3$，若 h_1 为最小值，则理想要素在 A_1B_1 处符合最小条件。

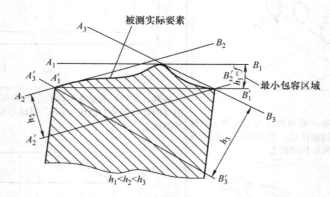

图 4-7　最小条件和最小包容区域

对于中心要素（如轴线，中心平面等），最小条件就是理想要素应穿过实际中心要素，并使实际中心要素对理想要素的最大变动量为最小。理想平面符合最小条件，其最大变动量 f 为最小，如图 4-8a 所示；理想轴线符合最小条件，其最大变动量 ϕf 为最小，如图 4-8b 所示。

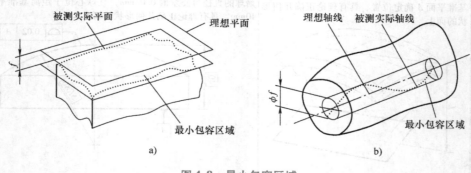

图 4-8　最小包容区域

2）最小包容区域。国家标准规定，在评定形状误差时，形状误差值用最小包容区域的**宽度**或**直径**表示。最小包容区域是指包容被测实际要素的理想要素具有的最小宽度或最小直径的区域，如图 4-7 和图 4-8 所示。最小包容区域的形状与形状公差带相同，按最小包容区域评定形状误差的方法称为最小区域法。

按最小区域法（或称为最小条件法）评定的形状误差值最小，并且是唯一的、稳定的数值，用这个方法评定形状误差可最大限度地通过合格件。在一般生产中可用其他近似方法代替最小区域法，但仲裁时必须用最小区域法。

（2）形状误差的判别准则 最小包容区域根据被测实际要素与包容区域的接触状态来判别，即被测实际要素是否已为最小包容区域所包容，要根据接触状态来判别。

1）直线度误差判别法。

① 在给定平面内，两平行包容直线与实际要素的接触呈高低相间的接触状态，如图 4-9 所示，即高－低－高或低－高－低，至少三点接触。此理想要素为符合最小条件的理想要素，称其为**最小条件法**。

图 4-9 最小条件法
○—最高点 □—最低点

② 将测得的误差曲线首尾两点连线作为理想要素，作平行于该连线的两平行直线将被测的实际要素包容，这两平行直线间的坐标距离即为直线度误差 f'，如图 4-10a 所示，显然有 $f' > f$，只有两端点连线在误差曲线图形一侧时，$f' = f$（此时两端点连线符合最小条件），如图 4-10b、c 所示，称其为**两端点连线法**。

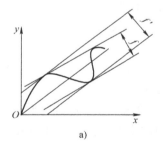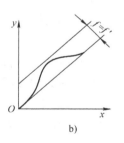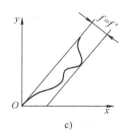

a)   b)   c)

图 4-10 两端点连线法

③ 限制一条直线在任意方向变动时，用一个理想的圆柱体去包容被测实际线，包容时实现高低相间，至少有三点接触，且此三点在同一轴剖面上，而一、三两点在同一条素线上时，见表 4-2 中在任意方向上的直线度，则包容该实际线的圆柱面区域即为最小区域；若是四、五点等接触，判别法则复杂，只有用电算法才便于实现。

2）平面度误差判别法。评定平面度误差时，由两个相对平行的理想平面包容被测实际平面，使其至少有三点或四点与理想平面相接触，并实现下列三种形式之一者，则该包容区域即为**最小包容区域**。

① 一个高点（或低点）在另一个包容平面上的投影位于三个低点（或高点）所形成的三角形内，如图 4-11a 所示，称其为**三角形准则**。

② 两个高点的连线与两个低点的连线在包容平面上的投影相交，如图 4-11b 所示，称

其为**交叉准则**。

③ 一个高点（或低点）在另一个包容平面上的投影位于两个低点（或高点）的连线上，如图 4-11c 所示，称其为**两直线准则**。

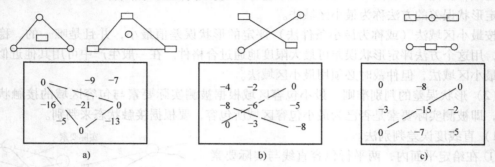

图 4-11 平面度误差判别法

3） 圆度误差判别法。

① 作包容被测实际圆的显示轮廓，使半径差为最小的两个理想同心圆与被测实际圆实现内外相间，至少有四点接触，则该包容区域为最小包容区域，则两同心圆的半径差即为圆度误差值，如图 4-12 所示，称其为**最小条件法**。被测实际圆的显示轮廓是指经仪器显示得出的轮廓，如圆度仪测出的轨迹图形、示波器显示的图像。

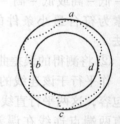

图 4-12 圆度误差
最小条件法

② 对被测实际圆作一直径为最小的外接圆，再以此圆的圆心为圆心作一内接圆，则两同心圆的半径差即为圆度误差值，称其为**最小外接圆中心法**。

③ 对被测实际圆作一直径为最大的内接圆，再以此圆的圆心为圆心作一外接圆，则两同心圆的半径差即为圆度误差值，称其为**最大内接圆中心法**。

④ 作被测实际圆上各点至该圆的距离的平方和为最小的圆。以该圆的圆心为圆心，作两个包容被测实际圆的同心圆，则两同心圆的半径差即为圆度误差值，称其为**最小二乘圆中心法**。

上述圆度误差判别方法，其结果是不同的，其中②、③、④为非最小条件法，若按非最小条件法确定的圆度误差值不超过其公差值，则可认为该项要求合格，否则不能判断其合格与否。最小条件法所得圆度误差值与公差值比较可直接得出该项要求合格与否的结论。

在生产实际中，除使用最小条件法评定形状误差外，也允许采用近似的评定方法，如直线度误差可用两端点连线法；圆度误差可用最小外接圆中心法、最大内接圆中心法和最小二乘圆中心法等方法。这些近似评定方法一般使用较简便，但误差值较大，当有争议时，以最小条件法所得误差为准。

例 4-1 用水平仪测量导轨的直线度误差，依次测得各点读数值分别为 + 20μm、– 10μm、+ 40μm、– 20μm、– 10μm、– 10μm、+ 20μm、+ 20μm，试确定其直线度误差。

解：水平仪测得值为在测量长度上各等距两点的相对差值，需计算出各点相对零点的高度差值，即各点的累计值，计算结果见表 4-4。

表 4-4　例 4-1 计算结果

测量点	0	1	2	3	4	5	6	7	8
读数值/μm	0	+20	−10	+40	−20	−10	−10	+20	+20
累计值/μm	0	+20	+10	+50	+30	+20	+10	+30	+50

直线度误差曲线如图 4-13 所示。两端点连线法：作 0 点和 8 点的连线 OA，作包容且平行于 OA 的两平行直线 I，从坐标图上得到直线度误差 $f' = 58.75\mu m$。最小条件法：按最小条件判别准则，作两平行直线 II，从坐标图得到直线度误差 $f = 45\mu m$。由上述结果可知，两端点连线法所得直线度误差值较大。

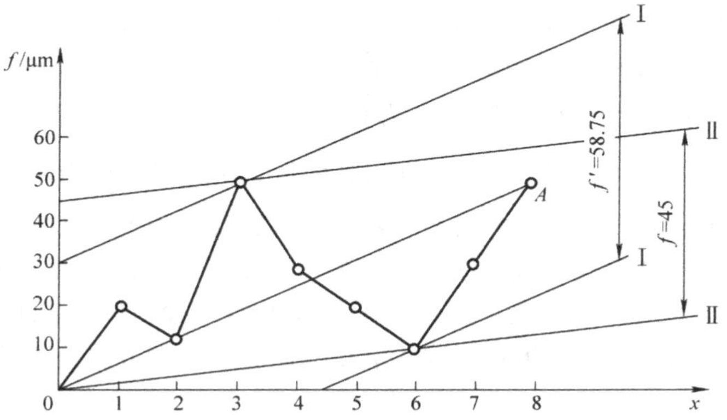

图 4-13　直线度误差曲线

例 4-2　用打表法测量矩形表面，测量时分别按行、列间距分九个点，测得九个点的读数（单位为 μm）如图 4-14a 所示，求该表面的平面度误差 f。

解： 图 4-14a 所示的读数是在同一测量基面测得的。如果将基面进行转换，如使基面转到平行于测点 A_3 和 C_1 的连线上，即选取转轴 I — I，使 A_3 的偏差值与 C_1 的偏差值相等，于是得单位旋转量 q 为

$$q = \frac{C_1\ 点偏差值 - A_3\ 点偏差值}{行距数} = \frac{-10\mu m - (-4\mu m)}{2} = -3\mu m$$

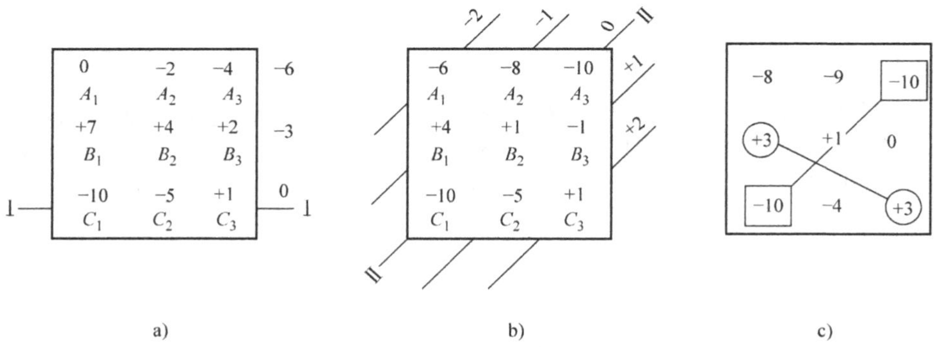

图 4-14　基面旋转法计算平面度误差的过程

将 B 行各偏差值加 q 值，A 行各偏差值加 $2q$ 值，经基面转换后各点的偏差值如图 4-14b

所示。同理，选择轴 Ⅱ—Ⅱ 进行基面转换，可得图 4-14c 所示的各点偏差值。由图 4-14c 中可看出符合平面度误差评定的交叉准则，故该表面的平面度误差 f 为偏差的最大值减去最小值，即

$$f = +3\mu m - (-10\mu m) = 13\mu m$$

4.2.2 方向公差与公差带

1. 方向公差与公差带概述

方向公差是指关联被测实际要素对基准在规定方向上所允许的变动量。方向公差用以控制方向误差。

方向公差用**方向公差带**表示。方向公差带是限制关联被测实际要素的变动区域。

按要素间的几何方向关系，方向公差包括平行度、垂直度和倾斜度以及有基准的线轮廓度和面轮廓度五个项目，当理论正确角度为 $\boxed{0°}$ 时，称为平行度公差；当理论正确角度为 $\boxed{90°}$ 时，称为垂直度公差；当理论正确角度为其他任意角度时，称为倾斜度公差。

平行度、垂直度和倾斜度的被测要素和基准要素有直线和平面之分，因此，这三项公差都有被测直线相对于基准直线（线对线）、被测直线相对于基准平面（线对面）、被测平面相对于基准直线（面对线）和被测平面相对于基准平面（面对面）四种形式。表 4-5 列出了部分方向公差带定义、标注和解释。线轮廓度与面轮廓度的方向公差见表 4-3。

表 4-5 部分方向公差带定义、标注和解释

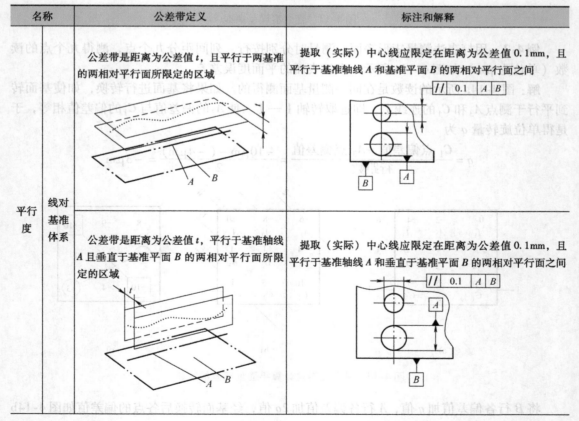

名称		公差带定义	标注和解释
平行度	线对基准体系	公差带是距离为公差值 t，且平行于两基准的两相对平行面所限定的区域	提取（实际）中心线应限定在距离为公差值 0.1mm，且平行于基准轴线 A 和基准平面 B 的两相对平行面之间
		公差带是距离为公差值 t，平行于基准轴线 A 且垂直于基准平面 B 的两相对平行面所限定的区域	提取（实际）中心线应限定在距离为公差值 0.1mm，且平行于基准轴线 A 和垂直于基准平面 B 的两相对平行面之间

（续）

名称		公差带定义	标注和解释
平行度	线对基准体系	公差带为平行于基准轴线 A 和平行或垂直于基准平面 B、间距分别等于公差值 t_1 和 t_2，且互相垂直的两组相对平行面所限定的区域	提取（实际）中心线应限定在平行于基准轴线 A 和平行或垂直于基准平面、间距分别等于公差值 0.1mm 和 0.2mm，且互相垂直的两组相对平行面之间
	线对基准直线	若在公差值前加注 ϕ，公差带是直径为公差值 ϕt，且平行于基准轴线 A 的圆柱面所限定的区域	提取（实际）中心线应限定在平行于基准轴线 A、直径为公差值 $\phi 0.03$mm 的圆柱面内
	线对基准平面	公差带是距离为公差值 t，且平行于基准平面 A 的两相对平行面所限定的区域	提取（实际）中心线必须位于距离为公差值 0.01mm，且平行于基准平面 A 的两相对平行面之间
	线对基准体系	公差带是距离为公差值 t 的两平行直线之间，且两平行直线平行于基准平面 A 并处于平行于基准平面 B 的平面内	提取（实际）线应限定在间距为公差值 0.02mm 的两平行直线之间。该两平行直线平行于基准平面 A 且处于平行于基准平面 B 的平面内

（续）

名称		公差带定义	标注和解释
平行度	面对基准直线	公差带为间距等于公差值 t、平行于基准轴线 C 的两相对平行面所限定的区域	提取（实际）表面应限定在间距为公差值 0.1mm 且平行于基准轴线 C 的两相对平行面之间
	面对基准平面	公差带为间距等于公差值 t、且平行于基准平面 D 的两相对平行面所限定的区域	提取（实际）表面应限定在间距为公差值 0.01mm 且平行于基准平面 D 的两相对平行面之间
垂直度	线对基准直线	公差带是距离为公差值 t，且垂直于基准轴线 A 的两相对平行面所限定的区域	提取（实际）中心线应限定在距离为公差值 0.06mm，且垂直于基准轴线 A 的两相对平行面之间
	线对基准体系	公差带是距离为公差值 t，且垂直于基准平面 A 和平行于基准平面 B 的两相对平行面所限定的区域	提取（实际）中心线必须位于距离为 0.1mm，且垂直于基准平面 A 和平行于基准平面 B 的两相对平行面之间

（续）

名称		公差带定义	标注和解释
垂直度	线对基准体系	公差带为间距分别等于公差值 t_1 和 t_2，且互相垂直的两组相对平行面所限定的区域。这两组相对平行面都垂直于基准平面 A，其中一组相对平行面垂直于基准平面 B，另一组相对平行面平行于基准平面 B	提取（实际）中心线应限定在间距分别等于 0.1mm 和 0.2mm，且互相垂直的两组相对平行面内。这两组相对平行面垂直于基准平面 A 且平行（或垂直）于基准平面 B
	线对基准平面	若公差值前加注符号 ϕ，则公差带为直径等于公差值 ϕt、轴线垂直于基准平面 A 的圆柱面所限定的区域	提取（实际）中心线应限定在直径等于 $\phi0.01$mm、且垂直于基准平面 A 的圆柱面内
	面对基准直线	公差带为间距等于公差值 t 且垂直于基准轴线 A 的两相对平行面所限定的区域	提取（实际）表面应限定在间距等于 0.08mm 的两相对平行面之间。这两相对平行面垂直于基准轴线 A

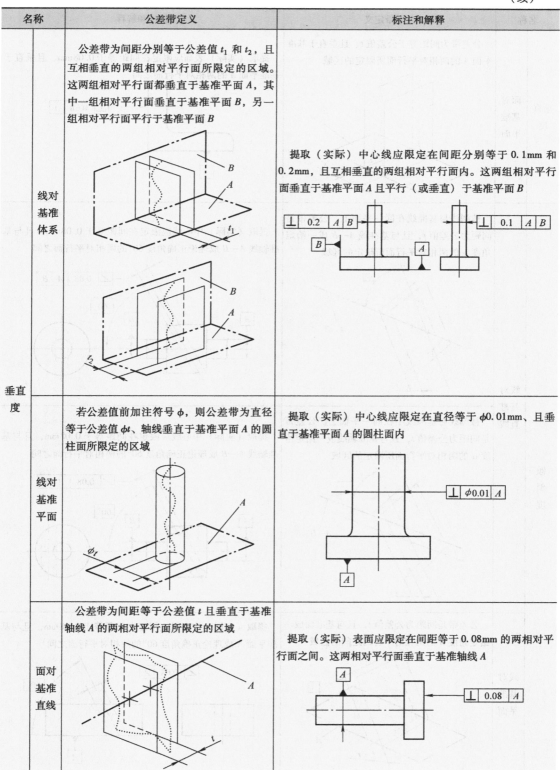

名称		公差带定义	标注和解释
垂直度	面对基准平面	公差带为间距等于公差值 t、且垂直于基准平面 A 的两相对平行面所限定的区域	提取（实际）表面应限定在间距等于 0.08mm、且垂直于基准平面 A 的两相对平行面之间 ⊥ 0.08 A
倾斜度	线对基准直线	被测线与基准线在同一平面上。公差带是间距为公差值 t，且与基准线 A—B 成一给定角度 α 的两相对平行面所限定的区域	提取（实际）中心线应限定在间距等于 0.08mm，且与基准轴线 A—B 成理论正确角度 60° 的两相对平行面之间 ∠ 0.08 A—B 60°
		被测线与基准线不在同一平面上。公差带是间距为公差值 t，且与基准轴线成一给定角度 α 的两相对平行面所限定的区域	提取（实际）中心线应限定在间距等于 0.08mm，且与基准轴线 A—B 成理论正确角度 60° 的两相对平行面之间 ∠ 0.08 A—B 60°
	线对基准平面	公差带是间距为公差值 t，且与基准面成一给定角度 α 的两相对平行面之间的区域	提取（实际）中心线应限定在间距等于 0.08mm，且与基准平面 A 成理论正确角度 60° 的两相对平行面之间 ∠ 0.08 A 60°

（续）

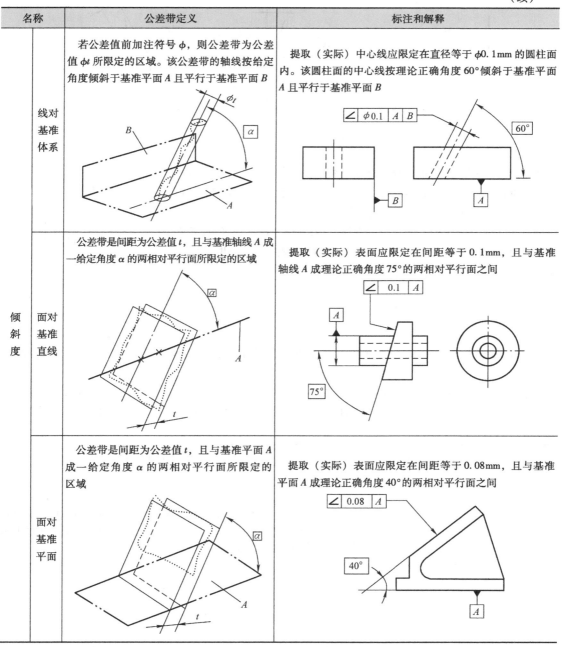

名称		公差带定义	标注和解释
倾斜度	线对基准体系	若公差值前加注符号 ϕ，则公差带为公差值 ϕt 所限定的区域。该公差带的轴线按给定角度倾斜于基准平面 A 且平行于基准平面 B	提取（实际）中心线应限定在直径等于 $\phi0.1$mm 的圆柱面内。该圆柱面的中心线按理论正确角度 $60°$ 倾斜于基准平面 A 且平行于基准平面 B
	面对基准直线	公差带是间距为公差值 t，且与基准轴线 A 成一给定角度 α 的两相对平行面所限定的区域	提取（实际）表面应限定在间距等于 0.1mm，且与基准轴线 A 成理论正确角度 $75°$ 的两相对平行面之间
	面对基准平面	公差带是间距为公差值 t，且与基准平面 A 成一给定角度 α 的两相对平行面所限定的区域	提取（实际）表面应限定在间距等于 0.08mm，且与基准平面 A 成理论正确角度 $40°$ 的两相对平行面之间

2. 方向公差带的特点

1）方向公差带相对于基准有确定的方向。平行度、垂直度和倾斜度公差带分别相对于基准保持平行、垂直和倾斜的理论正确角度关系，如图 4-15 所示。并且，在相对于基准保持方向的条件下，公差带的位置可以浮动。

2）方向公差带具有综合控制被测提取要素的方向和形状的功能。如图 4-15 所示，方向公差带一经确定，被测提取要素的方向和形状的误差也就受到约束。因此，在保证功能要求

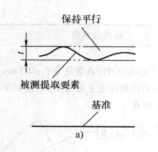
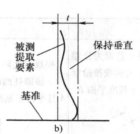
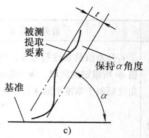

图 4-15　方向公差带示例

的前提下，当对某一被测提取要素给出方向公差后，通常不再对该被测提取要素给出形状公差。如果在功能上对形状精度有进一步要求，则可同时给出形状公差。但是，给出的形状公差值应小于已给定的方向公差值。例如，在图 4-16 中已给出了平面对平面的平行度公差值 0.05mm，因对被测表面有进一步的平面度要求，所以又给出了平面度公差值 0.02mm。

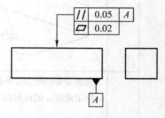

图 4-16　方向公差和形状公差同时标注示例

4.2.3　位置公差与公差带

1. 位置公差与公差带概述

　　位置公差是指关联被测实际要素对基准在位置上允许的变动全量。位置公差用以控制位置误差。

　　位置公差用**位置公差带**表示。位置公差有位置度、同心度、同轴度和对称度以及线轮廓度和面轮廓度（有基准时）六个项目。位置公差带定义、标注和解释见表 4-6。

表 4-6　位置公差带定义、标注和解释

特征		公差带定义	标注和解释
位置度	导出点的位置度	如公差值前加注 $S\phi$，则公差带是直径为公差值 $S\phi t$ 的圆球面所限定的区域，该球面的中心位置由相对于基准 A、B 和 C 的理论正确尺寸确定	提取（实际）球心应限定在直径为 $S\phi 0.3mm$ 的圆球面内，该球的球心位于相对基准平面 A、B、C 和理论正确尺寸 30 及 25 确定

（续）

特征		公差带定义	标注和解释
位置度	中心线的位置度	给定一个方向的公差时，公差带是间距为公差值 t、对称于基准平面 A、B 和被测线所确定的理论正确尺寸的两平行平面之间	各条刻线的提取（实际）中心线应限定在间距为 0.1mm、对称于基准面 A、B 和理论正确尺寸 25、10 确定的理论正确位置的两平行平面之间
		给定两个方向的公差时，公差带为间距分别等于公差值 t_1 和 t_2、对称于理论正确位置的两对互相垂直的相对平行平面所限定的区域。该理论正确位置由相对于基准 C、B、A 的理论正确尺寸确定	各孔的提取（实际）中心线在给定方向上应各自限定在间距分别等于 0.1 和 0.2、且相互垂直的两对平行平面内。每对平行平面的方向由基准体系确定，且对称于由基准平面 C、B、A 及被测孔理论正确尺寸 20、15、30 确定的各孔轴线的理论正确位置

（续）

特征	公差带定义	标注和解释
位置度 — 中心线的位置度	若公差值前加注 ϕ，则公差带是直径为公差值 ϕt 的圆柱面所确定的区域。该圆柱面轴线的位置由相对于基准 C、A、B 的理论正确尺寸确定 	提取（实际）中心线应限定在直径为 $\phi 0.08$mm 的圆柱面内。该圆柱面的轴线的正确位置由基准平面 C、A、B 与被测孔理论正确尺寸 100、68 确定 各孔的提取（实际）中心线应各自限定在直径为 $\phi 0.1$mm 的圆柱面内。该圆柱轴线的正确位置由基准 C、A、B 和理论正确尺寸 20、15、30 分别确定
位置度 — 平面或中心平面的位置度	公差带是间距为公差值 t，且对称于被测面理论正确位置的两平行平面所限定的区域。该两平行平面对称于由相对于基准 A、B 的理论正确尺寸确定的理论正确位置 	提取（实际）表面应限定在间距为 0.05mm、且对称于被测面的理论正确位置的两平行平面之间。该两平行平面对称于由基准平面 A、基准轴线 B 和理论正确尺寸 15、理论正确角度 105° 确定的被测表面所确定的理论正确位置 提取（实际）中心平面应限定在间距为 0.05mm 的两平行平面之间。该两平行平面对称于由基准轴线 A 和理论正确角度 45° 确定的被测面的理论正确位置

（续）

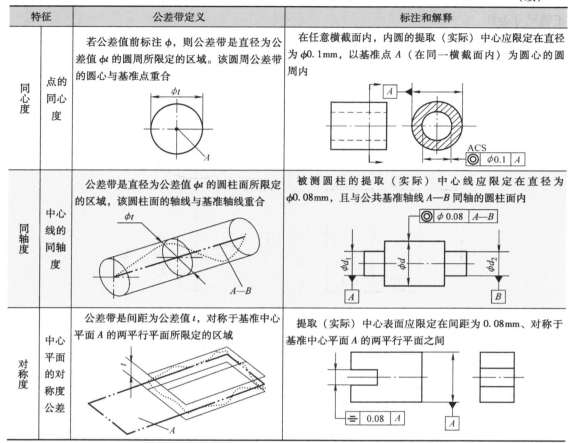

特征		公差带定义	标注和解释
同心度	点的同心度	若公差值前标注 ϕ，则公差带是直径为公差值 ϕt 的圆周所限定的区域。该圆周公差带的圆心与基准点重合	在任意横截面内，内圆的提取（实际）中心应限定在直径为 $\phi 0.1$mm，以基准点 A（在同一横截面内）为圆心的圆周内
同轴度	中心线的同轴度	公差带是直径为公差值 ϕt 的圆柱面所限定的区域，该圆柱面的轴线与基准轴线重合	被测圆柱的提取（实际）中心线应限定在直径为 $\phi 0.08$mm，且与公共基准轴线 A—B 同轴的圆柱面内
对称度	中心平面的对称度公差	公差带是间距为公差值 t，对称于基准中心平面 A 的两平行平面所限定的区域	提取（实际）中心表面应限定在间距为 0.08mm、对称于基准中心平面 A 的两平行平面之间

位置公差项目中的位置度涉及的要素包括点、线、面，理想要素的位置由**基准及理论正确尺寸**（TED）（长度或角度）确定。当理论正确尺寸为 $\boxed{0}$，且基准要素和被测要素均为轴线时，称为同轴度公差（若基准要素和被测要素的轴线足够短，或均为中心点时，称为同心度公差）；当理论正确尺寸为 $\boxed{0}$，基准要素和被测要素为其他中心要素（中心平面）时，称为对称度公差；在其他情况下均称为位置度公差。

2. 位置公差带的特点

1）位置公差带具有确定的位置，相对于基准的尺寸为理论正确尺寸。图 4-17 所示为成组要素位置公差带示例。矩形布置的六个孔间相对位置关系由理论正确尺寸 $\boxed{x_1}$、$\boxed{x_2}$、$\boxed{y}$ 确定；圆周布置的六个孔间相对位置关系是均布在 ϕL 的圆周上。由上述理论正确尺寸将成组的被测要素联系在一起，构成一个几何图框。几何图框是指确定一组理想要素（如理想轴线）之间和（或）它们与基准之间正确几何关系的图形。成组要素的位置问题也就是几何图框的位置问题。矩形布置的几何图框相对于基准 A、B 的位置分别由理论正确尺寸 $\boxed{L_1}$、$\boxed{L_2}$ 确定；圆周布置的几何图框的中心与基准 A 重合，位置的理论正确尺寸等于零。几何图框的位置问题也就是成组要素公差带的位置问题。

同轴度和对称度公差带的特点是被测要素应与基准重合，公差带相对于基准位置的理论正确尺寸为 $\boxed{0}$。

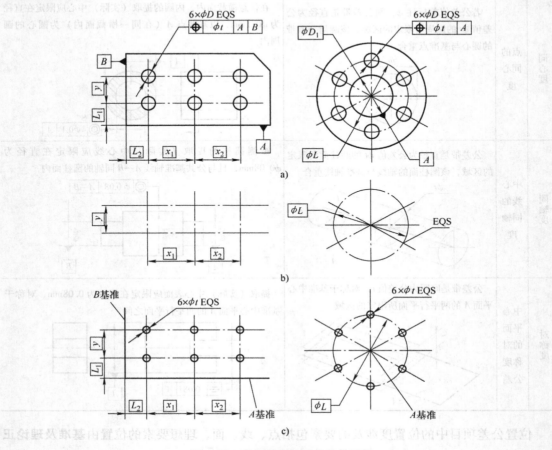

图 4-17　成组要素位置公差带示例

2）位置公差带具有综合控制被测要素位置、方向和形状的功能。由于给出了位置公差的被测要素总是同时存在位置、方向和形状误差，因此被测要素的位置、方向和形状误差总是同时受到位置公差带的约束。在保证功能要求的前提下，对被测要素给定了位置公差，通常对该被测要素不再给出方向和形状公差。如果对方向和形状有进一步精度要求，则另行给出方向或形状公差，或者方向和形状公差同时给出。例如，在图 4-18 中，$\phi 60 J6$ 的轴线相对于基准 A 和 B 已经给出了

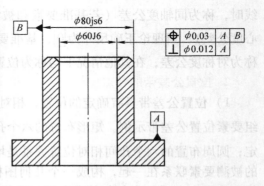

图 4-18　位置公差和方向公差同时标注示例

位置度公差值 $\phi 0.03\text{mm}$，但是该轴线对基准 A 的垂直度有进一步要求，因此又给出了垂直度公差值 $\phi 0.012\text{mm}$。这是位置和方向公差同时给出的一个例子，因为方向公差是进一步要求，所以垂直度公差值小于位置度公差值，否则就没有意义。

4.2.4 跳动公差与公差带

1. 跳动公差与公差带概述

跳动公差是关联被测实际要素绕基准轴线回转一周或连续回转时所允许的最大跳动量。按测量方向及公差带相对基准轴线的不同，跳动分为**圆跳动**（径向圆跳动、轴向圆跳动及斜向圆跳动）和**全跳动**（径向全跳动、轴向全跳动）几种形式。跳动公差带定义、标注和解释见表4-7。

表4-7 跳动公差带定义、标注和解释

特征		公差带定义	标注和解释
圆跳动	径向圆跳动	公差带是在任一垂直于基准轴线的横截面内、半径差为公差值 t 且圆心在公共基准轴线上的两个同心圆所限定的区域	在任一垂直于公共基准直线 A—B 的横截面内，提取（实际）线应限定在半径差为 0.040mm，圆心在公共基准轴线 A—B 上的两共面同心圆之间
	轴向圆跳动	公差带是与基准轴线同轴的任一半径的圆柱形截面上、间距为公差值 t 的圆柱面区域	在与基准轴线 D 同轴的任一圆柱形截面上，提取（实际）圆应限定在轴向距离为 0.050mm 的两个等圆之间
	斜向圆跳动	公差带是在与基准轴线同轴的任一圆锥截面上、间距为公差值 t 的两圆所限定的圆锥面区域，其测量方向应与被测面垂直（法线方向）	在与基准轴线 C 同轴的任一圆锥截面上，提取（实际）线应限定在素线方向间距为 0.050mm 的两个不等圆之间，并且截面的锥角与被测要素垂直

（续）

特征		公差带定义	标注和解释
全跳动	径向全跳动	公差带是半径差为公差值 t，且与公共基准轴线同轴的两圆柱面所限定的区域 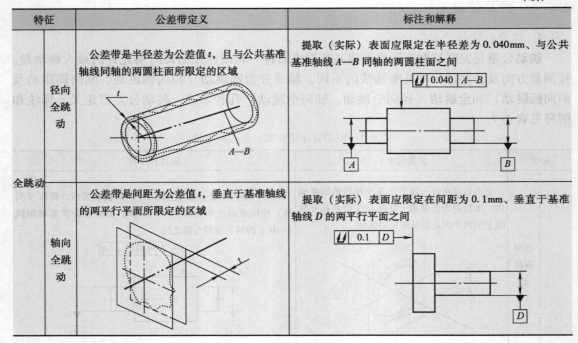	提取（实际）表面应限定在半径差为 0.040mm、与公共基准轴线 $A—B$ 同轴的两圆柱面之间
	轴向全跳动	公差带是间距为公差值 t，垂直于基准轴线的两平行平面所限定的区域	提取（实际）表面应限定在间距为 0.1mm、垂直于基准轴线 D 的两平行平面之间

2. 跳动公差带的特点

1）跳动公差带相对于基准轴线有确定的位置。例如，在某一横截面内，径向圆跳动公差带的圆心在基准轴线上，径向全跳动公差带的轴线与基准轴线同轴，轴向全跳动的公差带（两平行平面所围成的区域）垂直于基准轴线。

2）跳动公差带可以综合控制被测要素的位置、方向和形状。例如：轴向全跳动公差带控制端面对基准轴线的垂直度误差，也控制端面的平面度误差；径向圆跳动公差带控制横截面的轮廓中心相对于基准轴线的偏离以及圆度误差；轴向圆跳动公差带控制测量圆周上轮廓对基准轴线的垂直度和形状误差。当综合控制被测要素不能满足要求时，可进一步给出有关的公差。如图 4-19 所示，对 ϕ100h6 的圆柱面已经给出了径向圆跳动公差值 0.015mm，但对该圆柱面的圆度有进一步要求，所以又给出了圆度公差值 0.004mm。对被测要素给出跳动公差后，若再对该被测要素给出其他项目的几何公差，则其公差值必须小于跳动公差值。

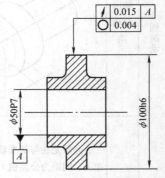

图 4-19　径向圆跳动公差和圆度公差同时标注示例

4.2.5　方向、位置、跳动误差及其评定

方向、位置、跳动误差是被测实际要素对具有确定方向或位置的理想要素的变动量，理想要素的方向或位置由基准、或基准和理论正确尺寸确定。

1. 基准的种类

在设计时，在图样上标出的基准通常分为以下三种。

1）单一基准。由一个要素建立的基准称为单一基准。

例如，图4-18所示的 B 为由一个外圆柱面建立的基准，该基准就是单一基准。

2）组合基准（公共基准）。由两个或两个以上的要素建立一个独立的基准称为组合基准或公共基准。

例如，表4-7中的径向圆跳动要求，由两段轴线 A、B 建立起公共基准轴线 A—B。在公差框格中标注时，将各个基准字母用短横线相连在同一格内，以表示作为一个基准使用。

3）基准体系（三基面体系）。确定某些被测要素的方向或位置，从功能要求出发，常常需要超过一个基准。

为了与空间直角坐标系相一致，规定以三个互相垂直的平面构成一个基准体系，如图4-20所示。这三个互相垂直的平面都是基准平面（A 为第一基准平面；B 为第二基准平面，垂直于 A；C 为第三基准平面，垂直于 A 且垂直于 B）。每两个基准平面的交线构成基准轴线，三轴线的交点构成基准点。

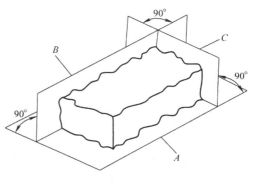

图 4-20 基准体系

由此可见，上面提到的单一基准平面是基准体系中的一个基准平面，基准轴线是基准体系中两个基准平面的交线。

应用基准体系时，在图样上标注基准时应特别注意基准的顺序，即按第一基准平面为 A；第二基准平面为 B；第三基准平面为 C 的顺序标注基准，见表4-6中导出点的位置度标注。

2. 方向、位置、跳动误差的评定

方向、位置、跳动误差是指被测实际要素对基准要素的变动量。

图样上所标出的基准要素都是理想基准要素，它是评定方向、位置、跳动误差的依据。然而，加工后所获得的基准要素均为基准实际要素，总是或多或少存在形状误差。若以基准实际要素直接作为基准，就会将基准实际要素的形状误差反映到位置误差中去而使测得的位置误差不准确，且不是唯一的数值。为了获得唯一正确的方向、位置、跳动误差值，就应该排除基准实际要素形状误差的影响。如上所述，可用理想基准要素代替基准实际要素并使基准相对于基准实际要素的位置符合最小条件，这就是评定方向、位置、跳动误差时应遵守的基本原则。

1）方向误差的评定。方向误差是指关联被测实际要素对理想要素具有确定方向的变动量。理想要素的方向由基准确定。

评定方向误差时，理想要素相对于基准保持图样上所要求的方向关系。方向误差值是用方向最小包容区域（简称为方向最小区域）的宽度或直径表示。方向最小包容区域是指按理想要素的方向来包容被测实际要素时，具有最小宽度 f 或直径 ϕf 的包容区域，如图4-21所示。各误差项目方向最小包容区域的形状和各自的公差带形状一致，但宽度（或直径）由被测实际要素本身决定。

2）位置误差的评定。位置误差是关联被测实际要素对具有确定位置的理想要素的变动量。理想要素的位置由基准和理论正确尺寸确定，位置误差值用位置最小包容区域的宽度 f

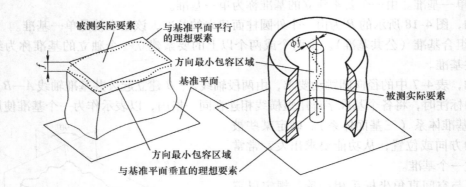

图 4-21 方向最小包容区域

或直径 ϕf 表示。

评定平面上一条直线的位置度误差时，理想直线的位置由基准和理论正确尺寸 $\boxed{L}$ 决定，位置最小包容区域 S 由两条平行直线构成，且与理想直线呈对称布置，实际线上至少有一点与这两条平行直线之一接触，其宽度为位置误差 f，如图 4-22a 所示。

评定平面上一个点 P 的位置度误差时，位置最小包容区域 S 由一个圆构成。该圆的圆心（被测点的理想位置）由基准 A、B 和理论正确尺寸 $\boxed{L_x}$、$\boxed{L_y}$ 确定；直径 ϕf 由 OP 确定，$\phi f = 2OP$，即点的位置度误差，如图 4-22b 所示。

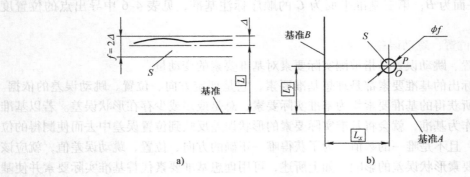

图 4-22 位置最小包容区域

a）由平行直线构成的位置最小包容区域 b）由圆构成的位置最小包容区域

3）跳动误差的评定。圆跳动是被测实际要素绕基准轴线做无轴向移动回转一周时，由位置固定的指示器在给定方向上测得的最大读数与最小读数之差。给定方向对圆柱面来说是指径向，对圆锥面来说是指法线方向，对端面来说是指轴向。因此圆跳动又相应地分为径向圆跳动、斜向圆跳动和轴向圆跳动。

全跳动是被测实际要素绕基准轴线做无轴向移动回转，同时指示器沿基准轴线平行或垂直地连续移动（或被测实际要素每回转一周，指示器沿基准轴线平行或垂直地做间断移动），由指示器在给定方向上测得的最大读数与最小读数之差。给定方向对圆柱面来说是指径向，对端面来说是指轴向。因此，全跳动又分为径向全跳动和轴向全跳动。

4.3　公差原则

4.3.1　有关公差原则的术语定义

1. 任务引入

在设计零件时，对同一被测要素，除给定尺寸公差外，有时还要给定几何公差。为满足零件的使用要求，保证机器的工作性能和获得较好的经济效益，必须正确合理地规定零件的尺寸公差要求和几何公差要求，因此有必要研究尺寸公差与几何公差之间的关系。确定这种相互关系所遵循的原则称为公差原则。

几何公差的选用包括规定适当的公差特征项目、确定采用的公差原则、给出公差值、基准要素的选择等内容。

2. 术语及定义

（1）**实际尺寸**　实际尺寸是指在实际要素的任意正截面上，两对应点之间测得的距离。各处实际尺寸不同。外表面的实际尺寸和内表面的实际尺寸分别用 d_a 和 D_a 表示。

（2）**体外作用尺寸**　体外作用尺寸是指在被测要素的给定长度上，与实际内表面体外相接的最大理想面的直径或宽度或与实际外表面体外相接的最小理想面的直径或宽度，如图4-23所示。对于关联要素，该理想面的轴线或中心平面必须与基准保持图样给定的几何关系，如图4-24所示。外表面的体外作用尺寸和内表面的体外作用尺寸分别用 d_{fe} 和 D_{fe} 表示。

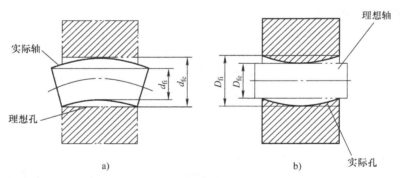

图4-23　单一要素的作用尺寸

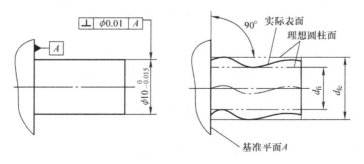

图4-24　关联要素的作用尺寸

（3）体内作用尺寸　　体内作用尺寸是指在被测要素的给定长度上，与实际内表面体内相接的最小理想面的直径或宽度或与实际外表面体内相接的最大理想面的直径或宽度，如图 4-23 所示。对于关联要素，该理想面的轴线或中心平面必须与基准保持图样给定的几何关系，如图 4-24 所示。外表面的体内作用尺寸和内表面的体内作用尺寸分别用 d_{fi} 和 D_{fi} 表示。

（4）最大实体尺寸　　最大实体尺寸是指实际要素在最大实体状态下的极限尺寸。最大实体状态是指实际要素在给定长度上处处位于极限尺寸内并具有最大实体时的状态。对于外表面为上极限尺寸，对于内表面为下极限尺寸。外表面的最大实体尺寸和内表面的最大实体尺寸分别用 d_{max} 和 D_{min} 表示。

（5）最小实体尺寸　　最小实体尺寸是指实际要素在最小实体状态下的极限尺寸。最小实体状态是指实际要素在给定长度上处处位于极限尺寸内并具有最小实体时的状态。对于外表面为下极限尺寸，对于内表面为上极限尺寸。外表面的最小实体尺寸和内表面的最小实体尺寸分别用 d_{min} 和 D_{max} 表示。

（6）最大实体实效尺寸　　最大实体实效尺寸是指最大实体实效状态下的体外作用尺寸。最大实体实效状态是指在给定长度上实际要素处于最大实体状态且中心要素的形状误差或位置误差等于给出公差值时的综合极限状态。外表面的最大实体实效尺寸和内表面的最大实体实效尺寸分别用 d_{MV} 和 D_{MV} 表示。

（7）最小实体实效尺寸　　最小实体实效尺寸是指在最小实体实效状态下的体内作用尺寸。最小实体实效状态是指在最小实体状态下实际要素处于最小实体状态且中心要素的形状误差或位置误差等于给出公差值时的综合极限状态。外表面的最小实体实效尺寸和内表面的最小实体实效尺寸分别用 d_{LV} 和 D_{LV} 表示。

（8）最大实体边界　　最大实体边界是指尺寸为最大实体尺寸的边界。

（9）最小实体边界　　最小实体边界是指尺寸为最小实体尺寸的边界。

（10）最大实体实效边界　　最大实体实效边界是指尺寸为最大实体实效尺寸的边界。

（11）最小实体实效边界　　最小实体实效边界是指尺寸为最小实体实效尺寸的边界。

4.3.2　公差原则的内容

公差原则包括独立原则和相关要求两大类。

独立原则是指图样上给定的尺寸公差和几何公差均是独立的，应分别满足要求。

相关要求是指图样上给定的尺寸公差和几何公差相互有关的公差要求。相关要求包括包容要求、最大实体要求及其可逆要求、最小实体要求及其可逆要求三类。

1. 包容要求

包容要求表示实际要素应遵守其最大实体边界，是指当实际尺寸处处为最大实体尺寸时，其几何公差为零。当实际尺寸偏离最大实体尺寸时，允许的几何公差可相应增加，增加量为实际尺寸与最大实体尺寸之差（绝对值）。

包容要求适用于单一要素，如圆柱表面或两平行表面。图样上在单一要素的尺寸公差后标注符号Ⓔ，如图 4-25 所示。

包容要求应用于关联要素时，在标注的几何公差框格第二格内用Ⓜ表示，如图 4-26 所示。

采用包容要求时，被测要素应遵守**最大实体边界**，即要素的体外作用尺寸 d_{fe}（D_{fe}）不得超越其最大实体尺寸 d_{max}（D_{min}），且局部实际尺寸不得超越其最小实体尺寸 d_{min}（D_{max}），即对外表面为

$$d_{fe} \leqslant d_{max}, \quad d_a \geqslant d_{min}$$

对内表面为

$$D_{fe} \geqslant D_{min}, \quad D_a \leqslant D_{max}$$

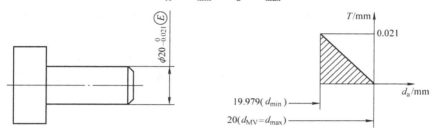

图 4-25　包容要求适用于单一要素

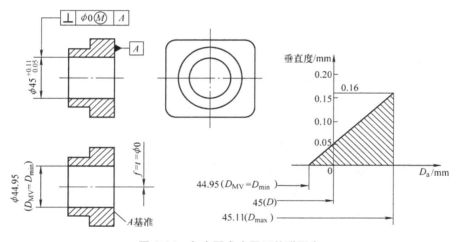

图 4-26　包容要求应用于关联要素

由此可见，包容要求是将尺寸和几何误差同时控制在尺寸公差范围内的一种公差要求。它主要用于必须保证配合性质的要素，用最大实体边界保证必要的最小间隙或最大过盈，用最小实体尺寸防止间隙过大或过盈过小。

2. 最大实体要求及其可逆要求

最大实体要求应用于被测要素时，应在被测要素几何公差框格中的公差值后标注符号 Ⓜ。**最大实体要求**是控制被测要素的实际轮廓处于其最大实体实效边界之内的一种公差要求，即当其实际尺寸偏离最大实体尺寸时，允许其几何误差值超出其给出的公差值而得到补偿的一种原则。补偿值为最大实体尺寸与实际尺寸的偏离值，也就是说，最大实体要求应用于被测要素时，被测要素的几何公差值是在该要素处于最大实体状态时给定的。

最大实体要求应用于被测要素时，被测要素应遵守**最大实体实效边界**，即被测要素的体外作用尺寸 d_{fe}（D_{fe}）不得超越其最大实体实效尺寸 d_{MV}（D_{MV}），且局部实际尺寸 d_a（D_a）在最大实体尺寸 d_{max}（D_{min}）与最小实体尺寸 d_{min}（D_{max}）之间，即对外表面为

$$d_{fe} = d_a + f \leqslant d_{MV} = d_{max} + t$$
$$d_{max} \geqslant d_a \geqslant d_{min}$$

对内表面为

$$D_{fe} = D_a - f \geqslant D_{MV} = D_{min} - t$$
$$D_{max} \geqslant D_a \geqslant D_{min}$$

图 4-27a 所示为轴 $\phi 20_{-0.3}^{\ 0}$ mm 的轴线直线度公差采用最大实体要求。当被测要素处于最大实体状态（$\phi 20$mm）时，其轴线直线度公差值为 $\phi 0.1$mm，如图 4-27b 所示。图 4-27c 所示为上述关系的动态公差带图。

当该轴处于最小实体状态（$\phi 19.7$mm）时，其轴线直线度误差允许达到最大值，即等于图样给出的直线度公差值（$\phi 0.1$mm）与轴的尺寸公差值（0.3mm）之和 $\phi 0.4$mm。

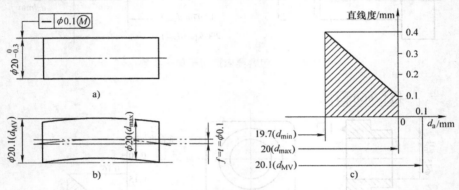

图 4-27　最大实体要求应用于单一要素

图 4-28a 所示为孔 $\phi 45_{\ 0}^{+0.11}$ mm 的轴线对基准 A 的垂直度公差采用最大实体要求。当被测要素处于最大实体状态（$\phi 45$mm）时，其轴线对基准 A 的垂直度公差值为 $\phi 0.05$mm，如图 4-28b 所示。图 4-28c 所示为上述关系的动态公差带图。

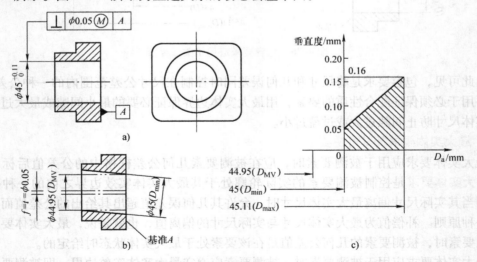

图 4-28　最大实体要求应用于关联要素

该孔应满足下列要求：

1）实际尺寸范围为 $\phi45.00 \sim \phi45.11$ mm。

2）$D_{fe} \geqslant D_{MV} = D_{min} - t = \phi45$ mm $- \phi0.05$ mm $= \phi44.95$ mm。

当该孔处于最小实体状态（$\phi45.11$ mm）时，其轴线对基准 A 的垂直度误差允许达到最大值，即等于图样给出的垂直度公差值（$\phi0.05$ mm）与孔的尺寸公差值（0.11 mm）之和 $\phi0.16$ mm。

图样上几何公差框格中，在被测要素几何公差值后的符号Ⓜ后标注Ⓡ时，则表示被测要素在遵守最大实体要求的同时遵守可逆要求。

可逆要求是指中心要素的几何误差值小于给出的几何公差时，允许在满足零件功能要求的前提下扩大尺寸公差。

可逆要求应用于最大实体要求是指被测要素的实际轮廓应遵守其最大实体实效边界，当其实际尺寸偏离最大实体尺寸时，允许其几何误差值超出在最大实体状态下给出的几何公差值；当其几何误差值小于给出的几何公差值时，也允许其实际尺寸超出最大实体尺寸的一种要求，如图 4-29 所示。

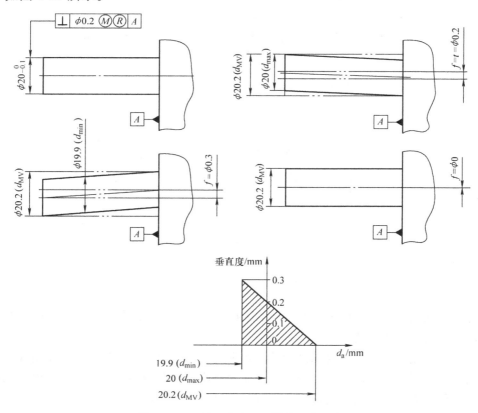

图 4-29　可逆要求应用于最大实体要求

3. 最小实体要求及其可逆要求

最小实体要求应用于被测要素时，应在被测要素的几何公差框格中的公差值后标注符号Ⓛ。**最小实体要求**是控制被测要素的实际轮廓处于其最小实体实效边界之内的一种公差要求，即当实际尺寸偏离最小实体尺寸时，允许其几何误差值超出其给出的公差值而得到补偿的一种原则。

最小实体要求应用于被测要素时，被测要素应遵守**最小实体实效边界**，即被测要素的实际轮廓在给定长度上处处不得超出其最小实体实效边界，也就是其体内作用尺寸 d_{fi}（D_{fi}）不应超越最小实体实效尺寸 d_{LV}（D_{LV}），且局部实际尺寸 d_a（D_a）在最大实体尺寸 d_{max}（D_{min}）与最小实体尺寸 d_{min}（D_{max}）之间，即对外表面为

$$d_{fi} = d_a - f \geqslant d_{LV} = d_{min} - t, \ d_{max} \geqslant d_a \geqslant d_{min}$$

对内表面为

$$D_{fi} = D_a + f \leqslant D_{LV} = D_{max} + t, \ D_{max} \geqslant D_a \geqslant D_{min}$$

图 4-30a 所示为孔 $\phi 8^{+0.3}_{\ 0}$mm 的轴线位置度公差采用最小实体要求。当被测要素处于最小实体状态（$\phi 8.3$mm）时，其轴线对基准 A 的位置度公差值为 $\phi 0.2$mm，如图 4-30b 所示。图 4-30c 所示为上述关系的动态公差带图。

该孔应满足下列要求：

1）实际尺寸为 $\phi 8.0 \sim \phi 8.3$mm。

2）$D_{LV} = D_{max} + t = \phi 8.3$mm $+ \phi 0.2$mm $= \phi 8.5$mm。

3）当孔为 $\phi 8$mm 时，位置度公差值为 $\phi 0.2$mm $+ \phi 0.3$mm $= \phi 0.5$mm。

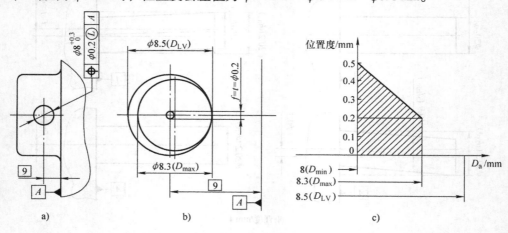

图 4-30　最小实体要求

图样上在几何公差框格中公差值后面的 Ⓛ 符号后加注 Ⓡ 时，则表示被测要素在遵守最小实体要求的同时遵守可逆要求。

可逆要求应用于最小实体要求是指被测要素的实际轮廓应遵守其最小实体实效边界，当其实际尺寸偏离最小实体尺寸时，允许其几何误差值超出在最小实体状态下给出的几何公差值；当其几何误差值小于给出的几何公差值时，也允许其实际尺寸超出最小实体尺寸的一种要求，如图 4-31 所示。

4.3.3　几何公差的选择

在对零件规定几何公差时，主要考虑的是规定适当的公差特征项目、确定采用何种公差原则、给出公差值、对位置公差给定测量基准等，这些要求最后都应该按照国家标准的规定正确地标注在图样上。

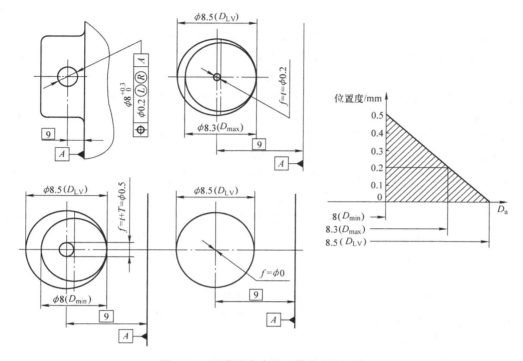

图 4-31 可逆要求应用于最小实体要求

1. 几何公差特征项目的选择

几何公差特征项目的选择可以从以下几个方面考虑：

（1）零件的几何特征 零件的几何特征不同，会产生不同的几何误差。例如：对圆柱形零件，可选择圆度、圆柱度、轴线直线度及素线直线度等；平面零件可选择平面度；窄长平面可选直线度；槽类零件可选对称度；阶梯轴、孔可选同轴度等。

（2）零件的功能要求 根据零件不同的功能要求，给出不同的几何公差项目。例如：圆柱形零件，当仅需要顺利装配时，可选轴线直线度；如果孔、轴之间有相对运动，应均匀接触，或为保证密封性，应标注圆柱度公差以综合控制圆度、素线直线度和轴线直线度（如柱塞与柱塞套、阀芯及阀体等）；如果为保证机床工作台或刀架运动轨迹的精度，需要对导轨提出直线度要求；对安装齿轮轴的箱体孔，为保证齿轮的正确啮合，需要提出孔轴线的平行度要求；为使箱体、端盖等零件上的螺栓孔能顺利装配，应规定孔组的位置度公差等。

（3）检测的方便性 确定几何公差特征项目时，要考虑到检测的方便性与经济性。例如：对轴类零件，可用径向全跳动综合控制圆柱度、同轴度；用轴向全跳动代替端面对轴线的垂直度。因为跳动误差检测方便，又能较好地控制相应的几何误差。

总之，在满足功能要求的前提下，尽量减少项目，以获得较好的经济效益。设计者只有在充分地明确所设计的零件的精度要求，熟悉零件的加工工艺和有一定的检测经验的情况下，才能对零件提出合理、恰当的几何公差项目。

2. 公差原则、公差要求的确定

对同一零件上同一要素，既有尺寸公差要求又有几何公差要求时，要确定它们之间的关系，即确定选用何种公差原则或公差要求。如前所述，当对零件有特殊功能要求时，采用独立原则。例如：对测量用的平板要求其工作面平面度要好，因此提出平面度公差；对检验直线度误差用的刀口直尺，要求其刃口直线度要好，因此提出直线度公差。独立原则是处理几何公差和尺寸公差关系的基本原则，应用较为普遍。为了严格保证零件的配合性质，即保证相配合件的极限间隙或极限过盈满足设计要求，对重要的配合常采用包容要求。例如，齿轮的内孔与轴的配合，如果需严格地保证其配合性质时，则齿轮内孔与轴颈都应采用包容要求。当采用包容要求时，几何误差由尺寸公差来控制，如果用尺寸公差控制几何误差仍满足不了要求时，可以在采用包容要求的前提下，对几何公差提出更严格的要求，当然，此时的几何公差值只能占尺寸公差值的一部分。对于仅需保证零件的可装配性，而为了便于零件的加工制造时，可以采用最大实体要求和可逆要求等。例如，法兰盘上或箱体盖上孔的位置度公差采用最大实体要求，螺钉孔与螺钉之间的间隙可以给孔间位置度公差以补偿值，从而降低了加工成本，利于装配。而应用最小实体要求的目的是保证零件的最小壁厚和设计强度、保证其相应的配合性质。

3. 基准的选择

确定被测要素的方向、位置的理想要素称为**基准**。零件上的要素都可以作为基准。选择基准时，主要应根据零件的功能和设计要求，并兼顾基准统一原则和零件结构特征，通常可以从以下几方面来考虑：

1）从设计考虑，应根据零件形体的功能要求及要素间的几何关系来选择基准。例如，对于旋转的轴类零件，常选用与轴承配合的轴颈表面或轴两端的中心孔作为基准。

2）从加工工艺考虑，应选择零件加工时在工装夹具中位置的相应要素作为基准。

3）从测量考虑，应选择零件在测量、检验时在计量器具中位置的相应要素作为基准。

4）从装配关系考虑，应选择零件相互配合、相互接触的表面作为基准，以保证零件的正确装配。

比较理想的基准是设计、加工、测量和装配基准是同一要素，也就是遵守基准统一的原则。

4. 几何公差等级和公差值的选择原则

几何公差等级的选择原则与尺寸公差等级的选择原则相同，即在满足零件使用要求的前提下，尽可能选用低的公差等级。确定公差等级的方法有类比法和计算法两种，一般多采用类比法。

几何公差值的选择原则是应根据零件的功能要求，并考虑加工的经济性和零件的结构、刚性等因素。确定要素的公差值时，应考虑下列情况：

1）在同一要素上给出的形状公差值应小于位置公差值，如要求平行的两个表面其平面度公差值应小于平行度公差值。

2）圆柱形零件的形状公差值（轴线的直线度除外）一般情况下应小于其尺寸公差值。

3）平行度公差值应小于其相应的距离公差值。

4）对某些情况，考虑到加工的难易程度和除主参数外其他参数的影响，在满足零件功能的要求下，可适当降低 1～2 级几何公差等级。如线对线和线对面以及面对面的平行度公差值、线对线和线对面以及面对面的垂直度公差值等。

5）凡是有关标准已对几何公差给出规定的，都应按相应标准确定。例如，与滚动轴承相配合的轴颈及箱体孔的圆柱度公差值、肩台轴向跳动公差值、齿轮箱平行孔轴线的平行度公差值、机床导轨的直线度公差值等。

表4-8～表4-11举例说明了各项几何公差等级的应用。

表4-8　直线度、平面度公差等级的应用

公差等级	应 用 举 例
IT5	1级平板，2级宽平尺，平面磨床纵导轨、垂直导轨、立柱导轨和平面磨床的工作台，液压龙门刨床导轨，转塔车床床身导轨，柴油机进气、排气阀门导杆
IT6	普通机床导轨，如卧式车床、龙门刨床、滚齿机、自动车床等的床身导轨、立柱导轨，柴油机壳体
IT7	2级平板、机床主轴箱、摇臂钻床底座和工作台、镗床工作台、液压泵盖、减速器壳体结合面
IT8	传动箱体、交换齿轮箱体、车床溜板箱体、柴油机气缸体、连杆分离面、缸盖结合面、汽车发动机缸盖、曲轴箱结合面、液压管件和法兰连接面
IT9	3级平板、自动车床床身底面、摩托车曲轴箱体、汽车变速器壳体、手动机械的支承面

表4-9　圆度、圆柱度公差等级的应用

公差等级	应 用 举 例
IT5	一般的计量仪器主轴、测杆外圆柱面，陀螺仪轴颈，一般车床轴颈及主轴轴承孔，柴油机、汽油机活塞、活塞销，与E级滚动轴承配合的轴颈
IT6	仪器端盖外圆柱面，一般车床主轴及前轴承孔，泵、压缩机的活塞、气缸，汽油发动机凸轮轴，纺机锭子，减速器转轴轴颈，高速船用柴油机、拖拉机曲轴主轴颈，与E级滚动轴承配合的外壳孔，千斤顶或压力油缸活塞
IT7	大功率低速柴油机曲轴轴颈、连杆、气缸，高速柴油机箱体轴承孔，千斤顶或压力油缸活塞，机车传动轴，水泵及通用减速器转轴轴颈，与G级轴承配合的外壳孔
IT8	大功率低速发动机曲柄轴轴颈，压气机连杆盖、连杆体，拖拉机气缸、活塞，炼胶机冷铸轴辊，印刷机传墨辊，内燃机曲轴轴颈，柴油机曲轴轴颈，柴油机凸轮轴承孔、凸轮轴，拖拉机、小型船用柴油机气缸套
IT9	空气压缩机缸体，液压传动筒，通用机械杠杆与拉杆用套筒销子，拖拉机活塞环、套筒孔

表4-10　平行度、垂直度、倾斜度公差等级的应用

公差等级	应 用 举 例
IT4、IT5	卧式车床导轨，重要支承面，机床主轴孔对基准面的平行度，精密机床重要零件、计量仪器、量具、模具的基准面和工作面，主轴箱体重要孔，通用机械减速器壳体孔，齿轮泵的油孔端面，发动机轴和离合器的凸缘，气缸支承端面，安装精密滚动轴承的壳体孔的凸肩
IT6、IT7、IT8	一般机床的基面和工作面，压力机和锻锤的工作面，中等精度钻模的工作面，机床一般轴承孔对基准面的平行度，变速器箱体孔，主轴花键对定心部位轴线的平行度，重型机械轴承盖端面，手动传动装置中的传动轴，一般导轨，主轴箱体孔，刀架，砂轮架，气缸配合面对基准轴线，活塞销孔对活塞中心线的垂直度，滚动轴承内、外圈端面对轴承的垂直度
IT9、IT10	低精度零件，重型机械滚动轴承端盖，柴油机、煤气发动机箱体曲轴孔、曲轴颈，花键轴和轴肩端面，带运输机法兰盘等端面对轴线的垂直度，手动卷扬机及传动装置中的轴承端面、减速器壳体平面

表4-11 同轴度、对称度、跳动公差等级的应用

公差等级	应用举例
IT5、IT6、IT7	这是应用范围较广的公差等级，用于几何精度要求较高、尺寸公差等级为IT8及高于IT8的零件。IT5常用于机床轴颈、计量仪器的测量杆、汽轮机主轴、柱塞油泵转子、高精度滚动轴承外圈、一般精度滚动轴承内圈、回转工作台轴向跳动。IT6、IT7用于内燃机曲轴、凸轮轴、齿轮轴，水泵轴，汽车后轮输出轴，电动机转子，印刷机传墨辊的轴颈，键槽
IT8、IT9	常用于几何精度要求一般，尺寸公差等级为IT9～IT11的零件。IT8用于拖拉机发动机分配轴轴颈、与IT9精度以下齿轮相配的轴、水泵叶轮、离心泵体、棉花精梳机前后滚子、键槽等。IT9用于内燃机气缸套配合面、自行车中轴

表4-12～表4-16给出了几何公差各项目的公差值或数系。

表4-12 直线度、平面度公差值（摘自 GB/T 1184—1996） （单位：μm）

主参数 L/mm	公 差 等 级											
	1	2	3	4	5	6	7	8	9	10	11	12
≤10	0.2	0.4	0.8	1.2	2	3	5	8	12	20	30	60
>10～16	0.25	0.5	1	1.5	2.5	4	6	10	15	25	40	80
>16～25	0.3	0.6	1.2	2	3	5	8	12	20	30	50	100
>25～40	0.4	0.8	1.5	2.5	4	6	10	15	25	40	60	120
>40～63	0.5	1	2	3	5	8	12	20	30	50	80	150
>63～100	0.6	1.2	2.5	4	6	10	15	25	40	60	100	200
>100～160	0.8	1.5	3	5	8	12	20	30	50	80	120	250
>160～250	1	2	4	6	10	15	25	40	60	100	150	300
>250～400	1.2	2.5	5	8	12	20	30	50	80	120	200	400
>400～630	1.5	3	6	10	15	25	40	60	100	150	250	500

注：主参数 L 是轴、直线、平面的长度。

表4-13 圆度、圆柱度公差值（摘自 GB/T 1184—1996） （单位：μm）

主参数 d(D)/mm	公 差 等 级												
	0	1	2	3	4	5	6	7	8	9	10	11	12
≤3	0.1	0.2	0.3	0.5	0.8	1.2	2	3	4	6	10	14	25
>3～6	0.1	0.2	0.4	0.6	1	1.5	2.5	4	5	8	12	18	30
>6～10	0.1	0.25	0.4	0.6	1	1.5	2.5	4	6	9	15	22	36
>10～18	0.15	0.25	0.5	0.8	1.2	2	3	5	8	11	18	27	43
>18～30	0.2	0.3	0.6	1	1.5	2.5	4	6	9	13	21	33	52
>30～50	0.25	0.4	0.6	1	1.5	2.5	4	7	11	16	25	39	62
>50～80	0.3	0.5	0.8	1.2	2	3	5	8	13	19	30	46	74
>80～120	0.4	0.6	1	1.5	2.5	4	6	10	15	22	35	54	87
>120～180	0.6	1	1.2	2	3.5	5	8	12	18	25	40	63	100
>180～250	0.8	1.2	2	3	4.5	7	10	14	20	29	46	72	115
>250～315	1.0	1.6	2.5	4	6	8	12	16	23	32	52	81	130
>315～400	1.2	2	3	5	7	9	13	18	25	36	57	89	140
>400～500	1.5	2.5	4	6	8	10	15	20	27	40	63	97	155

注：主参数 d（D）是轴、孔的直径

表4-14　位置度数系（摘自 GB/T 1184—1996）　　　　　　（单位：μm）

1	1.2	1.5	2	2.5	3	4	5	6	8
1×10^n	1.2×10^n	1.5×10^n	2×10^n	2.5×10^n	3×10^n	4×10^n	5×10^n	6×10^n	8×10^n

注：n 为正整数。

表4-15　平行度、垂直度、倾斜度公差值（摘自 GB/T 1184—1996）　（单位：μm）

主参数	公　差　等　级											
L、d (D) /mm	1	2	3	4	5	6	7	8	9	10	11	12
≤10	0.4	0.8	1.5	3	5	8	12	20	30	50	80	120
>10 ~ 16	0.5	1	2	4	6	10	15	25	40	60	100	150
>16 ~ 25	0.6	1.2	2.5	5	8	12	20	30	50	80	120	200
>25 ~ 40	0.8	1.5	3	6	10	15	25	40	60	100	150	250
>40 ~ 63	1	2	4	8	12	20	30	50	80	120	200	300
>63 ~ 100	1.2	2.5	5	10	15	25	40	60	100	150	250	400
>100 ~ 160	1.5	3	6	12	20	30	50	80	120	200	300	500
>160 ~ 250	2	4	8	15	25	40	60	100	150	250	400	600
>250 ~ 400	2.5	5	10	20	30	50	80	120	200	300	500	800
>400 ~ 630	3	6	12	25	40	60	100	150	250	400	600	1000

注：1. 主参数 L 为给定平行度时被测轴线或被测平面的长度，或给定垂直度、倾斜度时被测要素的长度。

　　2. 主参数 d (D) 为给定面对线垂直度时，被测要素的轴（孔）的直径。

表4-16　同轴度、对称度、圆跳动和全跳动公差值（摘自 GB/T 1184—1996）

（单位：μm）

主参数	公　差　等　级											
$d(D)$、B、L/mm	1	2	3	4	5	6	7	8	9	10	11	12
≤1	0.4	0.6	1.0	1.5	2.5	4	6	10	15	25	40	60
>1 ~ 3	0.4	0.6	1.0	1.5	2.5	4	6	10	20	40	60	120
>3 ~ 6	0.5	0.8	1.2	2	3	5	8	12	25	50	80	150
>6 ~ 10	0.6	1	1.5	2.5	4	6	10	15	30	60	100	200
>10 ~ 18	0.8	1.2	2	3	5	8	12	20	40	80	120	250
>18 ~ 30	1	1.5	2.5	4	6	10	15	25	50	100	150	300
>30 ~ 50	1.2	2	3	5	8	12	20	30	60	120	200	400
>50 ~ 120	1.5	2.5	4	6	10	15	25	40	80	150	250	500
>120 ~ 250	2	3	5	8	12	20	30	50	100	200	300	600
>250 ~ 500	2.5	4	6	10	15	25	40	60	120	250	400	800

注：1. 主参数 d (D) 为给定同轴度时被测轴的直径，或给定圆跳动、全跳动时被测轴（孔）的直径。

　　2. 圆锥体斜向圆跳动公差的主参数为被测圆锥大、小端直径的平均值。

　　3. 主参数 B 为给定对称度时槽的宽度。

　　4. 主参数 L 为给定两孔对称度时孔心距。

5. 几何公差的未注公差值

　　图样上没有具体注明几何公差值的要求，其几何公差要求由**未注几何公差**来控制。为了简化制图，对通常机床加工能保证的几何公差，不必将几何公差在图样上具体注出。

未注几何公差可按如下规定处理。

1）对于直线度、平面度、垂直度、对称度和圆跳动的未注公差，标准中规定了 H、K、L 三个公差等级，采用时应在技术要求中注出下述内容，如"未注几何公差按 GB/T 1184—H"。对于未注位置公差的基准，应选用稳定支承面、较长轴线或较大平面作为基准。

2）平行度的未注公差由尺寸公差或直线度未注公差和平面度未注公差中相应公差值中较大者控制。

3）对于线轮廓度、面轮廓度、倾斜度、位置度和全跳动的未注公差，均由各要素的注出或未注线性尺寸公差或角度公差控制。

4）圆度未注值规定为标准的直径公差值，但不能大于表 4-20 中相应等级的径向圆跳动公差值。这是因为径向圆跳动公差值受圆度误差的影响，圆度误差太大会使径向圆跳动公差值不合格。

5）同轴度未注公差未做规定，在极限状态下，由径向圆跳动未注公差控制。

6）圆柱度未注可由圆度未注公差、直线度未注公差和直径公差控制。

表 4-17 ~ 表 4-20 给出了常用的几何公差未注公差的等级和数值。

未注几何公差等级和未注公差值应根据产品的特点和生产单位的具体工艺条件，由生产单位自行选定，并在有关的技术文件中予以明确。这样，在图样上虽然没有具体注出公差值，却明确了对形状和位置有一般的精度要求。

表 4-17 直线度、平面度未注公差值（摘自 GB/T 1184—1996） （单位：mm）

公差等级	基本长度范围					
	≤10	>10 ~ 30	>30 ~ 100	>100 ~ 300	>300 ~ 1000	>1000 ~ 3000
H	0.02	0.05	0.1	0.2	0.3	0.4
K	0.05	0.1	0.2	0.4	0.6	0.8
L	0.1	0.2	0.4	0.8	1.2	1.6

表 4-18 垂直度未注公差值（摘自 GB/T 1184—1996） （单位：mm）

公差等级	基本长度范围			
	≤100	>100 ~ 300	>300 ~ 1000	>1000 ~ 3000
H	0.2	0.3	0.4	0.5
K	0.4	0.6	0.8	1
L	0.6	1	1.5	2

表 4-19 对称度未注公差值（摘自 GB/T 1184—1996） （单位：mm）

公差等级	基本长度范围			
	≤100	>100 ~ 300	>300 ~ 1000	>1000 ~ 3000
H	0.5			
K	0.6		0.8	1
L	0.6	1	1.5	2

表 4-20　圆跳动未注公差值（摘自 GB/T 1184—1996）　　　　（单位：mm）

公差等级	H	K	L
公差值	0.1	0.2	0.5

6. 几何公差的选用和标注实例

图 4-32 所示为减速器输出轴的零件图。根据对该轴的功能要求给出了有关几何公差。

两个 $\phi50k6$ 的轴颈，因为与滚动轴承的内圈相配合，为了保证配合性质，因此采用了单一要素的包容要求；又由于这两轴颈与普通级滚动轴承的配合，要求有较高的配合质量和保证装配后轴承的几何精度，故在遵守包容要求的前提下，又进一步对轴颈表面提出圆柱度公差值为 0.004mm 的要求。$\phi58$mm 处的两轴肩都是止推面，起一定的位置作用，故按规定给出相对基准轴线 $A—B$ 的轴向圆跳动公差值为 0.015mm 的要求。$\phi40m6$ 和 $\phi52k6$ 分别与带轮和齿轮内孔相配合，为了保证配合性质，也采用了包容要求。对 $\phi52k6$，为了保证齿轮的运动精度还提出对基准轴线 $A—B$ 径向圆跳动公差值为 0.015mm 的要求。对于 $\phi52k6$ 和 $\phi40m6$ 轴颈上的键槽 16N9 和 14N9，为了保证在铣键槽时键槽的中心平面尽可能地与通过轴颈轴线的平面重合，故提出了对称度公差值为 0.040mm 的要求。

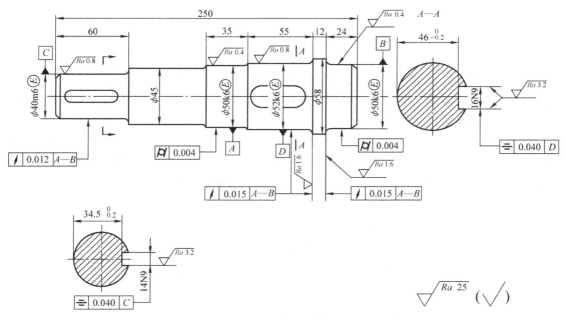

图 4-32　减速器输出轴的零件图

4.4　几何误差的检测原则

为了正确地测量几何误差，合理选择检测方案，GB/T 1958—2017《产品几何技术规范（GPS）　几何公差　检测与验证》中规定了以下 5 个检测原则。

1. 与理想要素比较原则

与理想要素比较原则是指测量时将实际被测要素与相应的理想要素做比较，在比较过程中获得测量数据，按这些数据来评定几何误差值。该原则应用最广。图 4-33 所示为用刀口尺测量直线度误差，是以刀口作为理想直线，将被测直线与之比较，根据光隙大小或用塞尺测量来确定直线度误差。

图 4-34 所示为用圆度仪测量圆度误差，是以一个精密回转轴上的一个点（测头）在回转中所形成的轨迹作为理想要素，将被测圆与之比较，来确定圆度误差。

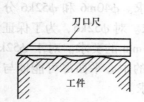

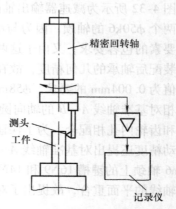

图 4-33　用刀口尺测量直线度误差　　　　　　　　　　图 4-34　用圆度仪测量圆度误差

2. 测量坐标值原则

无论是平面的还是空间的被测要素，均可以用三坐标测量机、工具显微镜等坐标测量装置测得被测要素各点的坐标值后，经数据处理就可获得几何误差。该原则对轮廓度、位置度的测量应用更为广泛。

图 4-35 所示为用测量坐标值原则测量位置度误差。由三坐标测量机测得各孔实际位置的坐标值分别为 (x_1, y_1)、(x_2, y_2)、(x_3, y_3)、(x_4, y_4)，计算出实际坐标相对于理论正确尺寸的偏差 $\Delta x_i = x_i - \boxed{x_i}$，$\Delta y_i = y_i - \boxed{y_i}$，于是各孔的位置度误差值为

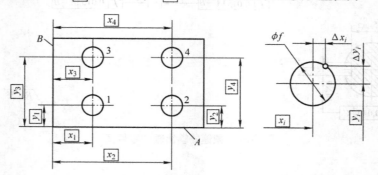

图 4-35　用测量坐标值原则测量位置度误差

$$\Delta f_i = 2\sqrt{\Delta x_i^2 + \Delta y_i^2} \quad (i = 1、2、3、4)$$

3. 测量特征参数原则

测量被测要素上具有代表性的参数（即特征参数）来近似表示该要素的几何误差，这类方法就称为测量特征参数原则。该原则测得的几何误差只是一个近似值，但可以简化测量

过程，经济效益显著。

4. 测量跳动原则

该方法主要用于图样上标注了圆跳动或全跳动公差时的测量。如图 4-36 所示，用 V 形架模拟基准轴线，并对零件轴向限位，在被测要素回转一周的过程中，指示器最大读数与最小读数之差为该截面的径向圆跳动误差；若被测要素回转的同时，指示器缓慢轴向移动，在整个过程中指示器最大读数与最小读数之差为该零件的径向全跳动误差。

5. 控制实效边界原则

按最大实体要求（或同时采用最大实体要求及可逆要求）给出几何公差时，意味着给出了一个理想边界——最大实体实效边界，要求被测实体不得超越该边界。判断被测实体是否超越最大实体实效边界的有效方法是用功能量规检验。

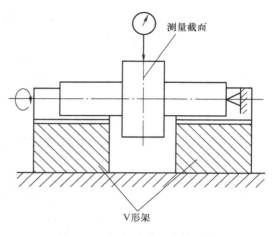

图 4-36　径向跳动误差的测量

功能量规是模拟最大实体实效边界的全形量规。若被测实际要素能被功能量规通过，则表示该项几何公差要求合格。

图 4-37a 所示零件的位置度误差可用图 4-37b 所示的功能量规检验。被测孔的最大实体实效尺寸为 $\phi7.506\text{mm}$，故功能量规 4 个小测量圆柱的尺寸也为 $\phi7.506\text{mm}$，基准要素 B 本身遵循最大实体要求，应遵循最大实体实效边界，边界尺寸为 $\phi10.015\text{mm}$，故功能量规定位尺寸也为 $\phi10.015\text{mm}$。检验时，功能量规能插入零件中，并且其端面与零件 A 面之间无间隙，零件上 4 个孔的位置度误差就是合格的。

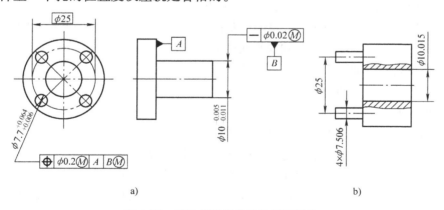

a) b)

图 4-37　用功能量规检验位置度误差

习　题

4-1　判断正误。

1）理想要素与实际要素相接触即可符合最小条件。

2）形状公差带不涉及基准，其公差带的位置是浮动的，与基准要素无关。

3）形状误差值的大小用最小包容区域的宽度或直径表示。

4）应用最小条件评定所得出的误差值，即是最小值，但不是唯一的值。

5）直线度公差带是间距为公差值 t 的两平行直线所限定的区域。

6）圆度公差对于圆柱是在垂直于轴线的任一正截面上量取，而对圆锥则是在法线方向量取。

7）形状误差包含在位置误差之中。

8）评定位置误差时，包容关联被测要素的区域与基准保持功能关系并必须符合最小条件。

9）建立基准的基本原则是基准应符合最小条件。

10）位置公差带具有确定的位置，但不具有控制被测要素的方向和形状的能力。

11）方向公差带相对于基准有确定的方向，并具有综合控制被测要素的方向和形状的能力。

12）轴向全跳动公差带与端面对轴线的垂直度公差带相同。

13）径向全跳动公差带与圆柱度公差带形状是相同的，所以两者控制误差的效果也是等效的。

14）最大实体原则是控制作用尺寸不超出实效边界的公差原则。

15）作用尺寸能综合反映被测要素的尺寸误差和几何误差在配合中的作用。

16）对于孔，关联作用尺寸小于同要素的作用尺寸；对于轴则相反。

17）最大实体状态是孔、轴具有允许的材料量为最少的状态。

18）对于孔、轴，实体实效尺寸都等于最大实体尺寸与几何公差之和。

19）按同一公差要求加工的同一批轴，其作用尺寸不完全相同。

20）实际尺寸相等的两个零件的作用尺寸也相等。

4-2　试比较下列各条中两项公差的公差带定义、公差带的形状及基准之间的异同。

1）圆柱的素线直线度公差与轴线直线度公差。

2）平面度公差与面对面的平行度公差。

3）圆度公差与径向圆跳动公差。

4）圆度公差与圆柱度公差。

5）端面对轴线的垂直度公差与轴向全跳动公差。

4-3　什么是几何公差？它们包括哪些项目？用什么符号表示？

4-4　什么是形状误差、方向误差和位置误差？它们应分别按什么方法来评定？

4-5　什么是最小条件和最小包容区域？评定形状误差为什么要按最小条件？评定位置误差要不要符合最小条件？

4-6　被测要素应用最大实体要求的意义是什么？它的最大实体实效尺寸如何确定？

4-7　如果图样上给出了轴线对平面的垂直度公差，而未给出该轴线的直线度公差，则如何解释对直线度的要求？

4-8　如何正确选择几何公差项目和几何公差等级？应具体考虑哪些问题？

4-9 用水平仪测量某机床导轨的直线度误差，依次测得各点读数值为 +5μm，+6μm，0μm，-1.5μm，-0.5μm，+3μm，+2μm，+8μm。试按最小条件法和两端点连线法分别求出该机床导轨的直线度误差值。

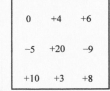

0	+4	+6
-5	+20	-9
+10	+3	+8

4-10 某零件实际表面均匀分布九个测量点，各测量点对测量基准面的坐标值（单位为 μm）如图 4-38 所示，试求该表面的平面度误差。

图 4-38 题 4-10 图

4-11 改正图 4-39a、b 所示各几何公差标注上的错误（不得改变几何公差项目）。

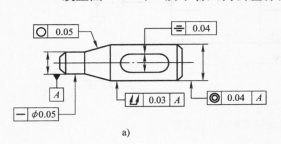

a)

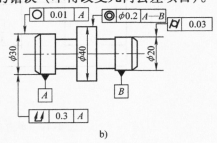

b)

图 4-39 题 4-11 图

4-12 如图 4-40 所示，被测要素采用的公差原则是____，最大实体尺寸是____ mm，最小实体尺寸是____ mm，最大实体实效尺寸是____ mm，垂直度公差给定值是____ mm，垂直度公差最大补偿值是____ mm。设孔的横截面形状正确，当孔实际尺寸处处都为 φ60mm 时，垂直度误差允许值是____ mm，当孔实际尺寸处处都为 φ60.10mm 时，垂直度误差允许值是____ mm。

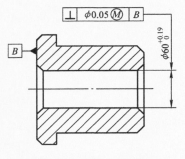

图 4-40 题 4-12 图

4-13 根据图 4-41 所示曲轴零件的几何公差标注填写表 4-21 中的空白项。

表 4-21 单缸内燃机曲轴零件各项几何公差标注的含义

特征项目		被测要素	公差原则	基准	公差带	
符号	名称				形状	大小/mm

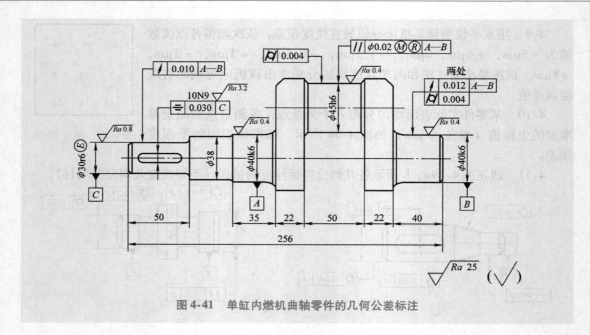

图 4-41　单缸内燃机曲轴零件的几何公差标注

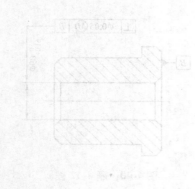

第5章

表面粗糙度及其检测

【学习指导】

本章要求学生了解表面粗糙度对机械零件使用性能的影响，掌握表面粗糙度的评定参数及其标注方法，初步掌握表面粗糙度的选用原则，了解常用的表面粗糙度的检测方法。

5.1 概述

5.1.1 表面粗糙度的主要术语

1. 任务引入

在机械加工过程中，由于刀痕、切削过程中切屑分离时金属的塑性变形、工艺系统中的高频振动、刀具和被加工表面的摩擦等原因，致使被加工零件的表面产生微小的峰谷。这些微小峰谷的高低程度和间距状况就称为**表面粗糙度**，也称为**微观不平度**，现在拓展为**表面结构**。表面粗糙度越小，则表面越光滑。

表面粗糙度在零件几何精度设计中是必不可少的，也是评定机械零件及产品质量的重要指标之一。表面粗糙度国家标准如下：

GB/T 3505—2009《产品几何技术规范（GPS）　表面结构　轮廓法　术语、定义及表面结构参数》。

GB/T 1031—2009《产品几何技术规范（GPS）　表面结构　轮廓法　表面粗糙度参数及其数值》。

GB/T 131—2006《产品几何技术规范（GPS）　技术产品文件中表面结构的表示法》。

了解国家标准中的主要术语及评定参数是学习表面粗糙度相关知识的首要任务。

2. 主要术语

一个完工零件的实际表面状态是极其复杂的，一般包括表面粗糙度、表面波纹度和表面几何形状误差等。通常按波距大小（相邻两波峰或相邻两波谷之间的距离）来划分：波距小于1mm的微观几何形状误差属于表面粗糙度；波距在1~10mm的微观几何形状误差属于表面波纹度；波距大于10mm的微观几何形状误差属于表面几何形状误差，如图5-1所示。

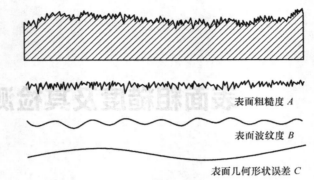

图 5-1　表面粗糙度、表面波纹度和表面几何形状误差

（1）取样长度 lr　取样长度是在 x 轴方向判别被评定轮廓不规则特征的长度，是用于判别具有表面粗糙度特征的一段基准线长度。它在轮廓总的走向上量取，是为了限制和削弱其他几何形状误差，尤其是表面波纹度对测量结果的影响。取样长度应包括 5 个以上的波峰和波谷，否则就不能反映表面粗糙度的真实情况，如图 5-2 所示。

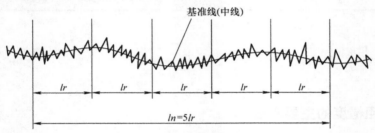

图 5-2　取样长度和评定长度

（2）评定长度 ln　评定长度是用于评定被评定轮廓的 x 轴方向上的长度，是评定轮廓所必需的一段表面长度，如图 5-2 所示。规定评定长度是因为零件表面各部分的表面粗糙度不一定很均匀，在一个取样长度上往往不能合理地反映某一表面的粗糙度特征，故需要在表面上取几个取样长度来评定表面粗糙度。它包括几个取样长度，一般推荐取 $ln=5lr$。

（3）轮廓的算术平均中线　轮廓的算术平均中线是在取样长度范围内，划分实际轮廓为上、下两部分，且使上、下面积相等的线，如图 5-3a 所示。即

$$\sum_{i=1}^{n} F_i = \sum_{i=1}^{n} F'_i \tag{5-1}$$

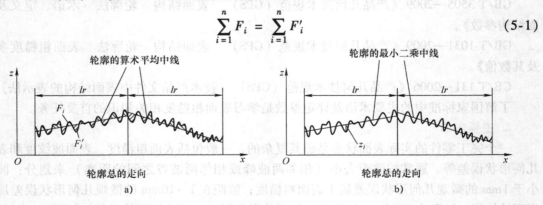

图 5-3　轮廓的算术平均中线和轮廓的最小二乘中线

（4）轮廓的最小二乘中线（简称为中线） 中线是具有几何轮廓形状并划分轮廓的基准线，在取样长度内使轮廓线上各点的轮廓偏距 z_i 的平方和为最小，即 $\sum\limits_{i=1}^{n} z_i^2$ 为最小，如图 5-3b 所示。

从理论上讲，当轮廓不具有明显的周期时，其总方向在某一范围内就不确定，因而其算术平均中线就不是唯一的。在一簇轮廓的算术平均中线中只有一条与轮廓的最小二乘中线重合，实际工作中由于两者相差很少，故可用轮廓的算术平均中线代替轮廓的最小二乘中线。轮廓的最小二乘中线和算术平均中线是测量或评定表面粗糙度的基准，通常称为基准线。

在现代表面粗糙度测量仪器中，借助于计算机，容易精确确定轮廓的最小二乘中线的位置。当采用光学仪器测量时，常用目测估计来确定轮廓的算术平均中线。

5.1.2 表面粗糙度的主要评定参数

随着工业技术的不断进步，加工精度的不断提高，对零件的表面质量提出了越来越高的要求，需要用合适的参数对表面轮廓的微观几何形状特性做精确的描述。国家标准从表面轮廓的微观几何形状的高度、间距和形状三方面的特征，相应规定了有关参数。GB/T 3505—2009 中规定的有关评定表面粗糙度的参数有幅度参数（z 轴方向）9 项、间距参数（x 轴方向）1 项、混合参数 1 项以及曲线和相关参数 5 项，共 4 大类 16 项。这里选择介绍 GB/T 3505—2009 中最常用的幅度参数，并与之前应用非常普遍的 GB/T 3505—1983 做对比介绍。

1. 幅度参数（GB/T 3505—2009）

（1）轮廓的算术平均偏差 Ra 轮廓的算术平均偏差是在一个取样长度内纵坐标值 $z(x)$ 绝对值的算术平均值，如图 5-4 所示。

$$Ra = \frac{1}{lr} \int_0^{lr} |z(x)| \, \mathrm{d}x \tag{5-2}$$

或近似值为

$$Ra = \frac{1}{n} \sum_{i=1}^{n} |z_i| \tag{5-3}$$

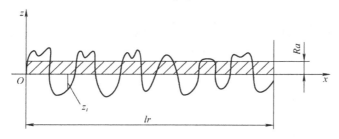

图 5-4 轮廓的算术平均偏差 Ra

GB/T 3505—1983 中这一参数的定义与上述基本相同。

（2）轮廓最大高度 Rz 轮廓最大高度是在一个取样长度内，最大轮廓峰高与最大轮廓谷深之和，峰顶线和谷底线，分别指在取样长度内，平行于中线且通过轮廓最高点和最低点的线，如图 5-5 所示。GB/T 3505—1983 中这一参数用符号 Ry 表示，而名称和定义与上述的 Rz 完全相同，不要混淆。

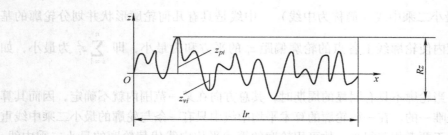

图 5-5　轮廓最大高度 Rz

$$Rz = z_{p\max} + z_{v\max} \tag{5-4}$$

2. 参数的允许值（GB/T 1031—2009）

1）幅度参数的数值，分别见表 5-1 和表 5-2 。

表 5-1　轮廓算术平均偏差 Ra 的数值　　　　　　　（单位：μm）

优先系列	补充系列	优先系列	补充系列	优先系列	补充系列	优先系列	补充系列
	0.008						
	0.010						
0.012			0.125		1.25	12.5	
	0.016		0.160	1.6			16.0
	0.020	0.2			2.0		20
0.025			0.25		2.5	25	
	0.032		0.32	3.2			32
	0.040	0.4			4.0		40
0.050			0.50		5.0	50	
	0.063		0.63	6.3			63
	0.080	0.8			8.0		80
0.1			1.00		10.0	100	

表 5-2　轮廓最大高度 Rz 的数值　　　　　　　（单位：μm）

优先系列	补充系列	优先系列	补充系列	优先系列	补充系列	优先系列	补充系列	优先系列	补充系列	优先系列	补充系列
			0.125		1.25	12.5			125		1250
			0.160	1.6			16.0		160	1600	
		0.2			2.0		20	200			
0.025			0.25		2.5	25			250		
	0.032		0.32	3.2			32		320		
	0.040	0.4			4.0		40	400			
0.05			0.50		5.0	50			500		
	0.063		0.63	6.3			63		630		
	0.080	0.8			8.0		80	800			
0.1			1.00		10.0	100			1000		

2）取样长度标准值 *lr*、*Ra* 与 *Rz* 参数值与 *lr* 和 *ln* 值的对应关系，分别见表 5-3 和表 5-4。

表 5-3　取样长度标准值 *lr* （单位：mm）

lr	0.08	0.25	0.8	2.5	8	25

表 5-4　*Ra*、*Rz* 参数值与 *lr* 和 *ln* 值的对应关系

Ra/μm	*Rz*/μm	*lr*/mm	*ln*/mm
≥0.008 ~ 0.02	≥0.025 ~ 0.1	0.08	0.4
>0.02 ~ 0.1	>0.1 ~ 0.50	0.25	1.25
>0.1 ~ 2.0	>0.5 ~ 10.0	0.8	4.0
>2.0 ~ 10.0	>10.0 ~ 50.0	2.5	12.5
>10.0 ~ 80.0	>50.0 ~ 320.0	8.0	40.0

GB/T 3505—2009 中所规定的所有表面粗糙度评定参数，在实际中根据需要选用，但幅度参数 *Ra* 或（和）*Rz* 是必须标注的。从 *Ra* 和 *Rz* 的定义可以看出，*Ra* 所反映的轮廓信息量比 *Rz* 要多，所以 *Ra* 参数是首选。

5.2　识读表面粗糙度符号、代号及标注

1. 任务引入

国家标准 GB/T 131—2006《产品几何技术规范（GPS）　技术产品文件中表面结构的表示法》规定了零件表面粗糙度的符号、代号及其在图样上的标注。它适用于机电产品图样及有关技术文件。

图 5-6 所示为机床螺杆零件图，各轮廓表面标注了相应的表面粗糙度要求。下面详细说明表面粗糙度符号、代号及其标注的含义。

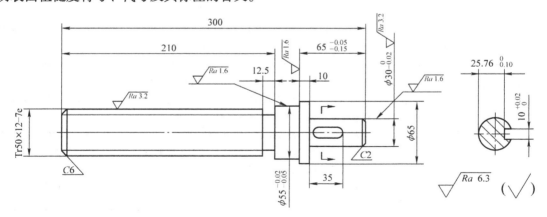

图 5-6　机床螺杆零件图

2. 表面粗糙度符号

1）对于用去除材料的方法获得的表面，如车、铣、刨、钻、磨、抛光、电火花加工

等，采用的表面粗糙度符号如图 5-7a 所示。

2）对于用不去除材料的方法获得的表面，如铸造、锻造、冲压、粉末冶金等，采用的表面粗糙度符号如图 5-7b 所示。

3）对于不限加工方法获得的表面，采用的表面粗糙度符号如图 5-7c 所示。

3. 表面粗糙度代号

表面粗糙度代号是以表面粗糙度符号、参数、参数值及其他有关要求的标注组合形成的，其表面特征各项规定的注写位置如图 5-8 所示。

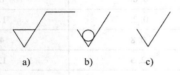

图 5-7　表面粗糙度符号

a）去除材料的扩展图形符号　b）不去除材料的扩展图形符号

c）表面结构的基本图形符号

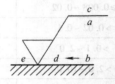

图 5-8　表面粗糙度代号

在图 5-8 中，位置 a 注写表面结构的单一要求；位置 a 和 b 注写两个或多个表面结构要求；位置 c 注写加工方法、表面处理、涂层或其他加工工艺要求等，如车、磨、镀等加工表面；位置 d 注写表面纹理和方向；位置 e 注写加工余量。

4. 表面粗糙度代号的标注示例

表面粗糙度代号的标注示例见表 5-5。

表 5-5　表面粗糙度代号的标注示例

表面粗糙度代号	含义
$\sqrt{}$ Ra 1.6	表示不允许去除材料，单向上限值，默认传输带，R 轮廓（粗糙度轮廓），轮廓的算术平均偏差为 $1.6\mu m$，评定长度为 5 个取样长度（默认），"16% 规则"（默认） 为了避免误解，在参数代号与极限值之间应插入空格（下同）
$\sqrt{}$ Ra 0.2	表示去除材料，单向上限值，默认传输带，R 轮廓（粗糙度轮廓），轮廓最大高度为 $0.2\mu m$，评定长度为 5 个，取样长度（默认），"16% 规则"（默认）
$\sqrt{}$ $Rzmax$ 0.2	表示去除材料，单向上限值，默认传输带，R 轮廓（粗糙度轮廓），轮廓最大高度的最大值为 $0.2\mu m$，评定长度为 5 个取样长度（默认），"最大规则"
$\sqrt{}$ $0.008-0.8/Ra$ 3.2	表示去除材料，单向上限值，传输带 $0.008\sim0.8mm$，R 轮廓（粗糙度轮廓），轮廓的算术平均偏差为 $3.2\mu m$，评定长度为 5 个取样长度（默认），"16% 规则"（默认） 传输带 "$0.008-0.8$" 中的前后数值分别为短波 λs 和长波 λc 轮廓滤波器的截止波长，表示波长范围。此时取样长度等于 λc，则 $lr = 0.8mm$
$\sqrt{}$ U $Ramax$ 3.2 L Ra 0.8	表示去除材料，双向极限值，两极限值均使用默认传输带，R 轮廓。上限值：轮廓的算术平均偏差为 $3.2\mu m$，评定长度为 5 个取样长度（默认），"最大规则"；下限值：轮廓的算术平均偏差为 $0.8\mu m$，评定长度为 5 个取样长度（默认），"16% 规则"（默认） 本例为双向极限要求，用 "U" 和 "L" 分别表示上限值和下限值。在不致引起歧义时，可不标注 "U" 和 "L"

注：1. "传输带" 是指评定时的波长范围。传输带被一个截止短波的滤波器（短波滤波器）和另一个截止长波的滤波器（长波滤波器）所限制。

2. "16% 规则" 是指同一评定长度范围内所有的实测值，大于上限值的个数应少于总数的 16%，小于下限值的个数应少于总数的 16%，参见 GB/T 10610—2009。

3. 最大规则是指整个被测表面上所有的实测值皆应不大于最大允许值，不小于最小允许值，参见 GB/T 10610—2009。

5. 表面纹理标注

表面纹理的方向符号、说明及标注方法如图5-9所示。

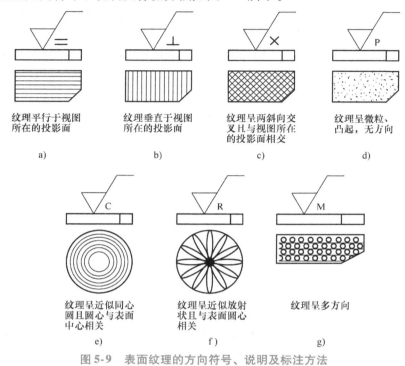

图 5-9 表面纹理的方向符号、说明及标注方法

6. 表面粗糙度代号在图样上的标注

表面粗糙度代号在图样上可以标注在可见轮廓线、尺寸界线、引出线或它们的延长线上，也可以标注在几何公差框格的上方，如图5-10a所示；在不致引起误解时可以标注在给定的尺寸线上，如图5-10b所示；必要时也可用带箭头或黑点的指引线引出标注，如图5-10c所示。符号的尖端必须从材料外部指向被标注表面，其数字及符号的方向与尺寸的标注一致。

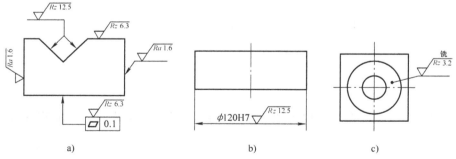

图 5-10 表面粗糙度代号在图样上的标注

7. 表面粗糙度要求在图样中的简化注法

（1）封闭轮廓的各表面有相同表面粗糙度要求时的标注 可在完整图形符号上加一圆圈，标注在图样中工件的封闭轮廓线上，如图5-11所示，表示构成封闭轮廓的1、2、3、4、5、6共六个面的轮廓的算术平均偏差的上限值均为 $3.2\mu m$。

（2）有相同的表面粗糙度要求时的简化注法　如果工件的多数（或全部）表面有相同的表面粗糙度要求，则其表面粗糙度要求可统一标注在图样的标题栏附近。此时（除全部表面有相同表面粗糙度要求的情况外），表面粗糙度代号的后面应包括如下内容。

1）在圆括号内给出无任何其他标注的基本符号，如图 5-12a 所示。

2）在圆括号内给出不同的表面粗糙度要求，如图 5-12b 所示。不同的表面粗糙度要求应直接标注在图形中。

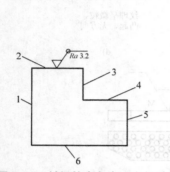

图 5-11　封闭轮廓各表面有相同
　　　　　表面粗糙度要求时的标注

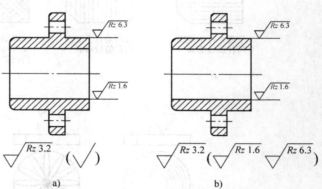

图 5-12　多数表面有相同表面粗糙度要求时的简化注法

（3）多个表面具有相同的表面粗糙度要求时的标注　当多个表面具有相同的表面粗糙度要求或图纸空间有限时，也可以采用其他简化注法。

1）用带字母的完整符号，以等式的形式，在图形或标题栏附近，对有相同表面粗糙度要求的表面进行简化标注，如图 5-13 所示。

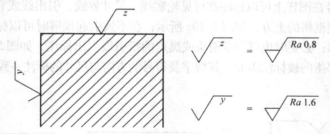

图 5-13　多个表面具有相同的表面粗糙度要求或图纸空间有限时表面粗糙度的简化注法

2）只用表面粗糙度符号，以等式的形式给出对多个表面共同的表面粗糙度要求，如图 5-14 所示。

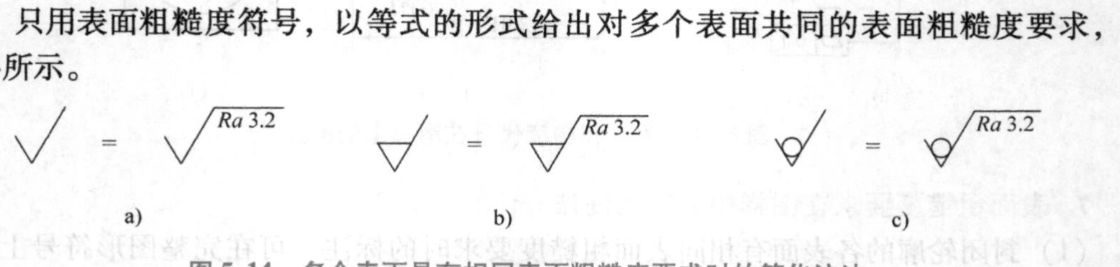

a)　　　　　　　　　　　b)　　　　　　　　　　　c)

图 5-14　多个表面具有相同表面粗糙度要求时的简化注法
a）未指定工艺方法　b）要求去除材料　c）不允许去除材料

5.3 表面粗糙度的选用

1. 任务引入

图 5-15 所示为机床螺杆部件的爆炸图。机床螺杆要与螺母、平键、齿轮、轴套等零件配合，因此，螺杆不同的轮廓表面标注的表面粗糙度要求不一定相同（图 5-6），主要是根据机械零件的使用功能要求来确定。如何正确合理地选用表面粗糙度，这是机械设计中的重要工作之一，它对产品质量、互换性和经济效益都有重要影响。下面分别介绍表面粗糙度对零件功能的影响及其选用方法。

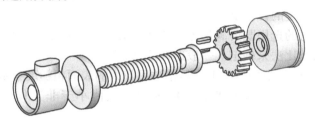

图 5-15 机床螺杆部件的爆炸图

2. 表面粗糙度对零件功能的影响

表面粗糙度对零件的使用性能有着重要的影响，尤其对在高温、高速、高压条件下的机器（仪器）零件影响更大，主要表现在以下几方面：

1）表面粗糙度影响零件表面的耐磨性。当两个零件存在凸峰和凹谷并接触时，往往是一部分凸峰接触，它比理论上的接触面积要小，单位面积上压力增大，凸峰部分容易产生塑性变形而被折断或剪切，导致磨损加快。为了提高表面的耐磨性，应对表面提出较高的加工精度要求。

2）表面粗糙度影响零件配合性质的稳定性。对有相对运动的间隙配合而言，因为粗糙表面相对运动易产生磨损，所以实际间隙会逐渐加大。对过盈配合而言，粗糙表面在装配过程中，会将凸峰挤平，减小实际有效过盈，降低连接强度。

3）表面粗糙度影响零件的抗疲劳强度。零件表面越粗糙，对应力集中越敏感。若零件受到交变应力作用，零件表面凹谷处容易产生应力集中而引起零件的损坏。

4）表面粗糙度还对零件表面的耐蚀性、表面的密封性和表面外观等性能有影响。

表面粗糙度要求是否恰当，不但与零件的使用要求有关，而且会影响零件加工的经济性。因此，在设计零件时，除了要保证零件尺寸、形状和位置的精度要求以外，对零件的不同表面也要提出适当的表面粗糙度要求。因此表面粗糙度是评定机械零件及产品质量的重要指标之一。

3. 表面粗糙度参数的选用

零件表面粗糙度参数的选用，应首先满足零件表面的功能要求，其次应考虑检测的方便性及仪器设备条件等因素，同时考虑工艺的可行性和经济性。表面粗糙度参数值选用的合理与否，不仅对产品的使用性能有很大的影响，而且直接影响到产品的质量和制造成本。

在零件选用表面粗糙度参数时，绝大多数情况下，只要选用幅度参数即可。只有当幅度参数不能满足零件的使用要求时，才附加给出间距参数、混合参数或曲线和相关参数。

在幅度参数中，轮廓的算术平均偏差 Ra 能较全面客观地反映表面微观几何形状的特性，国家标准推荐在常用数值范围内（$Ra = 0.025 \sim 6.3 \mu m$，$Rz = 0.1 \sim 0.25 \mu m$）优先选用 Ra。轮廓最大高度 Rz 测点数少，一般不单独使用，常常与 Ra 联用，控制微观不平度的谷深，从而控制微观裂纹的深度，常标注于受交变应力作用的工作表面。

4. 表面粗糙度参数值的选用

应该指出的是，在国家标准 GB/T 1031—2009《产品几何技术规范（GPS）表面结构 轮廓法 表面粗糙度参数及其数值》中不划分粗糙度等级，只列出评定参数的允许值的数系。在设计时需要根据具体条件选择适当的评定参数及其允许值，并将其数值按国家标准规定的格式标注在图样规定的位置上。

表面粗糙度参数值的选用既要满足零件的功能要求，又要考虑它的经济性，一般可参照经过验证的实例，用类比法来确定。一般选择原则如下：

1）在满足表面功能要求的情况下，尽量选用较大的表面粗糙度参数值。

2）在同一零件上，工作表面的表面粗糙度参数值小于非工作表面的表面粗糙度参数值。

3）摩擦表面应比非摩擦表面的表面粗糙度参数值小；滚动摩擦表面比滑动摩擦表面的表面粗糙度参数值小；运动速度高、单位压力大的摩擦表面应比运动速度低、单位压力小的摩擦表面的表面粗糙度参数值小。

4）受循环载荷的表面及容易引起应力集中的部位，表面粗糙度参数值要小。

5）一般情况，过盈配合表面应比间隙配合表面的表面粗糙度参数值小。对间隙配合而言，间隙越小，表面粗糙度的参数值应越小。

6）配合性质相同时，零件尺寸越小则表面粗糙度参数值应越小；同一公差等级，小尺寸应比大尺寸、轴应比孔的表面粗糙度参数值小。

7）要求防腐蚀、密封性能好，或要求外表美观表面的表面粗糙度参数值应较小。

通常尺寸公差、几何公差小时，表面粗糙度参数值也小，但表面粗糙度参数值和尺寸公差、几何公差之间并不存在确定的函数关系，如手轮、手柄的尺寸公差值较大，表面粗糙度参数值却较小。一般情况下，它们之间有一定的对应关系，见表 5-6 中列出的对应关系。

表 5-6 几何公差、尺寸公差与表面粗糙度参数值的关系

几何公差 t 占尺寸公差 T 的百分比	表面粗糙度参数值占几何公差 t 或尺寸公差 T 的百分比	
	Ra	Rz
$t \approx 60\% T$	$\leqslant 5.0\% T$	$\leqslant 20\% T$
$t \approx 40\% T$	$\leqslant 2.5\% T$	$\leqslant 10\% T$
$t \approx 25\% T$	$\leqslant 1.2\% T$	$\leqslant 5\% T$
$t < 25\% T$	$\leqslant 15\% t$	$\leqslant 60\% t$

不同表面粗糙度的表面微观特征、经济加工方法及应用举例见表 5-7，可供选用表面粗糙度参数值时参考。

根据机械零件表面的配合性质、公差等级、公称尺寸和使用功能，表 5-8 列出了常用表面粗糙度参数值。

表 5-7　不同表面粗糙度的表面微观特征、经济加工方法及应用举例

表面微观特征		$Ra/\mu m$	$Rz/\mu m$	经济加工方法	应用举例
粗糙表面	微见刀痕	≤20	≤80	粗车、粗刨、粗铣、钻、毛锉、锯断	半成品粗加工过的表面，非配合的加工表面，如轴端面、倒角、钻孔、齿轮和带轮侧面、键槽底面、垫圈接触面
半光表面	微见加工痕迹	≤10	≤40	车、刨、铣、镗、钻、粗铰	轴上不安装轴承、齿轮处的非配合表面，紧固体的自由装配表面，轴和孔的退刀槽
		≤5	≤20	车、刨、铣、镗、磨、拉、粗刮、滚压	半精加工表面，箱体、支架、盖面、套筒等和其他零件结合而无配合要求的表面，需要发蓝处理的表面等
	看不清加工痕迹	≤2.5	≤10	车、刨、铣、镗、磨、拉、刮压、铣齿	接近于精加工表面，箱体上安装轴承的镗孔表面，齿轮的工作面
光表面	可辨加工痕迹方向	≤1.25	≤6.3	车、镗、磨、拉、刮、精铰、磨齿、滚压	圆柱销、圆锥销，与滚动轴承配合的表面，卧式车床导轨面，内、外花键定心表面
	微辨加工痕迹方向	≤0.63	≤3.2	精铰、精镗、磨、刮、滚压	要求配合性质稳定的配合表面，工作时受交变应力的重要零件，较高精度车床的导轨面
	不可辨加工痕迹方向	≤0.32	≤1.6	精磨、珩磨、研磨、超精加工	精密机床主轴锥孔，顶尖圆锥面，发动机曲轴、凸轮轴工作表面，高精度齿轮齿面
极光表面	暗光泽面	≤0.16	≤0.8	精磨、研磨、普通抛光	精密机床主轴轴颈表面，一般量规工作表面，气缸套内表面，活塞销表面
	亮光泽面	≤0.08	≤0.4	超精磨、精抛光、镜面磨削	精密机床主轴轴颈表面，滚动轴承的滚珠，高压油泵中柱塞和柱塞套配合表面
	镜状光泽面	≤0.04	≤0.2		
	镜面	≤0.01	≤0.05	镜面磨削、超精研	高精度量仪、量块的工作表面，光学仪器中的金属镜面

表 5-8　常用表面粗糙度参数值　　　　　　　　　　　（单位：μm）

经常装拆的配合表面				过盈配合的配合表面					定心精度高的配合表面			滑动轴承的配合表面		
公差等级	表面	公称尺寸/mm		公差等级	表面	公称尺寸/mm			径向圆跳动	轴	孔	公差等级	表面	Ra
		≤50	>50~500			≤50	>50~120	>120~500						
		Ra				Ra				Ra				
IT5	轴	0.2	0.4	IT5	轴	0.1~0.2	0.4	0.4	2.5	0.05	0.1	IT6~IT9	轴	0.4~0.8
	孔	0.4	0.8		孔	0.2~0.4	0.8	0.8	4	0.1	0.2		孔	0.8~1.6
IT6	轴	0.4	0.8	IT6~IT7	轴	0.4	0.8	1.6	6	0.1	0.2	IT10~IT12	轴	0.8~3.2
	孔	0.4~0.8	0.8~1.6		孔	0.8	1.6	1.6	10	0.2	0.2		孔	1.6~3.2
IT7	轴	0.4~0.8	0.8~1.6	IT8	轴	0.8	0.8~1.6	1.6~3.2	16	0.4	0.8	流体润滑	轴	0.1~0.4
	孔	0.8	1.6		孔	1.6	1.6~3.2	1.6~3.2	20	0.8	1.6		孔	0.2~0.8
IT8	轴	0.8	1.6	热装法	轴	1.6								
	孔	0.8~1.6	1.6~3.2		孔	1.6~3.2								

（过盈配合表面中 IT5~IT8 左侧标注"机械压入法"；热装法对应 IT8 行）

5.4 表面粗糙度的检测

当图样上注明了表面粗糙度参数值的测量方向时，应按规定的方向测量。若图样上无特别注明测量方向时，则应在能获得其最大值的方向上进行。对于一般有一定加工纹理方向的表面，应在垂直于加工纹理的方向上测量；对于无一定加工纹理方向的表面，如电火花加工表面等，应该在几个不同的方向上测量，然后取最大值作为测量结果。另外，测量时还要注意不要把表面缺陷，如锈蚀、气孔、划痕等也测量进去。

表面粗糙度的检测方法目前有比较法、光切法、干涉法和针描法。

1. 比较法

比较法是将零件的加工表面与表面粗糙度样板进行比较，来评定零件表面粗糙度，但不能确定表面粗糙度参数值大小的一种方法。样板上标有一定的表面粗糙度评定参数值，通常是通过视角或触角来判断。例如：触摸时粗糙表面和光滑表面的感觉不同；观察时光滑表面像镜子一样反光，而粗糙表面则反光不明显；光滑表面能很容易在其表面上滑动，而粗糙表面则呈现很大的摩擦力。为减小检测误差，选取样板的材料、表面形状、加工方法和纹理方向应尽可能与被测零件表面相同。同时，还可借助放大镜、比较显微镜等工具进行比较测量。

当零件批量较大时，可以从加工零件中选出样品，经过检定后作为表面粗糙度比较样板使用。

该方法简单易行，适宜于车间检验，但只能做定性分析，评定精度较低，仅适用于评定表面粗糙度要求不高的零件表面。

2. 光切法

光切法是应用光切原理来测量表面粗糙度的一种测量方法。常用的仪器是光切显微镜（又称为双管显微镜）。该仪器适宜于测量用车、铣、刨等加工方法所加工的金属零件的平面或外圆表面。光切法主要用于测量 Rz 值，测量范围一般为 $Rz = 0.8 \sim 60\mu m$。

光切显微镜工作原理如图 5-16 所示。根据光切原理设计的光切显微镜由两个镜管组成，一个是投影照明镜管，另一个是观察镜管，两镜管轴线互成 90°，在投影照明镜管中，光源 1 发出的光线经聚光镜 2、狭缝 3 及物镜 5 后，以 45°的倾斜角照射在具有微小峰谷的被测零件表面 4 上，形成一束平行的光带，表面轮廓的波峰在 S_1 点处产生反射，波谷在 S_2 点处产生反射。通过观察镜管的物镜 5，分别成像在分划板 6 上的 S''_1 点与 S''_2 点，从目镜 7 中可以观察到一条与被测零件表面相似的齿状亮带，通过目镜分划板与测微器，可测出 $S''_1 S''_2$ 之间的距离 h''，则被测零件表面的微观不平度的峰谷高度 h 为

$$h = \frac{h''}{N}\cos45° \tag{5-5}$$

式中　N——观察镜管的物镜放大倍数。

可根据式（5-5）计算出微观不平度的峰谷高度 h，而 h 等于轮廓峰高 Zp 和轮廓谷深 Zv 之和。

3. 干涉法

干涉法是利用光波干涉原理测量表面粗糙度的一种测量方法。常用的仪器是干涉显微

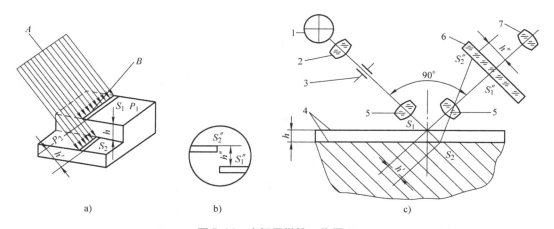

图 5-16　光切显微镜工作原理

1—光源　2—聚光镜　3—狭缝　4—零件表面　5—物镜　6—分划板　7—目镜

镜。由于这种仪器具有高的放大倍数及鉴别率，故可以测量表面粗糙度要求高的表面。干涉显微镜主要用于测量 Rz 值，测量范围一般为 $Rz = 0.05 \sim 0.8 \mu m$。

4. 针描法

针描法也称为轮廓法、感触法，是一种接触式测量表面粗糙度的方法。最常用的仪器是电动轮廓仪，该仪器可直接测量显示 Ra 值，也可用于测量 Rz 值，测量 Ra 值的范围一般为 $0.025 \sim 5 \mu m$。图 5-17 所示为针描法测量原理框图。

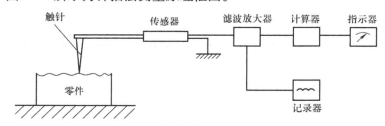

图 5-17　针描法测量原理框图

测量时，仪器的金刚石触针针尖与被测零件表面相接触，触针以一定速度在被测零件表面上移动时，零件表面的表面粗糙度痕迹使触针在移动同时，还做垂直于表面轮廓方向的上下运动，触针的运动情况实际反映了被测零件表面的轮廓情况。该微量移动通过传感器转换成电信号，再经过滤波放大器，将表面轮廓上属于形状误差和波纹度的成分滤去，留下只属于表面粗糙度的轮廓曲线信号，经计算器、指示器直接指示出 Ra 值，也可经滤波放大器驱动记录装置，画出被测零件表面的轮廓图形，经过数学处理得出 Rz 值。

该方法使用简单、方便、迅速，能直接读出参数值，能在车间现场使用。因此，该方法在生产中得到较为广泛的应用。

<h2 align="center">习　题</h2>

5-1　表面粗糙度的含义是什么？对零件的使用性能有哪些影响？

5-2　评定表面粗糙度时，为什么要规定取样长度？有了取样长度，为什么还要规定评定长度？

5-3 轮廓的最小二乘中线的含义及作用。

5-4 表面粗糙度的评定参数有哪些？

5-5 解释并比较 GB/T 3505—2009 与 GB/T 3505—1983 中表面粗糙度的幅度参数 Ra、Rz 和 Ry 的含义及区别。

5-6 选择表面粗糙度参数值时应考虑哪些因素？

5-7 将表面粗糙度代号标注在图 5-18 上，要求：

1）用任何方法加工圆柱面 ϕd_3，Ra 最大允许值为 3.2μm。

2）用去除材料的方法获得孔 ϕd_2，Ra 最大允许值为 3.2μm。

3）用去除材料的方法获得表面 A，Rz 最大允许值为 3.2μm。

4）用去除材料的方法获得表面，其余 Ra 最大允许值均为 25μm。

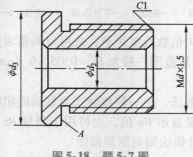

图 5-18 题 5-7 图

5-8 在一般情况下，$\phi40H7$ 和 $\phi6H7$ 相比，$\phi40H6/f5$ 和 $\phi40H6/s5$ 相比，哪个选用较小的表面粗糙度允许值？为什么？

5-9 试确定与基准孔相配的轴 $\phi5f7$（经常装拆）、$\phi50t5$（热装法）的表面粗糙度参数值。

5-10 指出图 5-19 所示导向套中表面粗糙度代号标注的错误并改正。

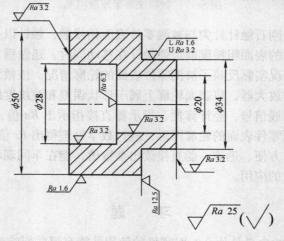

图 5-19 题 5-10 图

第6章

光滑极限量规

【学习指导】

　　本章介绍光滑极限量规的类型、特点以及各种类型量规的设计过程。通过本章的学习，要求学生正确理解量规的概念和工作量规的设计原则，了解量规的作用及种类，掌握工作量规的设计依据和量规公差带的计算。

6.1　概述

1. 任务引入

　　光滑工件尺寸通常采用普通计量器具或光滑极限量规检验。当零件图样上被测要素的尺寸公差和几何公差遵守独立原则时，该工件加工后的实际尺寸和几何误差采用普通计量器具来检验；当零件图样上被测要素的尺寸公差和几何公差遵守相关原则（包容要求）时，应采用光滑极限量规来检验。

　　光滑极限量规（简称为量规）是一种没有刻度的专用计量器具。它只能确定被测工件的尺寸是否在它的极限尺寸范围内，以判断工件是否合格，而不能确定被测工件实际尺寸的大小。但是对于成批、大量生产的工件来说，只要是能够判断出工件的作用尺寸和实际尺寸均在尺寸公差带以内就足够了，因此，用量规检验非常方便。由于量规的结构简单、检验效率高，因而在生产中得到了广泛应用。光滑极限量规的公称尺寸就是工件的公称尺寸，通常把检验孔径的光滑极限量规称为**塞规**，把检验轴径的光滑极限量规称为**环规**或**卡规**。光滑极限量规是塞规和环规的统称。

　　量规都是成对使用的，不论塞规还是环规（卡规）都包括两个量规：一个是按被测工件的最大实体尺寸制造的，称为**通规**，也称为通端；另一个是按被测工件的最小实体尺寸制造的，称为**止规**，也称为止端。通规用来模拟最大实体边界，检验孔或轴的实体尺寸是否超越该理想边界。止规用来检验孔或轴的实际尺寸是否超越最小实体尺寸。因此，通规按被测工件的**最大实体尺寸**（MMS）制造，止规按被测工件的**最小实体尺寸**（LMS）制造。

2. 量规的作用

　　如前所述，量规是按被测工件的最大实体尺寸和最小实体尺寸制造的，即把工件的极限尺寸作为量规的公称尺寸，用以检验光滑圆柱工件是否合格，故称为"光滑极限量规"。

检验时，塞规或环规（卡规）都必须把通规和止规联合使用。例如：使用塞规检验工件孔时，如图 6-1a 所示，如果塞规的通规能够通过被测孔，说明被测孔径大于孔的下极限尺寸；如果塞规的止规不能通过被测孔，说明被测孔径小于孔的上极限尺寸。于是，知道被测孔径大于下极限尺寸且小于上极限尺寸，即孔的作用尺寸和实际尺寸在规定的极限范围内，被测孔是合格的。

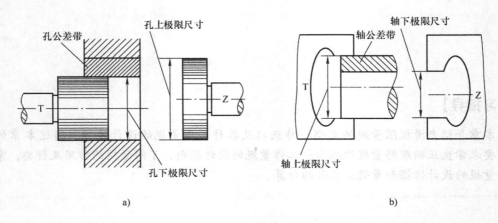

a)   b)

图 6-1 塞规和卡规

a）塞规 b）卡规

同理，用卡规的通规和止规检验工件轴时，如图 6-1b 所示，通规能够通过被测轴，止规不能通过被测轴，说明被测轴的作用尺寸和实际尺寸在规定的极限范围内，因此被测轴径是合格的。

反之，不论塞规还是卡规，如果通规不能通过被测工件，或者止规通过了被测工件，即可确定被测工件是不合格的。

3. 量规的种类

根据使用场合的不同，量规可分为工作量规、验收量规和校对量规三类。

1）**工作量规**是在工件制造过程中，工人对工件进行检验所使用的量规。一般用的通规是新制的或磨损较少的量规。工作量规的通规用代号 T 来表示，止规用代号 Z 来表示。

2）**验收量规**是检验部门或用户代表验收工件时用的量规。检验人员用的通规为磨损较大但未超过磨损极限的旧工作量规；用户代表用的是接近磨损极限的通规。这样由用户代表自检合格的产品，检验部门验收时也一定合格，从而保证了工件的合格率。

3）**校对量规**是用以检验轴用工作量规的量规。它是检查轴用工作量规在制造时是否符合制造公差，在使用中是否已达到磨损极限所用的量规。由于轴用工作量规是内尺寸，不易检验，所以才设立校对量规。孔用工作量规本身是外尺寸，可以较方便地用通用量仪检验，所以不设校对量规。校对量规可分为 3 种。

① "校通 – 通" 量规（代号为 TT）。检验轴用工作量规通规的校对量规。

② "校止 – 通" 量规（代号为 ZT）。检验轴用工作量规止规的校对量规。

③ "校通 – 损" 量规（代号为 TS）。检验轴用工作量规通规磨损极限的校对量规。

6.2　公差带

光滑极限量规是一种精密量具，制造时和普通工件一样，不可避免地会产生加工误差，同样需要规定尺寸公差。光滑极限量规尺寸公差的大小不仅影响其制造的难易程度，还会影响被测工件加工的难易程度以及对被测工件的判定。为确保产品质量，国家标准 GB/T 1957—2006《光滑极限量规　技术条件》规定光滑极限量规公差带不得超越被测工件公差带。

6.2.1　工作量规的公差带

工作量规的尺寸公差（T_1）与被测工件的公差等级和公称尺寸有关。通规由于经常通过被测工件会有较大的磨损，为了延长使用寿命，除规定了尺寸公差外还规定了磨损公差。磨损公差的大小决定了工作量规的使用寿命。止规不经常通过被测工件，故磨损较少，所以不规定磨损公差，只规定尺寸公差。图 6-2 所示为量规尺寸公差带。图中 T_1 为工作量规尺寸公差，Z_1 为通端工作量规尺寸公差带的中心线到工件最大实体尺寸之间的距离，称为位置要素。工作量规通规的尺寸公差带对称于 Z_1 值，且在工件的公差带之内，其磨损极限与工件的最大实体尺寸重合。工作量规止规的尺寸公差带从工件的最小实体尺寸起，向工件的公差带内分布。

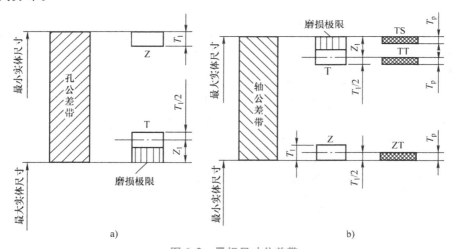

图 6-2　量规尺寸公差带

a）孔用工作量规公差带　b）轴用工作量规及其校对量规公差带

测量极限误差一般取被测孔、轴尺寸公差的 1/10 ~ 1/6。随着孔、轴标准公差等级的降低，这个比值逐渐减小。量规尺寸公差和磨损储量的总和占被测孔、轴标准公差的百分比见表 6-1。

GB/T 1957—2006 规定检验各级工件用的工作量规的尺寸公差 T_1 和通规公差带的位置要素 Z_1 值，见表 6-2。

工作量规的形状和位置误差与工作量规的尺寸公差之间的关系，应遵守包容要求，即量规的几何误差应在工作量规的尺寸公差范围内，并规定工作量规的几何公差为工作量规尺寸公差的 50%。当量规的尺寸公差小于或等于 0.002mm 时，其几何公差取 0.001mm。

表 6-1 量规尺寸公差和磨损储量的总和占被测孔、轴标准公差的百分比（%）

被测孔、轴的标准公差等级	IT6	IT7	IT8	IT9	IT10	IT11	IT12	IT13	IT14	IT15	IT16
$\dfrac{T_1+(Z_1+T_1/2)}{T}$	40	32.9	28	23.5	19.7	16.9	14.4	13.8	12.9	12	11.5

表 6-2 IT6~IT16 级工作量规尺寸公差值及其通规公差带位置要素值　　　（单位：μm）

工件孔或轴的公称尺寸/mm		工件孔或轴的公差等级															
		IT6			IT7			IT8			IT9			IT10			IT11		
大于	至	孔或轴的公差值	T_1	Z_1	孔或轴的公差值	T_1	Z_1	孔或轴的公差值	T_1	Z_1	孔或轴的公差值	T_1	Z_1	孔或轴的公差值	T_1	Z_1	孔或轴的公差值	T_1	Z_1
—	3	6	1.0	1.0	10	1.2	1.6	14	1.6	2	25	2	3	40	2.4	4	60	3	6
3	6	8	1.2	1.4	12	1.4	2	18	2	2.6	30	2.4	4	48	3	5	75	4	8
6	10	9	1.4	1.6	15	1.8	2.4	22	2.4	3.2	36	2.8	5	58	3.6	6	90	5	9
10	18	11	1.6	2	18	2	2.8	27	2.8	4	43	3.4	6	70	4	8	110	6	11
18	30	13	2	2.4	21	2.4	3.4	33	3.4	5	52	4	7	84	5	9	130	7	13
30	50	16	2.4	2.8	25	3	4	39	4	6	62	5	8	100	6	11	160	8	16
50	80	19	2.8	3.4	30	3.6	4.6	46	4.6	7	74	6	9	120	7	13	190	9	19
80	120	22	3.2	3.8	35	4.2	5.4	54	5.4	8	87	7	10	140	8	15	220	10	22
120	180	25	3.8	4.4	40	4.8	6	63	6	9	100	8	12	160	9	18	250	12	25
180	250	29	4.4	5	46	5.4	7	72	7	10	115	9	14	185	10	20	290	14	29
250	315	32	4.8	5.6	52	6	8	81	8	11	130	10	16	210	12	22	320	16	32
315	400	36	5.4	6.2	57	7	9	89	9	12	140	11	18	230	14	25	360	18	36
400	500	40	6	7	63	8	10	97	10	14	155	12	20	250	16	28	400	20	40

工件孔或轴的公称尺寸/mm		工件孔或轴的公差等级														
		IT12			IT13			IT14			IT15			IT16		
大于	至	孔或轴的公差值	T_1	Z_1	孔或轴的公差值	T_1	Z_1	孔或轴的公差值	T_1	Z_1	孔或轴的公差值	T_1	Z_1	孔或轴的公差值	T_1	Z_1
—	3	100	4	9	140	6	14	250	9	20	400	14	30	600	20	40
3	6	120	5	11	180	7	16	300	11	25	480	16	35	750	25	50
6	10	150	6	13	220	8	20	360	13	30	580	20	40	900	30	60
10	18	180	7	15	270	10	24	430	15	35	700	24	50	1100	35	75
18	30	210	8	18	330	12	28	520	18	40	840	28	60	1300	40	90
30	50	250	10	22	390	14	34	620	22	50	1000	34	75	1600	50	110
50	80	300	12	26	460	16	40	740	26	60	1200	40	90	1900	60	130
80	120	350	14	30	540	20	46	870	30	70	1400	46	100	2200	70	150
120	180	400	16	35	630	22	52	1000	35	80	1600	52	120	2500	80	180
180	250	460	18	40	720	26	60	1150	40	90	1850	60	130	2900	90	200
250	315	520	20	45	810	28	66	1300	45	100	2100	66	150	3200	100	220
315	400	570	22	50	890	32	74	1400	50	110	2300	74	170	3600	110	250
400	500	630	24	55	970	36	80	1550	55	120	2500	80	190	4000	120	280

6.2.2　校对量规的公差带

校对量规公差带的分布如下。

（1）"校通－通"量规（TT）　　它的作用是用来检验通规尺寸是否小于下极限尺寸。检验时应通过被校对的轴用通规，其公差带从通规的下极限偏差开始，向轴用通规的公差带内分布。

（2）"校止－通"量规（ZT）　　它的作用是用来检验止规尺寸是否小于下极限尺寸。检验时应通过被校对的轴用止规，其公差带从止规的下极限偏差开始，向轴用止规的公差带内分布。

（3）"校通－损"量规（TS）　　它的作用是校对轴用通规是否已磨损到磨损极限。检验时不应通过被校对的轴用通规。若通过了，则说明所校对的量规已超过磨损极限，应予以报废。它的公差带是从通规的磨损极限开始，向轴用通规的公差带内分布。

国家标准规定三种校对量规的尺寸公差值 T_p 取轴用工作量规的尺寸公差 T_1 的50%，其几何公差应在校对量规的尺寸公差范围内。

根据上述可知，工作量规的公差带完全位于工件极限尺寸范围内，校对量规的公差带完全位于被校对量规的公差带内。从而保证了工件符合国家标准的要求。

6.3　工作量规设计

6.3.1　量规的设计原则及其结构

1. 量规的设计原则

由于形状误差的存在，同一工件表面各处的实际尺寸往往是不同的，即使工件的实际尺寸经检验合格，也可能存在不能装配、装配困难或偶然能够装配也达不到配合要求的情况。所以用量规检验时，为了正确地评定被测工件是否合格，对于遵守包容要求的孔和轴，应按**极限尺寸判断原则**——泰勒原则来验收，即光滑极限量规应遵循泰勒原则来设计。

泰勒原则是指工件的作用尺寸不超过最大实体尺寸，即孔的作用尺寸应大于或等于其下极限尺寸，轴的作用尺寸应小于或等于其上极限尺寸；工件任何位置的实际尺寸应不超过其最小实体尺寸，即孔任何位置的实际尺寸应小于或等于其上极限尺寸，轴任何位置的实际尺寸应大于或等于其下极限尺寸。

工件的作用尺寸由**最大实体尺寸**限制，即把形状误差限制在尺寸公差之内。另外，工件的实际尺寸由最小实体尺寸限制，这样才能保证工件合格并具有互换性，能够自由装配。符合泰勒原则验收的工件是能保证使用要求的。

符合泰勒原则的光滑极限量规应达到如下要求：

1）通规用来控制工件的作用尺寸，它的测量面应具有与孔或轴形状相对应的完整表面，称为全形量规，其定形尺寸（公称尺寸）等于工件的最大实体尺寸，因而与被测工件成面接触，如图6-3b、d所示，且其长度应等于被测工件的配合长度。

2）止规用来控制工件的实际尺寸，它的测量面应为两点状的，称为不全形量规，两测量面之间的尺寸应等于工件的最小实体尺寸，如图 6-3a、c 所示。

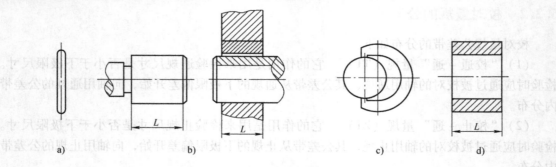

图 6-3　光滑极限量规

若光滑极限量规的设计不符合泰勒原则，则对工件的检验可能造成错误判断。下面以图 6-4 为例，分析量规形状对检验结果的影响。被测工件孔为椭圆形，实际轮廓从 X 方向和 Y 方向都已超出公差带，已属废品。但若用两点式通规检验，可能从 Y 方向通过，若不做多次不同方向检验，则可能发现不了孔已从 X 方向超出公差带。同理，若用全形止规检验，则根本通不过孔，也发现不了孔已从 Y 方向超出公差带。

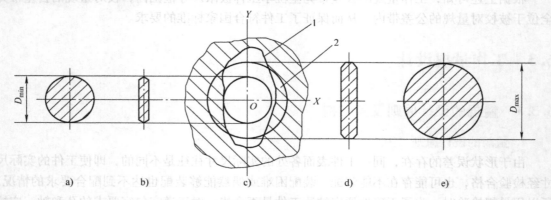

图 6-4　量规形状对检验结果的影响

a）全形通规　b）两点式通规　c）工件　d）两点式止规　e）全形止规
1—实际孔　2—孔的尺寸公差带

　　严格遵守泰勒原则设计的量规，具有既能控制工件尺寸，又能控制工件形状误差的优点。但是，在量规的实际应用中，由于量规制造和使用方面的原因，要求量规形状完全符合泰勒原则是有困难的。因此国家标准中规定，允许在保证被测工件的形状误差（尤其是轴线的直线度、圆度等）不影响工件的配合性质的条件下，使用偏离泰勒原则的量规。

　　通规对泰勒原则的允许偏离如下：

　　1）长度偏离是指允许通规的长度小于工件的配合长度。

　　2）对大尺寸的孔、轴允许用不全形的通端塞规和卡规检验，以代替笨重的全形通规；曲轴的轴颈只能用卡规检验，而不能用环规。

　　止规对泰勒原则的允许偏离如下：

　　1）对点状测量面，由于点接触容易磨损，一般常以小平面、圆柱面或球面代替点。

　　2）检验小孔的止规，为了增加刚度和便于制造，常用全形塞规。

3）对刚性差的薄壁件，由于考虑受力变形，也改用全形止端塞规或环规。

2. 量规的结构型式

检验圆柱形工件的光滑极限量规的型式有很多，合理地选择与使用，对正确地判断检验结果影响很大。图6-5所示为量规型式。

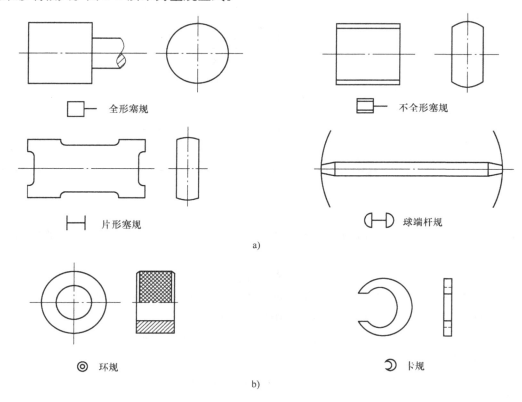

图6-5　量规型式
a）孔用量规　b）轴用量规

按照国家标准推荐，检验孔时，可用下列几种型式的量规，如图6-5a所示。

1）全形塞规具有外圆柱形的测量面。

2）不全形塞规具有部分外圆柱形的测量面。它是从圆柱体上切掉两个轴向部分而形成的，主要是为了减轻重量。

3）片形塞规具有较少部分外圆柱形的测量面。为了避免在使用中的变形，该塞规要具有一定的厚度而做成板型。

4）球端杆规具有球形的测量面，分固定式和调整式两种。每一端测量面与工件的接触半径不能大于工件下极限尺寸的一半。为了避免使用中变形，球端杆规应有足够的刚度。

检验轴时，可用下列型式的量规，如图6-5b所示。

1）环规具有内圆柱面的测量面。为了避免使用中变形，环规应具有一定厚度。

2）卡规具有两个平行的测量面（可改用一个平面与一个球面或圆柱面；也可改用两个与被测工件轴线平行的圆柱面）。这种卡规分固定式和调整式两种类型。

国家标准推荐的量规型式应用尺寸范围见表6-3，可供设计时参考。具体结构型式可参照国家标准 GB/T 10920—2008《螺纹量规和光滑极限量规 型式与尺寸》及有关资料。

表 6-3   国家标准 GB/T 1957—2006 推荐的量规型式应用尺寸范围   （单位：mm）

用途	推荐顺序	工作量规的公称尺寸			
		≤18	>18 ~ 100	>100 ~ 315	>315 ~ 500
工件孔用的通规型式	1	全形塞规		不全形塞规	球端杆规
	2	—	不全形或片形塞规	片形塞规	—
工件孔用的止规型式	1	全形塞规	全形或片形塞规		球端杆规
	2	—	不全形塞规		—
工件轴用的通规型式	1	环规		卡规	
	2	卡规		—	
工件轴用的止规型式	1	卡规			
	2	环规	—		

6.3.2   量规的技术要求

1）量规的测量面不应有锈蚀、毛刺、黑斑、划痕等明显影响外观使用质量的缺陷，其他表面不应有锈蚀和裂纹。

2）塞规的测头与手柄的连接应牢固可靠，在使用过程中不应松动。

3）量规宜采用合金工具钢、碳素工具钢、渗碳钢及其他耐磨材料制造。

4）钢制量规测量面的硬度不应小于 700HV（或 60HRC）。

5）工作量规测量面的表面粗糙度 Ra 值不应大于表 6-4 中的规定。

6）量规应经过稳定性处理。

7）量规的型式和应用尺寸范围参见国家标准推荐的量规型式应用尺寸范围（见表 6-3）。

表 6-4   工作量规测量面的表面粗糙度 Ra 值   （单位：μm）

工作量规	工作量规的公称尺寸/mm		
	≤120	>120 ~ 315	>315 ~ 500
IT6 级孔用工作塞规	0.05	0.1	0.2
IT7 ~ IT9 级孔用工作塞规	0.1	0.2	0.4
IT10 ~ IT12 级孔用工作塞规	0.2	0.4	0.8
IT13 ~ IT16 级孔用工作塞规	0.4	0.8	
IT6 ~ IT9 级轴用工作环规	0.1	0.2	0.4
IT10 ~ IT12 级轴用工作环规	0.2	0.4	0.8
IT13 ~ IT16 级轴用工作环规	0.4	0.8	

6.3.3   量规工作尺寸的计算

光滑极限量规的尺寸及极限偏差计算步骤如下：

1）按 GB/T 1800.1—2020《产品几何技术规范（GPS） 线性尺寸公差 ISO 代号体系

第1部分：公差、偏差和配合的基础》确定被测孔或轴的上、下极限偏差。

2）由表6-2查出工作量规的尺寸公差 T_1 和位置要素 Z_1 值。

3）确定工作量规的形状公差。

4）确定校对量规的尺寸公差。

5）计算各种量规的极限偏差或工作尺寸，画出公差带图。

6.3.4 量规设计应用举例

量规设计包括量规型式的选择和量规工作尺寸的计算。量规型式按照国家标准推荐的选取（见表6-3），优先选用推荐顺序1。量规的具体结构设计还可参看相关的工具专业标准。量规工作尺寸的计算按照6.3.3节的计算步骤进行。

例6-1 设计检验 $\phi 30\text{H8/f7}$ 的孔和轴用各种量规的极限偏差和工作尺寸，并画出工作量规简图。

解：1）由国家标准GB/T 1800.1—2020查出孔与轴的上、下极限偏差为

$$\phi 30\text{H8 孔：} ES = +0.033\text{mm}, EI = 0\text{mm}$$

$$\phi 30\text{f7 轴：} es = -0.020\text{mm}, ei = -0.041\text{mm}$$

2）由表6-2查得工作量规的尺寸公差 T_1 和位置要素 Z_1。

塞规：尺寸公差 $T_1 = 0.0034\text{mm}$；位置要素 $Z_1 = 0.005\text{mm}$

卡规：尺寸公差 $T_1 = 0.0024\text{mm}$；位置要素 $Z_1 = 0.0034\text{mm}$

3）确定工作量规的形状公差。

塞规：形状公差 $T_1/2 = 0.0017\text{mm}$

卡规：形状公差 $T_1/2 = 0.0012\text{mm}$

4）确定校对量规的尺寸公差。

校对量规尺寸公差 $T_p = T_1/2 = 0.0012\text{mm}$

量规公差带如图6-6所示。

5）计算在图样上标注的各种尺寸和极限偏差。

① $\phi 30\text{H8}$ 孔用塞规。

通规 T：上极限偏差 $= EI + Z_1 + T_1/2 = 0\text{mm} + 0.005\text{mm} + 0.0017\text{mm} = +0.0067\text{mm}$

下极限偏差 $= EI + Z_1 - T_1/2 = 0\text{mm} + 0.005\text{mm} - 0.0017\text{mm} = +0.0033\text{mm}$

工作尺寸 $= \phi 30^{+0.0067}_{+0.0033}\text{mm}$

磨损极限 $= D_{\min} = \phi 30\text{mm}$

止规 Z：上极限偏差 $= ES = +0.033\text{mm}$

下极限偏差 $= ES - T_1 = 0.033\text{mm} - 0.0034\text{mm} = +0.0296\text{mm}$

工作尺寸 $= \phi 30^{+0.0330}_{+0.0296}\text{mm}$

② $\phi 30\text{f7}$ 轴用卡规。

通规 T：上极限偏差 $= es - Z_1 + T_1/2 = -0.02\text{mm} - 0.0034\text{mm} + 0.0012\text{mm} = -0.0222\text{mm}$

下极限偏差 $= es - Z_1 - T_1/2 = -0.02\text{mm} - 0.0034\text{mm} - 0.0012\text{mm} = -0.0246\text{mm}$

工作尺寸 $= \phi 30^{-0.0222}_{-0.0246}\text{mm}$

磨损极限 $= d_{\max} = 29.980\text{mm}$

止规 Z：上极限偏差 $= ei + T_1 = -0.041\text{mm} + 0.0024\text{mm} = -0.0386\text{mm}$

下极限偏差 $= ei = -0.041\text{mm}$

工作尺寸 $= \phi30^{-0.0386}_{-0.0410}\text{mm}$

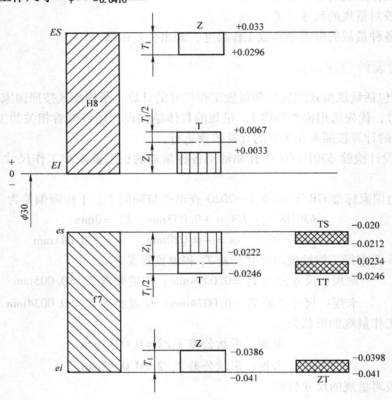

图 6-6　量规公差带

③ 轴用卡规的校对量规。

"校通 – 通" 量规 TT：

上极限偏差 $= es - Z_1 - T_1/2 + T_p = -0.02\text{mm} - 0.0034\text{mm} = -0.0234\text{mm}$

下极限偏差 $= es - Z_1 - T_1/2 = -0.02\text{mm} - 0.0034\text{mm} - 0.0012\text{mm} = -0.0246\text{mm}$

工作尺寸 $= \phi30^{-0.0234}_{-0.0246}\text{mm}$

"校通 – 损" 量规 TS：

上极限偏差 $= es = -0.02\text{mm}$

下极限偏差 $= es - T_p = -0.02\text{mm} - 0.0012\text{mm} = -0.0212\text{mm}$

工作尺寸 $= \phi30^{-0.0200}_{-0.0212}\text{mm}$

"校止 – 通" 量规 ZT：

上极限偏差 $= ei + T_p = -0.041\text{mm} + 0.0012\text{mm} = -0.0398\text{mm}$

下极限偏差 $= ei = -0.041\text{mm}$

工作尺寸 $= \phi30^{-0.0398}_{-0.0410}\text{mm}$

工作量规简图如图 6-7 所示。

量规工作尺寸在图样上可以有两种标注方法，一种是按照工件公称尺寸作为量规的公称尺寸，再标注量规的极限偏差（如例6.1中的标注方法）；另一种是用量规的最大实体尺寸作为公称尺寸来标注，这样，可使上、下极限偏差之一为零值，便于加工，如例6.1中的 $\phi30H8$ 孔用塞规通规 T 的工作尺寸也可标注为 $\phi30.0067_{-0.0034}^{\ 0}\,\mathrm{mm}$。此时所标注的极限偏差的绝对值即为量规尺寸公差。

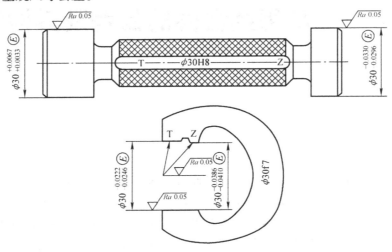

图 6-7　工作量规简图

习　题

6-1　光滑极限量规有哪几类？各有什么用途？为什么孔用工作量规没有校对量规？

6-2　光滑极限量规有什么特点？被测孔或轴的合格条件是什么？

6-3　量规设计应该遵循什么原则？其含义是什么？

6-4　量规有哪些型式？在实际应用中应如何选择量规型式？

6-5　若光滑极限量规的设计不符合泰勒原则，对检验结果有什么影响？

6-6　工作量规有哪些技术要求？

6-7　确定 $\phi18H7/p6$ 孔、轴用工作量规及校对量规的尺寸并画出量规的公差带图。

6-8　有一配合 $\phi45H8/f7$，试用泰勒原则分别写出孔、轴尺寸的合格条件。

第7章

常用结合件的公差及其检测

【学习指导】

本章主要介绍键和花键的公差与配合、圆锥的公差与配合、螺纹联接的公差与配合，要求学生理解键和花键联结的特点和主要参数；重点掌握平键和矩形花键联结公差与配合的选用，能够在图样上正确标注各项公差要求；熟悉选择键和花键公差的原则与方法以及键和花键检测的方法；理解圆锥几何参数及其对互换性的影响；掌握圆锥公差及其给定方法并会正确选用；了解未注圆锥公差角度的极限偏差；熟悉圆锥在大批量生产条件下的检测方法；理解螺纹的主要几何参数及其对互换性的影响，理解螺纹作用中径的概念及保证互换性的条件；了解普通螺纹公差与配合国家标准，能够根据螺纹代号查表确定螺纹大、中、小径的极限偏差；掌握内、外螺纹基本大径、中径和小径的计算方式；熟悉螺纹的各种检测方法。

7.1 键和花键的互换性及其检测

任务引入

键联结和花键联结广泛用于轴和轴上传动件（如带轮、齿轮、链轮、联轴器等）之间的可拆联结，用以传递转矩，有时也作为轴上传动件的导向（如变速箱中变速齿轮内花键与外花键的联结）。

键又称为单键，是一种截面呈矩形的小型机械零件。它的一部分嵌入在轴键槽里，另一部分嵌入安装在轴上的其他零件的孔键槽里，使轴和安装在轴上的零件结合在一起。**键联结**具有制造、使用简单，联结紧凑可靠，安装、拆卸方便，成本低廉等优点。键可分为平键、半圆键、切向键和楔键等多种类型，其中平键的应用最广泛，它又可分为普通平键和导向平键两种类型。

把轴与多个键做成一个整体，形成外花键，将外花键与内花键联结的结构称为**花键联结**。花键分为矩形花键、渐开线花键和三角形花键等几种类型，其中以矩形花键的应用最广泛。花键联结与键联结相比较，前者具有定心精度高、导向性能好、承载能力强等优点。

键和花键联结的互换性要求主要是：应使键和键槽的侧面有充分的有效接触面来承受载荷，以保证联结的强度、使用寿命和可靠性；键嵌入键槽要牢固可靠，防止松动，且便于安装、拆卸。

7.1.1　平键联结的互换性及其检测

1. 平键联结的特点

平键联结由键、轴键槽和轮毂槽三部分组成，如图 7-1 所示，通过键的侧面与轴键槽及轮毂槽的侧面相互接触来传递转矩。在平键联结中，键和轴键槽、轮毂槽的**宽度 b** 是配合尺寸，应规定较严的公差；而键的高度 h 和长度 L 以及轴键槽的深度 t_1 都是非配合尺寸，应给予较松的公差。

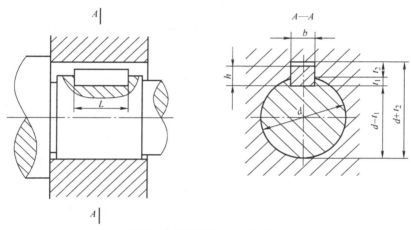

图 7-1　平键联结的几何尺寸

2. 平键联结的公差带和配合种类

在平键联结中，键由型钢制成，是标准件，因此键与键槽宽度的配合采用**基轴制**。国家标准 GB/T 1096—2003，GB/T 1095—2003 对键的宽度规定了一种公差带 h8，对轴键槽和轮毂槽的宽度各规定了三种公差带，构成三种不同性质的配合，以满足各种用途的需要。键宽度公差带分别与三种键槽宽度公差带形成三组配合，如图 7-2 所示。平键联结的三组配合及应用场合见表 7-1。

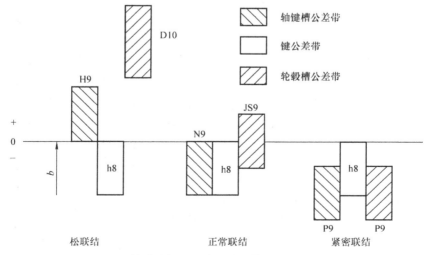

图 7-2　平键联结键宽度与三种键槽宽度公差带示意图

在平键联结中，轴键槽深度 t_1 和轮毂槽深度 t_2 的极限偏差由国家标准 GB/T 1095—2003《平键　键槽的剖面尺寸》专门规定，见表 7-2。为了便于测量，在图样上对轴键槽深度和轮毂槽深度分别标注为"$d-t_1$"和"$d+t_2$"（此处 d 为孔、轴的公称尺寸）。

表 7-1　平键联结的三组配合及应用场合

配合种类	尺寸 b 的公差带			配合性质及应用场合
	键	轴键槽	轮毂槽	
松联结	h8	H9	D10	键在轴上及轮毂中均能滑动，主要用于导向平键，轮毂可在轴上做轴向移动
正常联结	h8	N9	JS9	键在轴上及轮毂中均固定，用于载荷不大的场合
紧密联结	h8	P9	P9	键在轴上及轮毂中均固定，而比正常联结更紧，主要用于载荷较大、载荷具有冲击性以及双向传递转矩的场合

表 7-2　普通平键键槽的尺寸及公差　　　　　　　　　（单位：mm）

键尺寸 $b \times h$	键　　槽									
	宽度 b						深度			
	公称尺寸	极限偏差					轴 t_1		毂 t_2	
		正常联结		紧密联结	松联结		公称尺寸	极限偏差	公称尺寸	极限偏差
		轴 N9	毂 JS9	轴和毂 P9	轴 H9	毂 D10				
2×2	2	−0.004 −0.029	±0.0125	−0.006 −0.031	+0.025 0	+0.060 +0.020	1.2	+0.1 0	1.0	+0.1 0
3×3	3						1.8		1.4	
4×4	4	0 −0.030	±0.015	−0.012 −0.042	+0.030 0	+0.078 +0.030	2.5		1.8	
5×5	5						3.0		2.3	
6×6	6						3.5		2.8	
8×7	8	0 −0.036	±0.018	−0.015 −0.051	+0.036 0	+0.098 +0.040	4.0		3.3	
10×8	10						5.0		3.3	
12×8	12	0 −0.043	±0.0215	−0.018 −0.061	+0.043 0	+0.120 +0.050	5.0	+0.2 0	3.3	+0.2 0
14×9	14						5.5		3.8	
16×10	16						6.0		4.3	
18×11	18						7.0		4.4	
20×12	20	0 −0.052	±0.026	−0.022 −0.074	+0.052 0	+0.149 +0.065	7.5		4.9	
22×14	22						9.0		5.4	
25×14	25						9.0		5.4	
28×16	28						10.0		6.4	
32×18	32	0 −0.062	±0.031	−0.026 −0.088	+0.062 0	+0.180 +0.080	11.0	+0.3 0	7.4	+0.3 0
36×20	36						12.0		8.4	
40×22	40						13.0		9.4	
45×25	45						15.0		10.4	
50×28	50						17.0		11.4	

矩形普通平键高度 h 的公差带一般采用h11；普通方形平键由于其宽度和高度不易区分，这种平键高度的公差带采用h8。平键长度 L 的公差带采用h14。轴键槽长度上的公差带采用H14。

3. 平键联结的几何公差和表面粗糙度的选用及图样标注

键与键槽配合的松紧程度不仅取决于它们的配合尺寸公差带，还与它们配合表面的几何误差有关，因此应分别规定轴键槽宽度的中心平面对轴的基准轴线和轮毂槽宽度的中心平面对孔的基准轴线的**对称度公差**。该对称度公差与键槽宽度的尺寸公差及孔、轴尺寸公差的关系可以采用独立原则或最大实体要求。键槽对称度公差采用独立原则时，使用普通计量器具测量；键槽对称度公差采用最大实体要求时，应使用位置量规检验。对称度公差等级按 7～9 级选取，以 b 为公称尺寸。

当键长 L 与键宽 b 的比值大于或等于8时，还应规定键的两工作侧面在长度方向上的平行度要求。作为主要配合面，键和键槽的配合表面粗糙度参数 Ra 取 $1.6～3.2\mu m$，非配合表面粗糙度参数 Ra 取 $6.3～12.5\mu m$。轴键槽和轮毂槽剖面尺寸及其公差带、键槽的几何公差和表面粗糙度要求在图样上的标注示例，如图7-3所示（以 $\phi56H7/h6$ 为例，采用包容要求）。

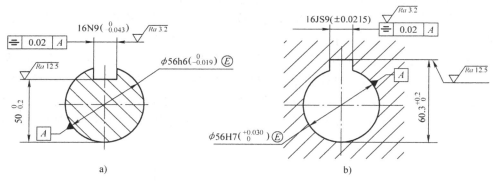

图7-3 键槽尺寸、几何公差和表面粗糙度要求在图样上的标注示例

a）轴键槽 b）轮毂槽

4. 平键的检测

键和键槽的尺寸可以用千分尺、游标卡尺等普通计量器具来测量。键槽对其轴线的对称度误差可用图7-4所示方法进行测量。

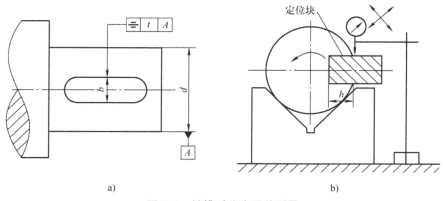

图7-4 键槽对称度误差测量

如图 7-4b 所示，被测零件（轴）以其基准部位放置在 V 形支承座上，以平板作为测量基准，用 V 形支承座模拟轴的基准轴线，它平行于平板。用定位块（或量块）模拟轴键槽中心平面。首先进行截面测量，将置于平板上的指示器的测头与定位块的顶面接触，沿定位块的一个横截面移动，并稍微转动被测零件来调整定位块的位置，使指示器沿定位块这个横截面移动的过程中其示值始终稳定为止，因而确定定位块沿轴向与平板平行。测量定位块到平板的距离，再把被测零件旋转 180°，重复上述测量，得到该截面上下两对应点的读数差为 a，该截面对称度误差为

$$f_{\text{截}} = \frac{ah}{(d-h)} \tag{7-1}$$

式中　d——轴的公称直径；

　　　h——轴键槽深度。

接着再沿轴键槽长度方向进行测量，取长度方向上两点的最大读数差为长度方向上对称度误差，即

$$f_{\text{长}} = a_{\text{高}} - a_{\text{低}} \tag{7-2}$$

取 $f_{\text{截}}$ 和 $f_{\text{长}}$ 中的最大值作为该零件对称度误差的近似值。

在批量生产中，键槽尺寸及其对轴线的对称度误差可用量规检验，如图 7-5 所示。轮毂键槽对称度公差与其宽度的尺寸公差及基准孔孔径的尺寸公差的关系均采用最大实体要求。这时，轮毂键槽对称度误差可用图 7-5a 所示的轮毂键槽对称度量规检验。该量规以圆柱面作为定位表面模拟基准轴线，来检验轮毂键槽对称度误差，若它能够同时自由通过轮毂的基准孔和被测轮毂键槽，则表示合格。轴键槽对称度公差与轴键槽宽度的尺寸公差的关系采用最大实体要求，而该对称度公差与轴颈的尺寸公差的关系采用独立原则。这时轴键槽对称度

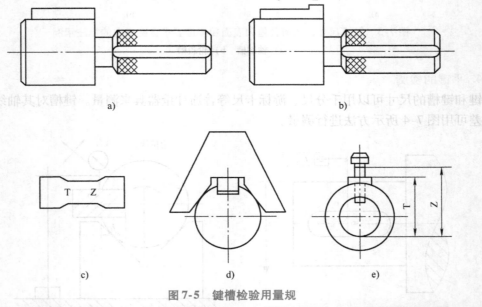

图 7-5　键槽检验用量规

a）轮毂键槽对称度量规　b）检验轮毂键槽深（$d+t_2$）的深级式量规　c）检验键槽宽用板式量规

d）轴键槽对称度量规　e）检验轴键槽深（$d-t_1$）的量规

误差可用图 7-5d 所示的量规检验。该量规以其 V 形表面作为定心表面以体现基准轴线，来检验轴键槽对称度误差，若 V 形表面与轴的表面接触，且量杆能够进入被测轴键槽，则表示合格。图 7-5b 所示为检验轮毂键槽深（$d + t_2$）的深级式量规；图 7-5c 所示为检验键槽宽用板式量规；图 7-5e 所示为检验轴键槽深（$d - t_1$）的量规，这三种量规是检验尺寸误差的极限量规，具有通端和止端，检验时通端能通过且止端不能通过为合格。

7.1.2　花键联结的互换性及其检测

1. 花键联结的特点

花键的使用要求是：具有足够的联结强度、能可靠地传递转矩；满足定心精度要求；保证滑动联结的导向精度和移动的灵活性；对固定联结应具有可装配性等。花键联结的公差与配合特点如下：

（1）**多参数配合**　花键相对于圆柱配合或单键联结而言，它的配合参数较多。除键宽（键槽宽）之外，还有定心尺寸、非定心尺寸、齿宽和键长等，其中最为关键的是**定心尺寸**的精度要求。

（2）**采用基孔制配合**　内花键通常用拉刀（或插齿刀）加工，生产率高，能够获得比较理想的精度。采用**基孔制**，可减少拉刀的规格数量。用改变外花键的公差带位置的方法，就可以得到不同配合，从而满足不同场合的需要。

（3）**必须考虑几何误差的影响**　由于花键在加工过程中，不可避免地存在几何误差，为限制几何误差对花键配合的影响，除规定花键的尺寸公差外，还必须规定几何公差，或规定可限制几何误差的综合公差。

2. 矩形花键的主要参数和定心方式

矩形花键的主要尺寸参数有小径 d、大径 D、键宽（键槽宽）B，如图 7-6 所示。GB/T 1144—2001《矩形花键尺寸、公差和检验》规定了矩形花键的尺寸系列、定心方式、公差与配合、标注方法和检测规则。矩形花键的键数为**偶数**，即 6、8、10 三种，以便加工和检测。按承载能力，对公称尺寸规定了**轻、中**两个系列，同一小径的轻系列和中系列的键数相同，键宽（键槽宽）也相同，仅大径不相同。中系列的键高尺寸较大，承载能力强，轻系列的键高尺寸较小，承载能力相对较低。矩形花键的尺寸系列见表 7-3。

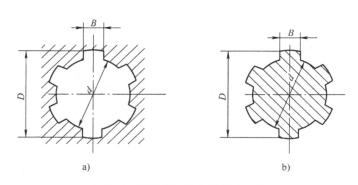

a)　　　　　　　　　　　　b)

图 7-6　矩形花键的主要尺寸参数

表 7-3　矩形花键的尺寸系列　　　　　　　　（单位：mm）

小径 d	轻系列 规格 N×d×D×B	键数 N	大径 D	键宽 B	中系列 规格 N×d×D×B	键数 N	大径 D	键宽 B
11	—	—	—	—	6×11×14×3		14	3
13					6×13×16×3.5		16	3.5
16	—	—	—	—	6×16×20×4	6	20	4
18					6×18×22×5		22	
21					6×21×25×5		25	5
23	6×23×26×6		26		6×23×28×6		28	
26	6×26×30×6		30	6	6×26×32×6		32	6
28	6×28×32×7	6	32	7	6×28×34×7		34	7
32	6×32×36×6		36	6	8×32×38×6		38	6
36	8×36×40×7		40	7	8×36×42×7		42	7
42	8×42×46×8		46	8	8×42×48×8		48	8
46	8×46×50×9	8	50	9	8×46×54×9	8	54	9
52	8×52×58×10		58		8×52×60×10		60	
56	8×56×62×10		62	10	8×56×65×10		65	10
62	8×62×68×12		68	12	8×62×72×12		72	12
72	10×72×78×12		78		10×72×82×12		82	12
82	10×82×88×12		88	12	10×82×92×12		92	
92	10×92×98×14	10	98	14	10×92×102×14	10	102	14
102	10×102×108×16		108	16	10×102×112×16		112	16
112	10×112×120×18		120	18	10×112×125×18		125	18

　　在矩形花键联结中，要使 D、d 和 B 这三个尺寸同时起定心配合作用是很困难的，也是没有必要的。因为即使三个尺寸都加工得很准确，也会因为它们之间位置误差的影响而导致不能良好装配。所以，为了保证使用性能，便于加工和检测，在实际设计中，只能选择一个结合面作为主要配合面，对其精度规定较高的要求，以保证配合性质和定心精度。其他两个参数可规定较低精度，应该有足够的间隙。矩形花键理论上可以有三种定心方式，即小径 d 定心、大径 D 定心和键宽（键槽宽）B 定心（键侧定心），如图 7-7 所示。小径定心和大径定心方式的定心精度比键侧定心方式的精度高。而键和键槽的侧面无论是否作为定心表面，其键宽（键槽宽）B 都应具有足够的精度，因为转矩和导向是通过键和键槽的侧面传递的。

　　国家标准 GB/T 1144—2001 规定矩形花键联结采用**小径定心**。这是因为随着科学技术的发展，对花键联结的机械强度、硬度、耐磨性和几何精度的要求都提高了。内、外花键表面一般要求淬硬（40HRC 以上）。淬硬后应采用磨削来修正热处理变形，以保证定心表面的精度要求。采用小径定心时，对热处理后的变形，外花键小径可利用成形磨削来修正，内花键小径可利用内圆磨削来修正，而且用内圆磨削还可以使小径达到更高的尺寸精度、形状精度和表面粗糙度的要求；采用大径定心时，内花键的大径精度一般靠定值刀具切削来保证，这对热处理过的孔是很困难的。此外，内花键尺寸精度要求高时，如 IT5 级和 IT6 级精度齿轮的内花键，定心表面尺寸的标准公差等级分别为 IT5 和 IT6，采用大径定心则用拉削内花键而不能达到高精度大径要求，而采用小径定心就可以通过磨削达到高精度小径要求，非定心大径 D 可采用较大的公差等级，其表面留有较大的间隙以保证它们不接触，从而可以获得更高的定心精度和更长的使用寿命，并能保证和提高花键的表面质量。

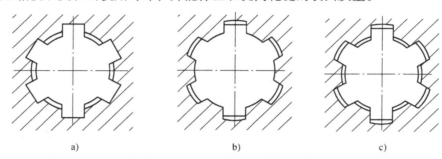

图 7-7　矩形花键联结的定心方式
a）大径定心　b）小径定心　c）键侧定心

3. 矩形花键的公差与配合

（1）矩形花键联结的公差与配合　国家标准 GB/T 1144—2001 规定，矩形花键联结采用**基孔制**，以减少加工和检验内花键用花键拉刀和花键量规的规格和数量。矩形花键联结的配合精度按使用要求可分为一般用和精密传动用两种。矩形花键的尺寸公差带见表 7-4。

表 7-4　矩形花键的尺寸公差带（GB/T 1144—2001）

内花键				外花键			装配形式
d	D	B		d	D	B	
		拉削后不热处理	拉削后热处理				
一般用							
H7	H10	H9	H11	f7	d10		滑动
				g7	a11	f9	紧滑动
				h7		h10	固定
精密传动用							
H5	H10	H7、H9		f5	a11	d8	滑动
				g5		f7	紧滑动
				h5		h8	固定
H6				f6		d8	滑动
				g6		f7	紧滑动
				h6		h8	固定

注：1. 精密传动用的内花键，当需要控制键侧配合间隙时，槽宽公差带选用 H7，一般情况选用 H9。

　　2. d 为 H6 和 H7 的内花键，允许与提高一级的外花键配合。

矩形花键联结的公差与配合选用主要是确定联结精度和装配形式。联结精度的选用主要是根据定心精度要求和传递转矩大小而定，其公差带选用的一般原则是：定心精度要求高，或传递转矩大时，应选用精密传动用尺寸公差带；反之可用一般用尺寸公差带。矩形花键按装配形式分为**滑动、紧滑动**和**固定**三种配合。前两种联结方式，用于内、外花键之间工作时要求相对移动的情况。固定联结方式，用于内、外花键之间无轴向相对移动的情况。装配形式的选用根据内、外花键之间是否有轴向移动，确定选固定联结还是滑动联结。对于内、外花键之间要求有相对移动，而且移动距离长、移动频率高的情况，则选用配合间隙较大的滑动联结，以保证运动灵活性及配合面间有足够的润滑油层。对于内、外花键之间定心精度要求高，传递转矩大或经常有反向转动的情况，则选用配合间隙较小的紧滑动联结。对于内、外花键之间无须在轴向移动，只用来传递转矩，则选用固定联结。由于几何误差的影响，矩形花键各结合面的配合均比预定的要紧。

（2）矩形花键联结的几何公差和表面粗糙度

1）几何公差要求。内、外花键是具有复杂表面的结合件，且键长与键宽（键槽宽）的比值较大，因此还需有几何公差要求。为保证配合性质，内、外花键的小径 d 定心表面的形状公差和尺寸公差的关系应遵守包容要求，即当小径 d 的实际尺寸处于最大实体状态时，它必需具有理想形状，只有当小径 d 的实际尺寸偏离最大实体状态时，才允许有形状误差。矩形花键的位置度公差 t_1（见表 7-5）符合最大实体要求，它综合控制各键之间的角位置。各键对轴线的位置度误差，用综合花键量规（位置量规）检验。矩形花键位置度公差标注如图 7-8 所示。当单件小批生产时，采用单项测量，可规定等分度公差和对称度公差，键和键槽的等分度公差和对称度公差遵守独立原则。国家标准规定，花键的等分度公差等于其对称度公差，矩形花键对称度公差 t_2 见表 7-6。矩形花键对称度公差标注如图 7-9 所示。另外，对于较长花键，可根据产品性能自行规定键侧对轴线的平行度公差，标准未做规定。

表 7-5　矩形花键位置度公差 t_1　　　　　　　　　　　　（单位：mm）

键槽宽或键宽 B			3	3.5 ~ 6	7 ~ 10	12 ~ 18
t_1	键槽宽		0.010	0.015	0.020	0.025
	键宽	滑动、固定	0.010	0.015	0.020	0.025
		紧滑动	0.006	0.010	0.013	0.016

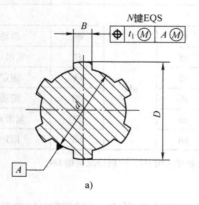
a)

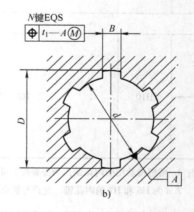
b)

图 7-8　矩形花键位置度公差标注
a）外花键　b）内花键

表7-6　矩形花键对称度公差 t_2　（单位：mm）

键槽宽或键宽 B		3	3.5 ~ 6	7 ~ 10	12 ~ 18
t_2	一般用	0.010	0.012	0.015	0.018
	精密传动用	0.006	0.008	0.009	0.011

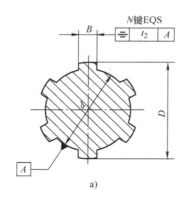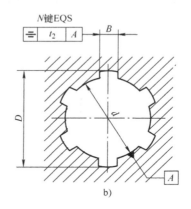

a)　　　　　　　　　　　　　　　　　b)

图7-9　矩形花键对称度公差标注

a) 外花键　b) 内花键

2）表面粗糙度要求。矩形花键的表面粗糙度参数一般是标注 Ra 的上限值要求，见表7-7。

表7-7　矩形花键表面粗糙度推荐值 Ra（不大于）　（单位：μm）

加工表面	内花键	外花键
大径	6.3	3.2
小径	0.8	0.8
键侧	3.2	0.8

（3）矩形花键联结的标注代号　矩形花键在图样上的标注内容为键数 N × 小径 d × 大径 D × 键宽（键槽宽）B，并注明矩形花键国家标准号 GB/T 1144—2001。例如，花键键数 N 为 6，小径 d 的配合为 23H7/f7、大径 D 的配合为 26H10/a11、键宽（键槽宽）B 的配合为 6H11/d10，其标注方法如下。

花键副在装配图上标注配合代号为

$$6 \times 23 \frac{H7}{f7} \times 26 \frac{H10}{a11} \times 6 \frac{H11}{d10} \quad \text{GB/T 1144—2001}$$

内、外花键在零件图上标注尺寸公差带代号为

内花键：$6 \times 23H7 \times 26H10 \times 6H11$　GB/T 1144—2001

外花键：$6 \times 23f7 \times 26a11 \times 6d10$　GB/T 1144—2001

4. 矩形花键的检测

矩形花键的检测分为单项检测和综合检测。

在单件小批生产中，用普通计量器具如千分尺、游标卡尺、指示表等对花键小径 d、大径 D 和键宽（键槽宽）B 以及几何误差分别检测。小径定心表面也可用光滑极限量规检测，

大径和键宽（键槽宽）用两点法检测。

在批量生产中，为了保证花键装配形式的要求，验收内、外花键应该首先使用花键塞规和花键环规（见图 7-10）分别检测内、外花键的实际尺寸和几何误差的综合结果，即同时检测花键的小径、大径、键宽（键槽宽）表面的实际尺寸和形状误差以及各键（键槽）的位置度误差，大径表面轴线对小径表面轴线的同轴度误差等的综合结果。花键量规能自由通过被测花键，表示合格。

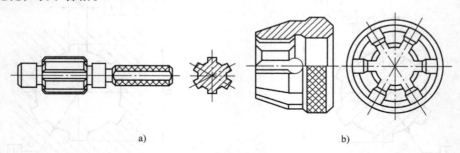

图 7-10　矩形花键位置量规

a）花键塞规　b）花键环规

图 7-10a 所示为花键塞规，其前端的圆柱面用来引导塞规进入内花键，其后端的花键则用来检测内花键各部位。图 7-10b 所示为花键环规，其前端的圆孔用来引导环规进入外花键，其后端的花键则用来检测外花键各部位。

被测花键用花键量规检测合格后，还要用单项止端塞规和单项止端卡规检测或者使用普通计量器具分别检测其小径、大径和键宽（键槽宽）的实际尺寸是否超出各自的最小实体尺寸。单项止端量规应不能通过，这样才表示合格。如果被测花键不能被花键量规通过，或者能够被单项止端量规通过，则表示被测花键不合格。

7.2　圆锥结合的互换性及其检测

任务引入

一条与轴线成一定角度，且一端相交于轴的直线段（母线），绕该轴线旋转一周所形成的旋转体称为圆锥，如图 7-11a 所示。圆锥又分外圆锥和内圆锥，外圆锥是外部表面为圆锥表面的旋转体，如图 7-11b 所示；内圆锥是内部表面为圆锥表面的旋转体，如图 7-11c 所示。圆锥配合是由公称圆锥直径和公称圆锥角或公称锥度相同的内、外圆锥形成的。圆锥尺寸公差带的数值是按公称圆锥直径给出的。圆锥配合在各类机器结构中广泛采用，是常用的典型结构。它具有同轴度高、密封性好、能以较小的过盈量传递较大转矩等优点，其配合要素为内、外圆锥表面。由于圆锥是由直径、长度、锥度（圆锥角）构成的多尺寸要素，所以在圆锥配合中，影响互换性的因素比较多。圆锥配合的基本参数如下：

（1）圆锥角（α）　在通过圆锥轴线的截面内，两条素线之间的夹角称为圆锥角，如图 7-11a 所示。圆锥角的代号为 α。

（2）圆锥素线角（$\alpha/2$）　圆锥素线与其轴线之间的夹角称为圆锥素线角，它等于圆锥角的一半，代号为 $\alpha/2$。

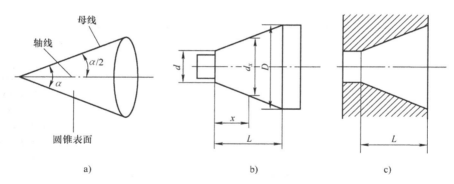

图 7-11 圆锥的基本参数

a）圆锥 b）外圆锥 c）内圆锥

（3）圆锥直径（D、d、d_x）　圆锥在垂直于轴线截面上的直径称为圆锥直径，如图 7-11b 所示。常用的圆锥直径有圆锥最大直径 D、圆锥最小直径 d 和给定截面上的圆锥直径 d_x。

（4）圆锥长度（L）　圆锥最大直径与圆锥最小直径所在截面之间的轴向距离称为圆锥长度，如图 7-11b 所示。

（5）锥度（C）　最大圆锥直径和最小圆锥直径之差与该两截面间的轴向距离 L 之比，即

$$C = \frac{D - d}{L} \tag{7-3}$$

锥度 C 与圆锥角 α 的关系可表示为

$$C = 2\tan\frac{\alpha}{2} = 1 : \frac{1}{2}\cot\frac{\alpha}{2}$$

锥度 C 是一个无量纲的量，常用比例表示。

为了减少加工圆锥工件所用的专用刀具、量具种类和规格，国家标准 GB/T 157—2001《产品几何量技术规范（GPS）　圆锥的锥度与锥角系列》规定了一般用途圆锥的锥度和圆锥角 α 系列（见表 7-8）、特殊用途圆锥的锥度和圆锥角系列（见表 7-9），设计时应从国家标准系列中选用标准圆锥角 α 或标准锥度 C。大于 120° 的圆锥角和 1：500 以下的锥度未列入标准。

限定一个圆锥的公称尺寸，根据圆锥的制造工艺不同，有以下几种情况：

1）一个公称圆锥直径、公称圆锥长度和公称锥度。

2）一个公称圆锥直径、公称圆锥长度和公称圆锥角。

3）两个公称圆锥直径、公称圆锥长度。

（6）基面距（a）　相互配合的内、外圆锥基面之间的距离称为基面距，如图 7-12 所示。基面距用来确定两配合圆锥的轴向相对位置。它的位置取决于所选定的公称直径。若以内圆锥的大端直径为公称直径，则基面距的位置在大端，如图 7-12a 所示；若以外圆锥的小端直径为公称直径，则基面距的位置在小端，如图 7-12b 所示。

表 7-8　一般用途圆锥的锥度和圆锥角系列

基本值		推　算　值		
系列 1	系列 2	圆锥角 α		锥度 C
120°				1:0.2886751
90°				1:0.5000000
	75°			1:0.6516127
60°				1:0.8660254
45°				1:1.2071068
30°				1:1.8660254
1:3		18°55′28.7199″	18.92464442°	
	1:4	14°15′0.1177″	14.25003270°	
1:5		11°25′16.2706″	11.42118627°	
	1:6	9°31′38.2202″	9.52728338°	
	1:7	8°10′16.4408″	8.17123356°	
	1:8	7°9′9.6075″	7.15266875°	
1:10		5°43′29.3176″	5.72481045°	
	1:12	4°46′18.7970″	4.77188806°	
	1:15	3°49′5.8975″	3.81830487°	
1:20		2°51′51.0925″	2.86419237°	
1:30		1°54′34.8570″	1.90968251°	
1:50		1°8′45.1586″	1.14587740°	
1:100		34′22.6309″	0.57295302°	
1:200		17′11.3219″	0.28647830°	
1:500		6′52.5295″	0.11459152°	

表 7-9　特殊用途圆锥的锥度和圆锥角系列

基本值	推　算　值		锥度 C	说　明
	圆锥角 α		锥度 C	说　明
11°54′			1:4.7974511	纺织机械和附件
8°40′			1:6.5984415	纺织机械和附件
7:24	16°35′39.4443″	16.59429008°	1:3.4285714	机床主轴、工具配合
1:12.262	4°40′12.1514″	4.67004205°		贾各锥度 No.2
1:12.972	4°24′52.9039″	4.41469552°		贾各锥度 No.1
1:15.748	3°38′13.4429″	3.63706747°		贾各锥度 No.33
1:18.779	3°3′1.2070″	3.05033527°		贾各锥度 No.3
1:19.002	3°0′52.3956″	3.01455434°		莫氏锥度 No.5
1:19.180	2°59′11.7258″	2.98659050°		莫氏锥度 No.6
1:19.212	2°58′53.8255″	2.98161820°		莫氏锥度 No.0
1:19.254	2°58′30.4217″	2.97511713°		莫氏锥度 No.4
1:19.264	2°58′24.8644″	2.97357343°		贾各锥度 No.6
1:19.922	2°52′31.4463″	2.87540176°		莫氏锥度 No.3
1:20.020	2°51′40.7960″	2.86133223°		莫氏锥度 No.2
1:20.047	2°51′26.9283″	2.85748008°		莫氏锥度 No.1
1:20.288	2°49′24.7802″	2.82355006°		贾各锥度 No.0

（7）轴向位移（E_a） 相互配合的内、外圆锥，从实际初始位置到终止位置移动的距离称为轴向位移，如图 7-13 所示。

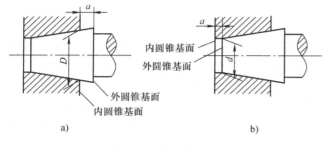

图 7-12 圆锥的基面距 a

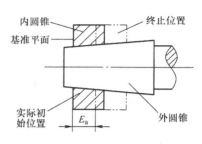

图 7-13 轴向位移 E_a

圆锥参数误差对圆锥配合的影响主要表现如下：

（1）圆锥直径误差对基面距的影响 对于结构型圆锥，由于基面距确定，直径误差影响圆锥配合的实际间隙或过盈的大小；对于位移型圆锥，直径误差影响圆锥配合的实际初始位置，对装配后的基面距产生影响。

（2）圆锥角误差对基面距的影响 圆锥角误差对基面距也会产生影响。若以内圆锥的最大圆锥直径 D 为配合直径，基面距 a 在大端，设直径无误差，有两种可能的情况。

1）外圆锥角误差大于内圆锥角误差，此时内、外圆锥在大端处接触，对基面距的影响较小，可以略去不计。

2）内圆锥角误差大于外圆锥角误差，此时内、外圆锥在小端处接触，对基面距的影响较大。

（3）圆锥形状误差对配合的影响 圆锥形状误差是指素线直线度误差和横截面的圆度误差，主要影响配合表面的接触精度。对于间隙配合，它会使其间隙大小不均匀，磨损加快，影响使用寿命；对于过盈配合，它会使接触面积减小，传递转矩减小，连接不可靠；对于紧密配合，它会影响其密封性。

7.2.1 圆锥公差及其应用

1. 基本术语

（1）公称圆锥 由设计给定的理想圆锥称为公称圆锥。它由公称圆锥直径、公称圆锥长度和公称圆锥角或公称锥度确定。在进行圆锥的精度设计时，应从公称圆锥着手，规定相应的公差。

（2）实际圆锥 实际存在并与周围介质分隔的圆锥称为实际圆锥。它是包含了加工的尺寸误差、形状误差和测量误差的实际几何体，是通过测量可以得到的圆锥，如图 7-14 所示。

（3）实际圆锥角 在实际圆锥的任一轴向截面内，包容其素线且距离为最小的两对平行直线之间的夹角称为实际圆锥角，如图 7-14 所示。

（4）极限圆锥 与公称圆锥共轴且圆锥角相等，直径分别为上极限直径和下极限直径的两个圆锥称为极限圆锥。在垂直圆锥

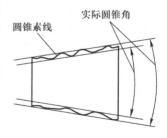

图 7-14 实际圆锥及圆锥角

轴线的任一截面上，这两个圆锥的直径差都相等。极限圆锥是实际圆锥允许变动的界限。

（5）极限圆锥角　允许的上极限或下极限圆锥称为极限圆锥角，这两极限圆锥角限定的区域为圆锥角公差带。

2. 圆锥公差

国家标准 GB/T 11334—2005《产品几何量技术规范（GPS）　圆锥公差》，适用于锥度 C 为 $1:3 \sim 1:500$、圆锥长度 L 为 $6 \sim 630\text{mm}$ 的光滑圆锥。国家标准中规定了圆锥直径公差、圆锥角公差、圆锥形状公差和给定截面圆锥直径公差四个圆锥公差项。

（1）圆锥直径公差 T_D　圆锥任意一个径向截面上直径的允许变动量称为圆锥直径公差，其公差带为两个极限圆锥所限定的区域，如图 7-15 所示。它是以公称圆锥直径（通常取最大圆锥直径 D）作为公称尺寸，按国家标准 GB/T 1800.1—2020 规定的标准公差选取，适合于圆锥长度内的任一直径，其配合的标注方法与圆柱配合相同。对于有配合要求的圆锥，其内、外圆锥直径公差带位置，按国家标准 GB/T 12360—2005 中有关规定选取。对于无配合要求的圆锥，一般采用基本偏差 JS 或 js 确定内、外圆锥的公差带位置。

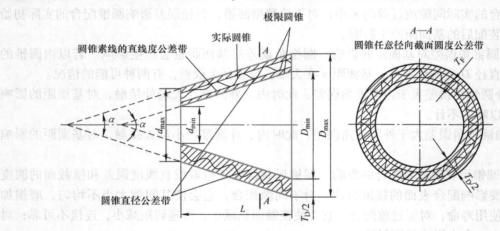

图 7-15　极限圆锥与圆锥直径公差带及圆锥形状公差带

（2）圆锥角公差 AT　圆锥角的允许变动量称为圆锥角公差，其公差带是两个极限圆锥角所限定的区域，如图 7-16 所示。GB/T 11334—2005 对圆锥角公差规定了十二个等级，用 $AT1$，$AT2$，$\cdots$，$AT12$ 表示。其中 $AT1$ 级精度最高，其余依次降低。$AT4 \sim AT9$ 级常用的圆锥角公差数值见表 7-10。表 7-10 中数值用于棱体的角度时，以该角短边长度作为 L 选取公差数值。如需要更高或更低等级的圆锥角公差时，按公比 1.6 向两端延伸得到。更高等级用 $AT0$、$AT01$ 等表示，更低等级用 $AT13$、$AT14$ 等表示。

为了加工和检验方便，圆锥角公差有两种表示形式。

1）AT_α 用角度单位微弧度（μrad）或以度、分、秒 [（°）、（′）、（″）] 表示。$1\mu\text{rad}$ 等于半径为 1m、弧长为 $1\mu\text{m}$ 时所产生的角度。

2）AT_D 用长度单位微米（μm）表示。它是

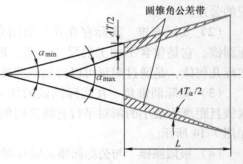

图 7-16　圆锥角公差带

用与圆锥轴线垂直且距离为 L 的两端面直径变动量之差所表示的圆锥角公差。

AT_D 与 AT_α 的换算关系为

$$AT_D = AT_\alpha \times L \times 10^{-3} \tag{7-4}$$

在式（7-4）中，AT_D、AT_α 和 L 的单位分别为 μm、μrad 和 mm。

AT_D 值应按式（7-4）计算，表7-10中仅给出与圆锥长度 L 的尺寸段相对应的 AT_D 范围值。AT_D 计算结果的尾数按 GB/T 8170—2008 的规定进行修正，其有效位数应与表7-10中所列公称圆锥长度 L 尺寸段的最大范围值的位数相同。

表 7-10 $AT4 \sim AT9$ 级常用的圆锥角公差数值

公称圆锥长度 L/mm		圆锥角公差等级								
		AT4			AT5			AT6		
		AT_α		AT_D	AT_α		AT_D	AT_α		AT_D
大于	至	μrad	(″)	μm	μrad	(″)	μm	μrad	(′) (″)	μm
16	25	125	26″	>2.0 ~3.2	200	41″	>3.2 ~5.0	315	1′05″	>5.0 ~8.0
25	40	100	21″	>2.5 ~4.0	160	33″	>4.0 ~6.3	250	52″	>6.3 ~10.0
40	63	80	16″	>3.2 ~5.0	125	26″	>5.0 ~8.0	200	41″	>8.0 ~12.5
63	100	63	13″	>4.0 ~6.3	100	21″	>6.3 ~10.0	160	33″	>10.0 ~16.0
100	160	50	10″	>5.0 ~8.0	80	16″	>8.0 ~12.5	125	26″	>12.5 ~20.0

公称圆锥长度 L/mm		圆锥角公差等级								
		AT7			AT8			AT9		
		AT_α		AT_D	AT_α		AT_D	AT_α		AT_D
大于	至	μrad	(′) (″)	μm	μrad	(′) (″)	μm	μrad	(′) (″)	μm
16	25	500	1′43″	>8.0 ~12.5	800	2′45″	>12.5 ~20.0	1250	4′18″	>20 ~32
25	40	400	1′22″	>10.0 ~16.0	630	2′10″	>16.0 ~25.0	1000	3′26″	>25 ~40
40	63	315	1′05″	>12.5 ~20.0	500	1′43″	>20.0 ~32.0	800	2′45″	>32 ~50
63	100	250	52″	>16.0 ~25.0	400	1′22″	>25.0 ~40.0	630	2′10″	>40 ~63
100	160	200	41″	>20.0 ~32.0	315	1′05″	>32.0 ~50.0	500	1′43″	>50 ~80

圆锥角的极限偏差可按单向或双向（对称或不对称）取值，如图7-17所示。

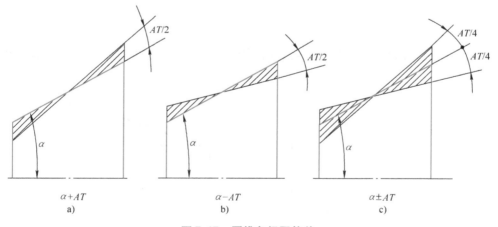

图 7-17 圆锥角极限偏差

（3）圆锥的形状公差 T_F 圆锥的形状公差包括圆锥素线直线度公差和任意径向截面圆度公差。圆锥素线直线度公差是指在圆锥轴向平面内，允许实际素线形状的最大变动量，其公差带是在给定截面上距离为公差数值 T_F 的两条平行直线间的区域。任意径向截面圆度公差是指在垂直于圆锥轴线的截面内，允许截面形状的最大变动量，其公差带是半径差为公差值 T_F 的两同心圆间的区域，如图 7-15 所示。圆锥的形状误差对连接的基面距影响不大，主要影响连接质量。对精度要求不高的圆锥，形状公差可以由对应的两极限圆锥公差带限制。当对形状精度要求较高时，应单独给出相应的形状公差，其数值从 GB/T 1184—1996 附录 B "图样上注出公差值的规定" 选取，但应不大于圆锥直径公差的一半。

（4）给定截面圆锥直径公差 T_{DS} 在垂直于圆锥轴线的给定截面内，圆锥直径的允许变动量称为给定截面圆锥直径公差，该公差项是以给定截面圆锥直径 d_x 为公称尺寸，其公差带是在给定的截面内两同心圆所限定的区域。它仅适用于该给定截面的圆锥直径，按 GB/T 1800.1—2020 规定的标准公差选取。

3. 圆锥公差的给定方法

对于一个给定的圆锥，并不需要将所规定的四项公差全部给出，而应根据圆锥的功能要求和工艺特点给出所需的公差项目。GB/T 11334—2005 中规定了两种圆锥公差的给定方法。

1）给出圆锥的公称圆锥角 α（或锥度 C）和圆锥直径公差 T_D，此时由 T_D 确定了两个极限圆锥，圆锥角误差、圆锥的形状误差都应在此两极限圆锥所限定的区域内，如图 7-18 所示。当对圆锥角公差、圆锥的形状公差有更高的要求时，可再给出圆锥角公差 AT、圆锥的形状公差 T_F。此时，AT 和 T_F 仅占 T_D 的一部分。

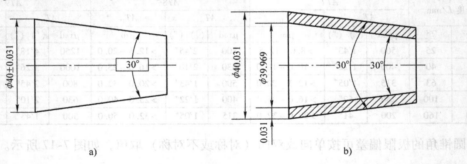

图 7-18　圆锥给定方法一标注示例

2）给出给定截面圆锥直径公差 T_{DS} 和圆锥角公差 AT，此两项公差是相互独立的，如图 7-19 所示。

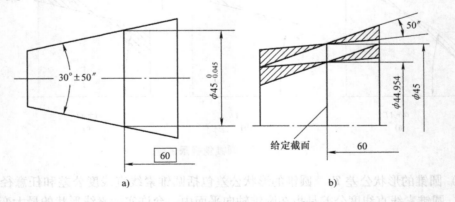

图 7-19　圆锥给定方法二标注示例

T_{DS}只用来控制给定截面的圆锥直径误差，而给定的圆锥角公差 AT 只用来控制圆锥角误差，它不包容在圆锥截面直径公差带内，圆锥应分别满足要求。当对圆锥形状精度有较高要求时，再单独给出圆锥的形状公差 T_F。该方法是在假定圆锥素线为理想直线的情况下给出的。

4. 圆锥公差的标注

GB/T 15754—1995《技术制图 圆锥的尺寸和公差注法》规定，通常圆锥公差应按面轮廓度法标注。图 7-20a、图 7-21a 所示为标注示例，图 7-20b、图 7-21b 所示为它们的公差带。必要时还可给出附加的形位公差要求，但只占面轮廓度公差的一部分。

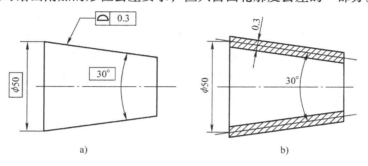

图 7-20 给定圆锥角的圆锥公差标注

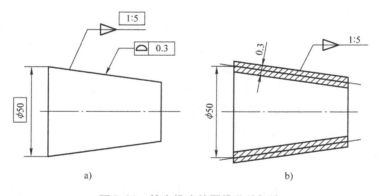

图 7-21 给定锥度的圆锥公差标注

此外，GB/T 15754—1995 的附录中还规定了以下两种标注方法。

1）基本锥度法。该法与 GB/T 11334—2005 中第一种圆锥公差的给定方法一致，图 7-18所示的为标注示例及其公差带。

2）公差锥度法。该法与 GB/T 11334—2005 中第二种圆锥公差的给定方法一致，图 7-19所示的为标注示例及其公差带。

5. 圆锥公差的选用

（1）直径公差的选用 按国家标准规定的圆锥公差的第一种给定方法，对于结构型圆锥，直径误差主要影响实际配合间隙或过盈。选用时，内、外圆锥直径公差 T_{Di}、T_{De} 可根据配合公差 T_{DP} 来确定。同圆柱配合一样，有

$$T_{DP} = X_{max} - X_{min} = Y_{max} - Y_{min} = T_{Di} + T_{De} \tag{7-5}$$

式中 X——配合的间隙；

Y——配合的过盈。

为保证配合精度，推荐内、外圆锥直径公差不低于 IT9 级。位移型圆锥的配合性质是通过给定的内、外圆锥的轴向位移量或装配力确定的，而与直径公差带无关。直径公差仅影响接触的初始位置和终止位置及接触精度，其配合的圆锥直径公差可根据对终止位置基面距的要求和对接触精度的要求来选取。

（2）圆锥角公差的选用　按国家标准规定的圆锥公差的第一种给定方法，圆锥角误差控制在圆锥直径公差带内，可不另给圆锥角公差。如对圆锥角有更高要求，可再加注圆锥角公差 AT。国家标准规定的圆锥角的 12 个公差等级的适用范围大体为 AT1 ~ AT5 用于高精度的圆锥量规、角度样板等；AT6 ~ AT7 用于工具圆锥、传递大转矩的摩擦锥体、锥销等；AT8 ~ AT10 用于中等精度锥体或角度零件；AT11 ~ AT12 用于低精度零件。

对于有配合要求的圆锥，内、外圆锥角极限偏差的方向和组合会影响初始接触部位和基面距，选用时必须考虑。若对初始接触部位和基面距无特殊要求，则只要求接触均匀性，内、外圆锥角极限偏差的方向应尽量一致。

7.2.2　圆锥配合

1. 圆锥配合分类

圆锥配合与圆柱配合的主要区别是：根据内、外圆锥相对轴向位置不同，可以获得间隙配合、过渡配合或过盈配合。

（1）间隙配合　这类配合有间隙，在装配和使用过程中，间隙量的大小可以调整，零件易拆卸，且内、外圆锥能对准中心，具有良好的同轴性，这是圆柱配合做不到的，也是圆锥配合的一个特点，常用于有相对运动的机构中。

（2）过盈配合　这类配合有过盈，过盈量的大小可通过圆锥的轴向移动来调整。若圆锥角恰当，还具有自锁性，可利用圆锥配合对接触面间所产生的摩擦力来传递转矩。

（3）过渡配合　过渡配合也称为紧密配合。这类配合很严密，能够消除间隙，主要用于定心和密封的场合。为使圆锥面接触严密，必须成对研磨，因而这类圆锥不具有互换性。

2. 圆锥配合的两种形式

圆锥配合按确定相互配合的内、外圆锥相对位置的方法不同，主要有以下两种类型的配合，即结构型圆锥配合和位移型圆锥配合。

（1）结构型圆锥配合　由圆锥结构确定装配位置，内、外圆锥公差带之间的相互关系称为结构型圆锥配合，如图 7-22 所示。这种配合方式可以得到间隙配合、过渡配合（紧密配合）和过盈配合，配合性质完全取决于内、外圆锥直径公差带的相对位置。图 7-22a 所示为通过外圆锥的轴肩与内圆锥的大端端面相接触，来确定两者相对的轴向位置，形成所需要的圆锥间隙配合。图 7-22b 所示为由基面距 a 来确定装配后的最终轴向位置，形成所需要的圆锥过盈配合。

（2）位移型圆锥配合　内、外圆锥在装配时做一定相对轴向位移（E_a）确定的相互关系称为位移型圆锥配合，如图 7-23 所示。图 7-23a 表示在圆锥配合中由实际初始位置 P_a 开始，对内圆锥做向左的轴向位移 E_a，直至终止位置 P_f，即可形成所需要的间隙配合。图 7-23b 所示为在圆锥配合中由实际初始位置 P_a 开始，对内圆锥施加一定的装配力 F_s，使其向右到达终止位置 P_f，则形成所需要的过盈配合。位移型圆锥配合的松紧程度由内、外圆锥轴向位移确定，而与圆锥的直径公差带无关，通常该配合只适用于间隙配合和过盈配

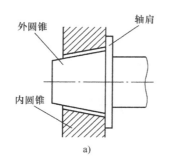 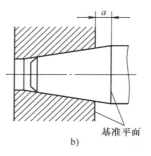

图 7-22 结构型圆锥配合

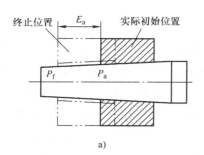 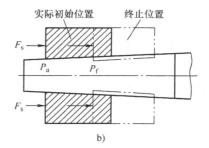

图 7-23 位移型圆锥配合

合，一般不用于形成过渡配合。

圆锥配合的精度设计，一般是在给出圆锥的基本参数后，根据圆锥配合的功能要求，选择确定直径公差，再确定两个极限圆锥。对两类圆锥配合有以下规定。

结构型圆锥配合优先采用基孔制。内、外圆锥直径公差带代号及配合按 GB/T 1800.1—2020 选取，推荐内、外圆锥直径公差不低于 IT9 级。如 GB/T 1800.1—2020 给出的常用配合仍不能满足需要，可按 GB/T 1800.1—2020 规定的基本偏差和标准公差组成所需配合。

位移型圆锥配合的内、外圆锥直径公差带的基本偏差推荐采用 H、h、JS、js，其轴向位移按 GB/T 1800.1—2020 规定的极限间隙或极限过盈来计算。

位移型圆锥配合的轴向位移极限值（E_{amin}、E_{amax}）和轴向位移公差（T_E）按下列公式计算。

1）对于间隙配合：

$$E_{amin} = \frac{|X_{min}|}{C}$$

$$E_{amax} = \frac{|X_{max}|}{C}$$

$$T_E = E_{amax} - E_{amin} = \frac{|X_{max} - X_{min}|}{C}$$

式中　C——锥度；

　　X_{max}——配合的最大间隙；

　　X_{min}——配合的最小间隙。

2）对于过盈配合：$E_{amin} = \dfrac{|Y_{min}|}{C}$

$$E_{amax} = \frac{|Y_{max}|}{C}$$

$$T_E = E_{amax} - E_{amin} = \frac{|Y_{max} - Y_{min}|}{C}$$

式中 C——锥度；

Y_{max}——配合的最大过盈；

Y_{min}——配合的最小过盈。

7.2.3　未注圆锥公差角度的极限偏差

未注圆锥公差角度的极限偏差与线性尺寸的未注公差一样，属于一般公差，归纳在同一标准中。GB/T 1804—2000 对金属切削加工的圆锥角和棱体角，包括在图样上注出的角度和通常不需要标注的角度规定了未注公差角度的极限偏差，见表 7-11。该极限偏差是在车间通常加工条件下可以保证的公差，在应用中可根据不同产品的需要，从标准中所规定的 4 个未注公差角度的公差等级（精密 f、中等 m、粗糙 c 和最粗 v）中选取合适的等级。未注公差角度的公差等级在图样标题栏、技术要求或技术文件（如企业标准）上用标准号和公差等级代号表示。例如，选用中等公差等级时，表示为 GB/T 1804—m。

表 7-11　未注公差角度的极限偏差　　　　　　　　　（单位：mm）

公差等级	长度分段				
	≤10	>10~50	>50~120	>120~400	>400
精密 f	±1°	±30′	±20′	±10′	±5′
中等 m					
粗糙 c	±1°30′	±1°	±30′	±15′	±10′
最粗 v	±3°	±2°	±1°	±30′	±20′

7.2.4　圆锥的检测

内、外圆锥除用通用计量器具进行检测外，在大批量生产条件下，常用圆锥量规进行综合检测，如图 7-24 所示。

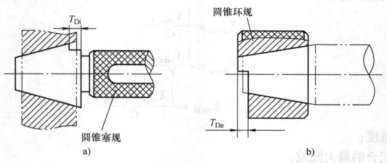

图 7-24　圆锥量规检测圆锥直径

用圆锥量规检测工件圆锥的直径和圆锥角偏差，是通过它与工件圆锥的实际初始位置和接触状态来判断的。图 7-24a 表示用圆锥塞规检测内圆锥的直径，当工件圆锥的大端端面在轴向距离为 T_{Di} 的两条标志线之间时为合格。图 7-24b 表示用圆锥环规检测外圆锥的直径，当工件圆锥的小端端面在轴向距离为 T_{De} 的两条标志线之间时为合格。

圆锥角偏差可以用涂色法检测，将圆锥量规与工件圆锥在不大于 100N 的轴向力作用下相互研合，根据圆锥量规工作表面（或工件圆锥表面）上的涂色层向工件圆锥表面（圆锥量规工作表面）转移所确定的接触率 Ψ 来判断工件圆锥是否合格。

7.3 普通螺纹联接的互换性及其检测

1. 任务引入

螺纹联接是孔、轴联接的一种，但它不是光滑零件，其互换性有自己的特点。螺纹联接在机械制造中应用十分广泛，它对机器的使用性能有重要影响。

2. 螺纹的分类及使用要求

螺纹按其牙型可分为三角形螺纹、梯形螺纹、锯齿形螺纹和矩形螺纹等；按结合性质和使用要求可分为普通螺纹、传动螺纹和密封螺纹。

1）普通螺纹在机械设备和仪器仪表中常用于联接和紧固零件，是应用最广泛的一种螺纹，分粗牙和细牙两种。为使其达到规定的使用要求，并保证螺纹联接的互换性，必须满足**可旋合性**和**联接可靠性**两个基本要求。

2）传动螺纹主要用于传递精确的位移、动力和运动，如机床中的丝杠和螺母。对这类螺纹联接的要求是传递动力的可靠性或传递位移的准确性，螺牙接触良好、耐磨等。

3）密封螺纹用于密封的螺纹联接，如管螺纹等。对这类螺纹联接的主要要求是具有良好的结合性和密封性，不漏水、不漏气和不漏油。

3. 螺纹的基本牙型及其主要参数

螺纹的牙型是指在通过螺纹轴线的剖面上螺纹轮廓的形状，由原始三角形形成，该三角形的底边平行于螺纹轴线。普通螺纹基本牙型是指将原始等边三角形的顶部截去 $H/8$，底部截去 $H/4$ 所形成的理论牙型，如图 7-25 所示。该牙型具有螺纹的公称尺寸，普通螺纹的公称尺寸见表 7-12。

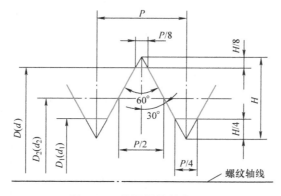

图 7-25 普通螺纹基本牙型

表 7-12　普通螺纹的公称尺寸　　　　　　　（单位：mm）

公称直径（大径）D、d			螺距 P	中径 D_2、d_2	小径 D_1、d_1
第 1 系列	第 2 系列	第 3 系列			
5			0.8	4.480	4.134
			0.5	4.675	4.459
		5.5	0.5	5.175	4.959
6			1	5.350	4.917
			0.75	5.513	5.188
	7		1	6.350	5.917
			0.75	6.513	6.188
8			1.25	7.188	6.647
			1	7.350	6.917
			0.75	7.513	7.188
		9	1.25	8.188	7.647
			1	8.350	7.917
			0.75	8.513	8.188
10			1.5	9.026	8.376
			1.25	9.188	8.647
			1	9.350	8.917
			0.75	9.513	9.188
		11	1.5	10.026	9.376
			1	10.350	9.917
			0.75	10.513	10.188
12			1.75	10.863	10.106
			1.25	11.188	10.647
			1	11.350	10.917
	14		2	12.701	11.835
			1.5	13.026	12.376
			1.25	13.188	12.647
			1	13.350	12.917
		15	1.5	14.026	13.376
			1	14.350	13.917
16			2	14.701	13.835
			1.5	15.026	14.376
			1	15.350	14.917
		17	1.5	16.026	15.376
			1	16.350	15.917

（续）

公称直径（大径）D、d			螺距 P	中径 D_2、d_2	小径 D_1、d_1
第1系列	第2系列	第3系列			
	18		2.5	16.376	15.294
			2	16.701	15.835
			1.5	17.026	16.376
			1	17.350	16.917
20			2.5	18.376	17.294
			2	18.701	17.835
			1.5	19.026	18.376
			1	19.350	18.917
	22		2.5	20.376	19.294
			2	20.701	19.835
			1.5	21.026	20.376
			1	21.350	20.917
24			3	22.051	20.752
			2	22.701	21.835
			1.5	23.026	22.376
			1	23.350	22.917
		25	2	23.701	22.835
			1.5	24.026	23.376
			1	24.350	23.917
		26	1.5	25.026	24.376
	27		3	25.051	23.752
			2	25.701	24.835
			1.5	26.026	25.376
			1	26.350	25.917
		28	2	26.701	25.835
			1.5	27.026	26.376
			1	27.350	26.917
30			3.5	27.727	26.211
			(3)	28.051	26.752
			2	28.701	27.835
			1.5	29.026	28.376
			1	29.350	28.917
		32	2	30.701	29.835
			1.5	31.026	30.376

螺纹的基本参数取决于其轴向剖面内的基本牙型。普通螺纹的主要参数如下：

1）大径是指与外螺纹牙顶或内螺纹牙底相切的假想圆柱或圆锥的直径。内、外螺纹大径的公称尺寸分别用符号 D 和 d 表示。国家标准规定普通螺纹的公称直径就是螺纹大径的公称尺寸。

2）小径是指与外螺纹牙底或内螺纹牙顶相切的假想圆柱或圆锥的直径。内、外螺纹小径的公称尺寸分别用 D_1 和 d_1 表示。

$$D_1(d_1) = D(d) - 2 \times \frac{5H}{8} \qquad (7\text{-}6)$$

为了应用方便，外螺纹的大径和内螺纹的小径统称为**顶径**，外螺纹的小径和内螺纹的大径统称为**底径**。

3）中径是指中径圆柱或中径圆锥的直径。中径圆柱（圆锥）是一个假想圆柱（圆锥），该圆柱（圆锥）母线通过圆柱（圆锥）螺纹上牙厚与牙槽宽相等的地方。内、外螺纹中径的公称尺寸分别用符号 D_2 和 d_2 表示。

$$D_2(d_2) = D(d) - 2 \times \frac{3H}{8} \qquad (7\text{-}7)$$

4）螺距是指相邻两牙体上的对应牙侧与中径线相交两点间的轴向距离。螺距用符号 P 表示。

5）导程是指最邻近的两同名牙侧与中径线相交两点间的轴向距离，用 Ph 表示。对单线螺纹，导程与螺距同值；对多线螺纹，导程等于螺距与螺纹线数 n 的乘积。即 $Ph = nP$。

6）单一中径是指一个假想圆柱或圆锥的直径，该圆柱或圆锥的母线通过实际螺纹上牙槽宽度等于半个基本螺距的地方。内、外螺纹的单一中径分别用符号 D_{2s} 和 d_{2s} 表示。单一中径可以用三针法测得以表示螺纹中径的实际尺寸。当无螺距偏差时，单一中径与中径相等；当有螺距偏差时，单一中径与中径不相等。

7）牙型角是指在螺纹牙型上，两相邻牙侧间的夹角。牙型角用符号 α 表示，如图 7-26a 所示。**牙型半角**是指在螺纹牙型上牙侧与螺纹轴线的垂线之间的夹角，为牙型角的一半。牙型半角用符号 $\alpha/2$ 表示，如图 7-26a 所示。普通螺纹的牙型角为 $60°$，牙型半角为 $30°$。

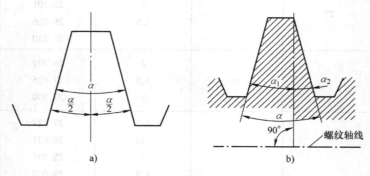

图 7-26　牙型角、牙型半角和牙侧角

8）牙侧角是指在螺纹牙型上，牙侧与螺纹轴线的垂线间的夹角，如图 7-26b 所示。左、右牙侧角分别用符号 α_1 和 α_2 表示。对于普通螺纹，理论上牙侧角与牙型半角相等，即 $\alpha = 60°$，$\alpha_1 = \alpha_2 = \alpha/2 = 30°$。

9）螺纹接触高度是指在两个同轴配合螺纹的牙型上，外螺纹牙顶至内螺纹牙顶间的径向距离，即内、外螺纹的牙型重叠径向高度。螺纹接触高度用符号 H_0 表示。普通螺纹接触高度等于 $5H/8$，如图 7-27 所示。

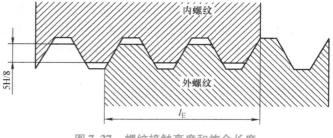

图 7-27　螺纹接触高度和旋合长度

10）螺纹旋合长度是指两个配合螺纹的有效螺纹相互接触的轴向长度。螺纹旋合长度用符号 l_E 表示，如图 7-27 所示。

7.3.1　螺纹几何参数误差对互换性的影响

要实现普通螺纹的互换性，必须保证良好的可旋合性和联接可靠性。由于螺纹的大径和小径处都留有间隙，一般不会影响其配合性质。影响螺纹互换性的主要几何参数有螺距、牙侧角和中径。

1. 螺距偏差的影响

螺距偏差分为单个螺距偏差和螺距累积偏差。**单个螺距偏差**是指螺距的实际尺寸与其公称尺寸 P 的代数差。**螺距累积偏差**是指在旋合长度内，任意两个螺距的实际轴向距离与其基本值之差的最大绝对值。具体包含多少个螺牙是未知的，要看哪两个螺牙之间的实际距离与其基本值差距最大。螺距累积偏差对螺纹互换性的影响更为明显。

如图 7-28 所示，假设内螺纹具有理想牙型，与之相配合的外螺纹的中径和牙侧角与内螺纹相同，只存在螺距误差，且它的螺距 $P_{外}$ 比内螺纹的螺距 $P_{内}$ 大，则在 n 个螺牙的螺纹长度（$L_{外}$、$L_{内}$）内，螺距累积偏差 $\Delta P_\Sigma = |nP_{外} - nP_{内}|$。螺距累积偏差的存在，使内、外螺纹牙侧产生干涉而影响旋合。

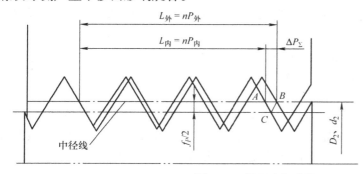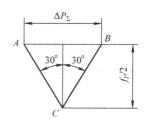

图 7-28　螺距中径当量 f_P

为了使具有螺距累积偏差的外螺纹仍能自由旋入理想的内螺纹，只需将外螺纹的中径减小一个数值 f_P（或将内螺纹加大一个 f_P），这样可以防止干涉。f_P 就是补偿螺距偏差的影响而折算到中径上的数值，称为螺距误差的中径当量。由图 7-28 所示的 $\triangle ABC$ 可得出 f_P 与 ΔP_Σ 的关系为

$$f_P = |\Delta P_\Sigma| \cot(\alpha/2) = 1.732\Delta P_\Sigma \tag{7-8}$$

在式（7-8）中，ΔP_Σ 取绝对值，因为不论 ΔP_Σ 是正还是负都会发生干涉，影响旋合性。f_P 的单位取决于 ΔP_Σ，一般为 μm。

由式（7-8）可知，如果 $|\Delta P_\Sigma|$ 过大，内、外螺纹中径要分别增大或减小许多，虽然可保证旋合性，却使螺纹实际接触的螺牙数目减少，载荷集中在螺牙接触面的接触部位，造成螺牙接触面接触压力增加，降低螺纹联接强度。

2. 牙侧角偏差的影响

牙侧角偏差是指牙侧角的实际值与其基本值之差。它包括螺纹牙侧的形状偏差和牙侧相对于螺纹轴线的垂线的位置偏差。牙侧角偏差不论是正还是负，都会影响螺纹互换性。

仍以普通螺纹为例，如图 7-29 所示，假设内螺纹具有理想牙型，外螺纹的中径和螺距与理想内螺纹相同，仅存在牙侧角偏差 $\Delta \alpha_i$。对于普通螺纹，牙侧角即是牙型半角，当左、右牙型半角不相等时，两侧干涉区的干涉量也不相同。图 7-29 中，

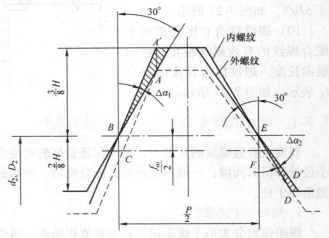

图 7-29　牙侧角偏差对旋合性的影响

外螺纹左牙侧角偏差 $\Delta \alpha_1 < 0$，右牙侧角偏差 $\Delta \alpha_2 > 0$，则会在内、外螺纹牙侧产生干涉而不能旋合。为了消除干涉，就必须将外螺纹中径减少一个数值 $f_{\alpha i}$。$f_{\alpha i}$ 称为牙侧角偏差的中径当量。

根据三角形定理可得出 $f_{\alpha i}$ 与 ΔP 的关系为

$$f_{\alpha i} = 0.073P(K_1 |\Delta \alpha_1| + K_2 |\Delta \alpha_2|) \tag{7-9}$$

在式（7-9）中，$f_{\alpha i}$ 的单位为 μm，P 的单位为 mm，$\Delta \alpha_1$、$\Delta \alpha_2$ 的单位为分（'），K_1、K_2 为系数。对于外螺纹，当 $\Delta \alpha_1$（或 $\Delta \alpha_2$）为正时，K_1（或 K_2）取 2；当 $\Delta \alpha_1$（或 $\Delta \alpha_2$）为负时，K_1（或 K_2）取 3。对于内螺纹，当 $\Delta \alpha_1$（或 $\Delta \alpha_2$）为正时，K_1（或 K_2）取 3；当 $\Delta \alpha$（或 $\Delta \alpha_2$）为负时，K_1（或 K_2）取 2。

对于普通螺纹，式（7-9）也可表示为 $f_{\alpha/2} = 0.073P[K_1 |\Delta \alpha/2 （左）| + K_2 |\Delta \alpha/2 （右）|]$，$f_{\alpha/2}$ 称为牙型半角偏差的中径当量。

3. 中径偏差的影响

中径偏差是指中径实际尺寸与中径公称尺寸的代数差，其大小决定了牙侧的径向位置。中径偏差将直接影响螺纹联接的松紧程度。就外螺纹而言，中径如果偏大，会使螺纹联接过紧，甚至不能旋合；中径如果偏小，会使牙侧接触面积减小，造成接触压力增加，降低螺纹联接强度，且密封性差。

4. 中径合格性的判断原则

（1）作用中径　作用中径是指螺纹配合时实际起作用的中径，即是在规定的旋合长度内，恰好包容实际螺纹的一个假想螺纹的中径。该假想螺纹具有基本牙型的螺距、牙侧角和牙型高度，并在牙顶和牙底留有间隙，以保证不与实际螺纹的大小径发生干涉。

当外螺纹有螺距和牙侧角偏差时，它只能与一个中径较大的内螺纹旋合，相当于外螺纹的中径增大了。这个增大了的假想中径称为外螺纹作用中径，用 d_{2m} 表示，其值等于外螺纹的实际中径（用单一中径 d_{2a} 代替）与螺距偏差及牙侧角偏差的中径当量之和，即

$$d_{2m} = d_{2a} + (f_P + f_{\alpha i}) \tag{7-10}$$

同理，当内螺纹有螺距和牙侧角偏差时，相当于内螺纹的中径减小了。这个减小了的假想中径称为内螺纹作用中径，用 D_{2m} 表示，其值等于内螺纹的实际中径（用单一中径 D_{2a} 代替）与螺距偏差及牙侧角偏差的中径当量之差，即

$$D_{2m} = D_{2a} - (f_P + f_{\alpha i}) \qquad (7\text{-}11)$$

由于螺距偏差和牙侧角偏差都可折算为中径当量，所以对普通螺纹，国家标准只规定了一个中径公差。该公差同时限制实际中径、螺距和牙侧角三个要素的偏差。

（2）中径合格性的判断原则　由以上分析可知，中径是否合格是衡量螺纹互换性的主要依据。判断中径的合格性应遵循**泰勒原则**，即螺纹的作用中径不允许超出最大实体牙型的中径，任何部位的单一中径不允许超出最小实体牙型的中径。

根据中径合格性判断原则，合格的螺纹应满足：

对于外螺纹，作用中径不大于中径上极限尺寸，任意部位的单一中径不小于中径下极限尺寸，即

$$d_{2m} \leqslant d_{2max} \qquad d_{2a} \geqslant d_{2min}$$

对于内螺纹，作用中径不小于中径下极限尺寸，任意部位的单一中径不大于中径上极限尺寸，即

$$D_{2m} \geqslant D_{2min} \qquad D_{2a} \leqslant D_{2max}$$

7.3.2 螺纹的公差与配合及其选用

螺纹配合由内、外螺纹公差带组合而成，普通螺纹的公差带与尺寸公差带一样，其位置由基本偏差决定，大小由公差等级决定。国家标准 GB/T 197—2018《普通螺纹　公差》规定了螺纹的大、中、小径的公差带。由于旋合长度对其精度有影响，所以螺纹精度由公差带和旋合长度一起构成，其公差制的基本结构如图 7-30 所示。

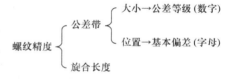

图 7-30　螺纹公差制的基本结构

1. 普通螺纹的公差带

（1）螺纹公差带的大小和公差等级　螺纹的公差等级见表 7-13。其中 6 级是基本级；3 级精度最高；9 级精度最低。各级公差值见表 7-14 和表 7-15。由于内螺纹的加工比较困难，同一公差等级内螺纹中径公差比外螺纹中径公差大 32% 左右。因为外螺纹的小径 d_1 与中径 d_2、内螺纹的大径 D 和中径 D_2 是同时由刀具切出的，其尺寸在加工过程中自然形成，所以国家标准中对内螺纹的大径和外螺纹的小径没有规定具体的公差值，只规定内、外螺纹牙底实际轮廓的任何点均不能超过基本偏差所确定的最大实体牙型，即应保证旋合时不发生干涉。

表 7-13　螺纹的公差等级（摘自 GB/T 197—2003）

螺纹直径	公差等级	螺纹直径	公差等级
外螺纹中径 d_2	3、4、5、6、7、8、9	内螺纹中径 D_2	4、5、6、7、8
外螺纹大径 d	4、6、8	内螺纹小径 D_1	4、5、6、7、8

（2）螺纹的基本偏差　螺纹公差带的位置是由基本偏差确定的，是公差带两极限偏差中靠近零线的那个偏差，如图 7-31 所示。国家标准中对内螺纹只规定了两种基本偏差 G、H，基本偏差为下极限偏差 EI，如图 7-31a、b 所示。对外螺纹规定了八种基本偏差 a、b、 c、d、e、f、g 和 h，基本偏差为上极限偏差 es，如图 7-31c、d 所示。H 和 h 的基本偏差为零，G 的基本偏差值为正，a、b、c、d、e、f、g 的基本偏差值为负，见表 7-14。

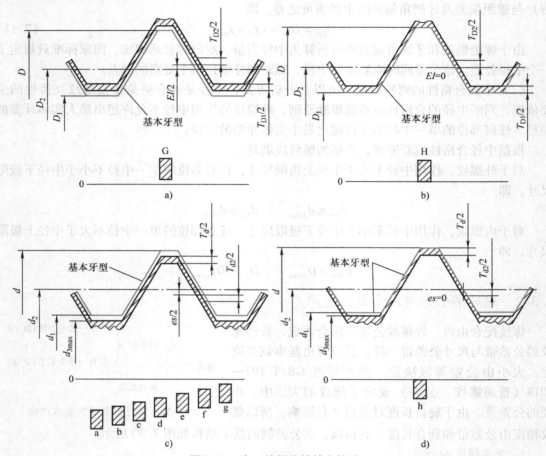

图 7-31　内、外螺纹的基本偏差

a）公差带位置为 G 的内螺纹　b）公差带位置为 H 的内螺纹

c）公差带位置为 a、b、c、d、e、f、g 的外螺纹　d）公差带位置为 h 的外螺纹

表 7-14　普通螺纹的基本偏差和顶径公差（摘自 GB/T 197—2018）　（单位：μm）

螺距 P/mm	内螺纹的基本偏差 EI		外螺纹的基本偏差 es								内螺纹小径公差 T_{D1}					外螺纹大径公差 T_d		
											公差等级					公差等级		
	G	H	a	b	c	d	e	f	g	h	4	5	6	7	8	4	6	8
1	+26	0	−290	−200	−130	−85	−60	−40	−26	0	150	190	236	300	375	112	180	280
1.25	+28	0	−295	−205	−135	−90	−63	−42	−28	0	170	212	265	335	425	132	212	335
1.5	+32	0	−300	−212	−140	−95	−67	−45	−32	0	190	236	300	375	475	150	236	375
1.75	+34	0	−310	−220	−145	−100	−71	−48	−34	0	212	265	335	425	530	170	265	425
2	+38	0	−315	−225	−150	−105	−71	−52	−38	0	236	300	375	475	600	180	280	450
2.5	+42	0	−325	−235	−160	−110	−80	−58	−42	0	280	355	450	560	710	212	335	530
3	+48	0	−335	−245	−170	−115	−85	−63	−48	0	315	400	500	630	800	236	375	600
3.5	+53	0	−345	−255	−180	−125	−90	−70	−53	0	355	450	560	710	900	265	425	670
4	+60	0	−355	−265	−190	−130	−95	−75	−60	0	375	475	600	750	950	300	475	750

表 7-15　普通螺纹的中径公差（摘自 GB/T 197—2018）　　　　（单位：μm）

公称直径/mm		螺距	内螺纹中径公差 T_{D2}					外螺纹中径公差 T_{d2}						
			公差等级					公差等级						
>	≤	P/mm	4	5	6	7	8	3	4	5	6	7	8	9
2.8	5.6	0.35	56	71	90	—	—	34	42	53	67	85	—	—
		0.5	63	80	100	125	—	38	48	60	75	95	—	—
		0.6	71	90	112	140	—	42	53	67	85	106	—	—
		0.7	75	95	118	150	—	45	56	71	90	112	—	—
		0.75	75	95	118	150	—	45	56	71	90	112	—	—
		0.8	80	100	125	160	200	48	60	75	95	118	150	190
5.6	11.2	0.75	85	106	132	170	—	50	63	80	100	125	—	—
		1	95	118	150	190	236	56	71	90	112	140	180	224
		1.25	100	125	160	200	250	60	75	95	118	150	190	236
		1.5	112	140	180	224	280	67	85	106	132	170	212	295
11.2	22.4	1	100	125	160	200	250	60	75	95	118	150	190	236
		1.25	112	140	180	224	280	67	85	106	132	170	212	265
		1.5	118	150	190	236	300	71	90	112	140	180	224	280
		1.75	125	160	200	250	315	75	95	118	150	190	236	300
		2	132	170	212	265	335	80	100	125	160	200	250	315
		2.5	140	180	224	280	355	85	106	132	170	212	265	335
22.4	45	1	106	132	170	212	—	63	80	100	125	160	200	250
		1.5	125	160	200	250	315	75	95	118	150	190	236	300
		2	140	180	224	280	355	85	106	132	170	212	265	335
		3	170	212	265	335	425	100	125	160	200	250	315	400
		3.5	180	224	280	355	450	106	132	170	212	265	335	425
		4	190	236	300	375	475	112	140	180	224	280	355	450
		4.5	200	250	315	400	500	118	150	190	236	300	375	475

　　按螺纹的公差等级和基本偏差可以组成很多公差带，普通螺纹的公差带代号由表示公差等级的数字和表示基本偏差的字母组成，如 6h、5G 等。与一般的尺寸公差带代号不同，其公差等级数字在前，基本偏差代号在后。

　　2. 螺纹的旋合长度与公差等级及其选用

　　螺纹的配合精度不仅与公差等级有关，而且与旋合长度有关。螺纹的旋合长度越长，螺距累积偏差越大，对螺纹旋合性的影响也越大，国家标准中对螺纹联接规定了**短**、**中**和**长**三种旋合长度，分别用 **S**、**N**、**L** 表示，见表 7-16。

表 7-16　普通螺纹的旋合长度　　　　　　　（单位：mm）

基本大径 D、d		螺距 P	旋合长度			
			S		N	L
>	≤		≤	>	≤	>
2.8	5.6	0.35	1	1	3	3
		0.5	1.5	1.5	4.5	4.5
		0.6	1.7	1.7	5	5
		0.7	2	2	6	6
		0.75	2.2	2.2	6.7	6.7
		0.8	2.5	2.5	7.5	7.5
5.6	11.2	0.75	2.4	2.4	7.1	7.1
		1	3	3	9	9
		1.25	4	4	12	12
		1.5	5	5	15	15
11.2	22.4	1	3.8	3.8	11	11
		1.25	4.5	4.5	13	13
		1.5	5.6	5.6	16	16
		1.75	6	6	18	18
		2	8	8	24	24
		2.5	10	10	30	30
22.4	45	1	4	4	12	12
		1.5	6.3	6.3	19	19
		2	8.5	8.5	25	25
		3	12	12	36	36
		3.5	15	15	45	45
		4	18	18	53	53
		4.5	21	21	63	63

　　螺纹的公差精度由螺纹公差带和螺纹旋合长度两个因素决定，国家标准将螺纹公差精度分为精密、中等和粗糙 3 级，其应用情况如下：

　　精密级螺纹用于要求配合性能稳定，配合间隙较小，需保证一定的定心精度的螺纹联接；中等级螺纹用于一般用途的螺纹；粗糙级螺纹用于不重要或难以制造的螺纹，如在热轧棒上或深盲孔内加工螺纹。

　　实际选用时，还必须考虑螺纹的工作条件、尺寸的大小、加工的难易程度、工艺结构等情况。例如：当螺纹的承载较大，且为交变载荷或有较大的振动，则应选用精密级；对于小直径的螺纹，为了保证联接强度，也必须提高其联接精度；对于加工难度较大的螺纹，虽是一般要求，此时也需降低其联接精度。

　　螺纹公差等级的高低代表螺纹加工的难易程度。在同一精度中，对不同的旋合长度，其中径所采用的公差等级也不相同，这是考虑到不同旋合长度对螺纹的螺距累积偏差有不同的影响。一般以中等旋合长度下的 6 级公差等级为中等精度的基准。旋合长度的选择，一般多用中等旋合长度。仅当结构和强度上有特殊要求时，则可采用短旋合长度或长旋合长度。

3. 螺纹的公差与配合及其选用

在生产中为了减少刀具、量具的规格和种类，国家标准中规定了既能满足当前需要而数量又有限的常用公差带，见表7-17。表中规定了优先、其次和尽可能不选用的顺序。除了特殊需要之外，一般不应该选择国家标准规定以外的公差带。

表7-17　普通螺纹选用公差带

公差精度	内螺纹推荐公差带					
	公差带位置 G			公差带位置 H		
	S	N	L	S	N	L
精密	—	—	—	4H	5H	6H
中等	(5G)	*6G	(7G)	*5H	6H	*7H
粗糙	—	(7G)	(8G)	—	7H	8H

公差精度	外螺纹推荐公差带											
	公差带位置 e			公差带位置 f			公差带位置 g			公差带位置 h		
	S	N	L	S	N	L	S	N	L	S	N	L
精密	—	—	—	—	—	—	(4g)	(5g4g)	(3h4h)	*4h	(5h4h)	
中等	—	*6e	(7e6e)	—	*6f	(5g6g)	*6g	(7g6g)	(5h6h)	6h	(7h6h)	
粗糙	—	(8e)	(9e8e)	—	—	—	8g	(9g8g)	—	—	—	

注：带"*"的公差带优先选用，不带"*"的公差带其次选用，"( )"中的公差带尽量不用，大量生产的紧固件
　　螺纹推荐采用粗黑框内的公差带。

从理论上讲，内外螺纹的公差带可以任意组合成多种配合，在实际使用中，主要根据使用要求选用螺纹的配合。为保证螺母、螺栓旋合后同轴度较好和足够的联接强度，选用最小间隙为零的配合（H/h）；为拆装方便和改善螺纹的疲劳强度，可选用小间隙配合（H/g 和 G/h）；需要涂镀保护层的螺纹，间隙大小取决于镀层厚度，如 5μm 则选用 6H/6g，10μm 则选用 6H/6e，内外均涂则选用 6G/6e。

4. 螺纹在图样上的标注

螺纹的完整标记由螺纹特征代号、尺寸代号、公差带代号和旋合长度代号等其他有必要做进一步说明的个别信息组成。

在零件图上的普通螺纹标记示例如下。

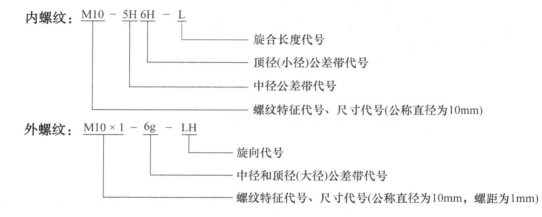

内螺纹：M10 - 5H 6H - L
- 旋合长度代号
- 顶径(小径)公差带代号
- 中径公差带代号
- 螺纹特征代号、尺寸代号(公称直径为10mm)

外螺纹：M10×1 - 6g - LH
- 旋向代号
- 中径和顶径(大径)公差带代号
- 螺纹特征代号、尺寸代号(公称直径为10mm，螺距为1mm)

在螺纹尺寸代号中，应包括有螺纹公称直径（大径）和螺距。对于粗牙螺纹，不注出螺距值。

在螺纹公差带代号中，应包括有中径、顶径公差带代号。当中径和顶径公差带不同时，应分别注出，前者为中径，后者为顶径，如 5H6H。

在螺纹旋合长度代号中，中等旋合长度代号"N"可不注出，对于短或长旋合长度，应注出"S"或"L"的代号，如 M10—5H6H—L 中的"L"表示长旋合长度。

对于右旋螺纹，不注出旋向，而左旋螺纹要注出"LH"字样。

当内、外螺纹装配在一起时（即装配图注法），采用"/"把内、外螺纹公差带分开，左边为内螺纹，右边为外螺纹，如 M10×2－6H/5g6g。

5. 应用举例

例 7-1 已知螺纹为 M24×2－6g，加工之后测得：实际大径 $d_a = 23.850\text{mm}$，实际中径 $d_{2a} = 22.521\text{mm}$，螺距累积偏差 $\Delta P_\Sigma = +0.05\text{mm}$，左、右牙型半角误差分别为 $\Delta\alpha/2$（左）$= +20'$，$\Delta\alpha/2$（右）$= -25'$，试判断顶径和中径是否合格，查出所需旋合长度的范围。

解：1）由表 7-12 查得 $d_2 = 22.701\text{mm}$；由表 7-14 和表 7-15 查得

$$\text{中径：} es = -38\mu\text{m} \qquad T_{d2} = 170\mu\text{m}$$
$$\text{大径：} es = -38\mu\text{m} \qquad T_d = 280\mu\text{m}$$

2）判断大径的合格性：

$$d_{max} = d + es = 24\text{mm} - 0.038\text{mm} = 23.962\text{mm}$$
$$d_{min} = d_{max} - T_d = 23.962\text{mm} - 0.28\text{mm} = 23.682\text{mm}$$
$$d_{max} > d_a = 23.850\text{mm} > d_{min}$$

故大径合格。

3）判断中径的合格性。

$$d_{2max} = d_2 + es = 22.701\text{mm} - 0.038\text{mm} = 22.663\text{mm}$$
$$d_{2min} = d_{2max} - T_{d2} = 22.663\text{mm} - 0.17\text{mm} = 22.493\text{mm}$$
$$d_{2m} = d_{2a} + (f_P + f_{\alpha i})$$

式中，

$$d_{2a} = 22.521\text{mm}$$
$$f_P = 1.732|\Delta P_\Sigma| = 1.732 \times 0.05\text{mm} = 0.087\text{mm}$$
$$f_{\alpha i} = 0.073P[K_1|\Delta\alpha/2(\text{左})| + K_2|\Delta\alpha/2(\text{右})|]$$
$$= 0.073 \times 2 \times (2 \times 20 + 3 \times 25)\mu\text{m}$$
$$= 16.8\mu\text{m} \approx 0.017\text{mm}$$

则：

$$d_{2m} = 22.521\text{mm} + (0.087\text{mm} + 0.017\text{mm}) = 22.625\text{mm}$$

根据中径合格性判断原则（泰勒原则）有：

$$d_{2m} = 22.625\text{mm} < d_{2max} = 22.663\text{mm}$$
$$d_{2a} = 22.521\text{mm} > d_{2min} = 22.493\text{mm}$$

故中径合格。

4）根据螺纹尺寸 $d = 24\text{mm}$，螺距 $P = 2\text{mm}$，查表 7-16 得中径旋合长度为 >8.5~25mm。

7.3.3 螺纹的检测

1. 螺纹的综合检验

普通螺纹的综合检验是指用螺纹量规和光滑极限量规对影响螺纹互换性的几何参数偏差

的综合结果进行联合检验，以判定其合格性。检验内、外螺纹用的量规分别称为螺纹塞规和螺纹环规，如图 7-32 所示。螺纹量规的设计应符合泰勒原则。

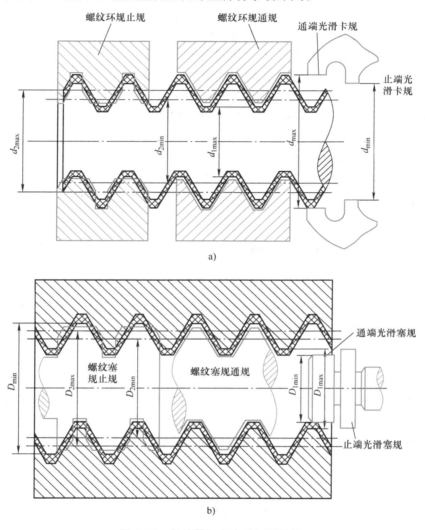

图 7-32　螺纹量规和光滑极限量规

a）螺纹环规和光滑卡规　b）螺纹塞规和光滑塞规

螺纹量规通规模拟被测螺纹的最大实体牙型，检验被测螺纹的作用中径是否超出其最大实体牙型的中径，同时检验螺纹底径的实际尺寸是否超出其最大实体尺寸。因此，通规应具有完整的牙型，且其螺纹长度至少等于被测螺纹旋合长度的 80%。止规只用来检验被测螺纹的实际中径是否超出其最小实体牙型的中径。为了消除牙侧角偏差和螺距偏差对检验结果的影响，止规采用截短牙型，并且只有 2 ~ 3.5 个螺距的螺纹长度。

如果被测螺纹能够与螺纹通规旋合通过，且与螺纹止规不完全旋合通过（可以旋入不超过 2 个螺距的旋合量），就表明被测螺纹中径合格，否则不合格。

检验螺纹顶径用的光滑极限量规通规和止规分别确定相应的定形尺寸及极限偏差，与检验孔、轴用的光滑极限量规类似，这在 GB/T 10920—2008 及其附录中有具体规定。

2. 螺纹的单项测量

普通螺纹的单项测量是指对螺纹的各个几何参数分别进行测量。单项测量用于螺纹工件的工艺分析和螺纹量规、螺纹刀具的测量。常用的螺纹单项测量法有以下几种：

（1）三针法测量螺纹中径 三针法是一种间接测量法，主要用于测量精密螺纹的中径 d_2，如图 7-33 所示。将三根直径均为 d_0 的刚性圆柱形量针放在被测螺纹牙槽内，用量仪测量这三根量针外侧母线之间的距离 M。由于普通螺纹的导程角很小，法向剖面与通过螺纹轴线的剖面间的夹角就很小，所以可近似地认为量针与两牙侧面在通过螺纹轴线的剖面内接触。被测螺纹中径的实际尺寸 d_{2a} 与 d_0、M、被测螺纹的螺距 P、牙型半角 $\alpha/2$ 的关系为

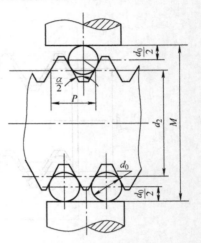

图 7-33 三针法测量螺纹中径

$$d_{2a} = M - d_0 \left[1 + \frac{1}{\sin\frac{\alpha}{2}} \right] + \frac{P}{2}\cot\frac{\alpha}{2} \qquad (7\text{-}12)$$

在式（7-12）中，d_0、$\alpha/2$、P 均按理论值代入。

对于普通螺纹 $\alpha = 60°$，则

$$d_{2a} = M - 3d_0 + 0.866P \qquad (7\text{-}13)$$

为了避免牙侧角偏差对测量结果的影响，就必须选择量针的最佳直径，使量针在中径线上与牙侧接触。量针的最佳直径为

$$d_0 = \frac{P}{\cot\frac{\alpha}{2}} \qquad\qquad (7\text{-}14)$$

（2）用螺纹千分尺测量外螺纹中径 螺纹千分尺是生产车间测量低精度螺纹的常用量具，如图 7-34 所示。它的结构与一般外径千分尺相似，只是两个测头的形状不同。它是由 V 形槽测头和锥形测头成对配套的，且可以根据不同螺纹牙型和螺距选择不同的测头，以测量螺纹中径。

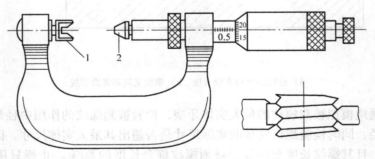

图 7-34 螺纹千分尺
1—V 形槽测头 2—锥形测头

（3）影像法测量螺纹各几何参数 影像法测量螺纹是指用工具显微镜将被测螺纹的牙型轮廓放大成像，按被测螺纹的影像来测量其螺距、牙侧角、中径、大径和小径等。各种精密螺纹（如螺纹量规、丝杠、螺杆等）都可在工具显微镜上进行测量。

习　题

7-1　平键联结的主要几何参数有哪些？

7-2　平键联结有几种配合类型？它们各应用在什么场合？

7-3　矩形花键联结的结合面有哪些？规定用哪个结合面作为定心表面？为什么？

7-4　矩形花键联结各结合面的配合采用何种配合制度？有几种装配形式？

7-5　某减速器中输出轴的伸出端与相配件孔的配合为 $\phi45H7/m6$，采用平键联结。试确定轴键槽和轮毂槽的剖面尺寸及其极限偏差、键槽对称度公差值和键槽表面粗糙度参数值，并确定应遵守的公差原则。

7-6　某汽车用矩形花键，规格为 $6 \times 26 \times 30 \times 6$，定心精度要求不高，但传递转矩较大，试确定其公差与配合。

7-7　某机床变速箱中一滑移齿轮的内孔与轴为花键联结方式，已知花键规格为 $6 \times 28 \times 32 \times 7$，内花键长 30mm，轴长 75mm，内花键相对于外花键可移动，且定心精度要求高。试确定：

1) 内花键和外花键各主要尺寸的公差带代号，并计算它们的极限偏差和极限尺寸。

2) 内花键和外花键相应的位置度公差及各主要表面的表面粗糙度参数值。

3) 将上述各项标注在内、外花键的断面图上。

7-8　圆锥配合与光滑圆柱配合相比，有什么特点？不同形式的配合各用于什么场合？

7-9　圆锥配合的基本参数有哪些？根据圆锥的制造工艺不同，限制一个圆锥的公称尺寸可以有几种情况？

7-10　影响圆锥连接的误差因素有哪些？

7-11　圆锥直径公差与给定截面的圆锥直径公差有什么不同？

7-12　圆锥公差包括哪些项目？

7-13　铣床主轴端部锥孔及刀杆锥体以锥孔最大圆锥直径 $\phi70mm$ 为配合直径，锥度 $C = 7:24$，配合长度 $H = 106mm$，基面距 $a = 3mm$，基面距极限偏差 $\Delta = \pm0.4mm$，试确定圆锥直径和圆锥角的极限偏差。

7-14　普通螺纹的基本几何参数有哪些？

7-15　影响螺纹互换性的主要因素有哪些？

7-16　内、外螺纹中径是否合格的判断原则是什么？

7-17　试述螺纹中径、单一中径和作用中径的区别与联系。

7-18　通过查表写出 M20 $\times$ 2 $-$ 6H/5g6g 外螺纹中径、大径和内螺纹中径、小径的极限偏差，并绘出公差带图。

7-19　试选择螺纹联接 M20 $\times$ 2 的公差与基本偏差，其工作条件要求旋合性和联接强度好，螺纹的生产条件是大批量生产。

7-20　有一内螺纹 M20 $-$ 7H，测得其实际中径 $D_{2a} = 18.61mm$，螺距累积偏差 $\Delta P_{\Sigma} = 40\mu m$，实际牙型半角 $\alpha/2$（左）$= 30°30'$，$\alpha/2$（右）$= 29°10'$，问该内螺纹的中径是否合格？

7-21　有一外螺纹 M24 $\times$ 2 $-$ 6h，测得实际中径 $d_{2a} = 21.95mm$，其螺距累积偏差 $\Delta P_{\Sigma} = -0.05mm$，牙型半角误差分别为 $\Delta\alpha/2$（左）$= -80'$，$\Delta\alpha/2$（右）$= +60'$，试求外螺纹的作用中径，问该外螺纹是否合格？

第8章

典型零部件的公差及其检测

【学习指导】

本章主要介绍滚动轴承及圆柱齿轮的公差与配合标准，为合理选用典型零部件的配合打下基础。

根据滚动轴承作为标准部件的特点，理解滚动轴承内圈与轴采用基孔制配合、外圈与轴承座孔采用基轴制配合的依据；掌握滚动轴承公差等级及其选用原则；掌握滚动轴承内、外圈公差带的特点、国家标准有关与滚动轴承配合的轴、孔公差带的规定；了解与滚动轴承配合的轴及轴承座孔的常用公差带；初步掌握如何选用滚动轴承与轴及轴承座孔的配合，轴和轴承座孔几何公差与表面粗糙度参数及其数值的选用；明确齿轮传动的应用要求，熟悉与应用要求相对应的评定指标的含义及表示代号，掌握齿轮精度等级的表达方法、评定指标的检验方法、传动精度的设计方法。

8.1 滚动轴承的精度

8.1.1 概述

1. 任务引入

滚动轴承在机械产品中的应用极其广泛，在图1-1所示的一级齿轮传动减速器中，输入轴与输出轴上的齿轮啮合传动就是通过滚动轴承支承在箱体上，从而实现传递运动的作用，并保证传动精度的要求。因此，滚动轴承在机械产品中起到重要作用，滚动轴承精度在很大程度上决定了机械产品或机械设备的旋转精度。

2. 滚动轴承结构和分类

滚动轴承是精密的标准部件。它主要由套圈——内、外圈（薄壁套类零件）滚动体，保持架组成，如图8-1所示。

滚动轴承的类型很多，按照滚动体可分为球轴承、滚子（圆柱、圆锥）轴承和滚针轴承；按照承受载荷方向，滚动轴承大致可分为向心轴承（主要承受径向载荷）、推力轴承（承受纯轴向载荷）和角接触轴承（同时承受径向和轴向载荷）。

滚动轴承的工作性能和使用寿命，既取决于本身的制造精度，也与配合件即传动轴的轴

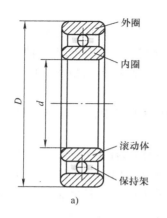

图 8-1　滚动轴承

颈、轴承座孔的直径尺寸精度、几何精度（形状、位置精度）以及表面粗糙度等有关。

当机械产品应用滚动轴承时，精度设计的任务如下：

1）选择滚动轴承的公差等级。

2）确定与滚动轴承配合的轴、轴承座孔的尺寸公差带代号。

3）确定与滚动轴承配合的轴、轴承座孔的几何公差以及表面粗糙度要求。

因此，实现"滚动轴承与轴、轴承座孔（或称为外壳孔）"的外互换性，必须解决两个问题：一是掌握国家标准规定的滚动轴承公差等级；二是掌握国家标准关于"轴承内圈内径公差带和外圈外径公差带"的规定。目的是正确选择滚动轴承的公差等级，确定与滚动轴承的配合代号。

8.1.2　滚动轴承的精度规定

1. 滚动轴承的公差等级及其应用

在实际应用中，向心轴承比其他类型轴承应用更为广泛。根据国家标准 GB/T 307.1—2017《滚动轴承　向心轴承　产品几何技术规范（GPS）和公差值》和 GB/T 307.4—2017《滚动轴承　推力轴承　产品几何技术规范（GPS）和公差值》的规定，滚动轴承按尺寸公差与旋转精度分级。向心轴承分为普通（0）、6、5、4、2 五个公差等级，其中普通（0）级精度最低，2 级精度最高；圆锥滚子轴承分为普通（0）、6X、5、4、2 五个公差等级。推力球轴承分为普通（0）、6、5、4 四个公差等级，滚动轴承公差等级见表 8-1。

表 8-1　滚动轴承公差等级

轴承类型	公差等级				
向心轴承（圆锥滚子轴承除外）	普通（0）	6	5	4	2
圆锥滚子轴承	普通（0）	6X	5	4	2
推力轴承	普通	6	5	4	—
低→高					

普通级轴承在机器制造中应用最广泛，主要用于旋转精度要求不高的机构中。例如，用于减速器、卧式车床变速箱和进给箱、汽车和拖拉机变速器、普通电动机水泵、压缩机和涡

轮机之中。

6级、5级、4级轴承用于旋转精度和运转平稳性要求较高或转速较高的机构中，普通机床主轴的前轴承多采用5级轴承，后轴承多采用6级轴承；精密机床主轴上的轴承应选用5级及其以上级别的轴承；而对于数控机床、加工中心等高速、高精密机床主轴上的轴承则需选用4级及其以上级别的超精密轴承。

2级轴承用于旋转精度要求很高和转速很高的旋转机构中，如精密坐标镗床的主轴轴承、高精度仪器和高转速机构中使用的主要轴承。

主轴轴承作为机床的基础配套件，其性能直接影响到机床的转速、回转精度、刚性、抗振性能、切削性能、噪声、温升及热变形等，进而影响到加工零件的精度、表面质量等。

除普通级（PN，旧称0级）外，其余各等级轴承统称为高精度轴承，主要用于高线速度或高旋转精度的场合。这类精度的轴承在各种金属切削机床上应用较多，因此，高性能的机床必须配用高性能的轴承，见表8-2。在图1-1所示的一级齿轮传动减速器实例中，滚动轴承公差等级采用6级。

表8-2　机床主轴轴承公差等级

轴承类型	公差等级	应用情况
深沟球轴承	4	高精度磨床、丝锥磨床、螺纹磨床、磨齿机、插齿刀磨床
角接触球轴承	5	精密镗床、内圆磨床、齿轮加工机床
	6	卧式车床、铣床
单列圆柱滚子轴承	4	精密丝杠车床、高精度车床、高精度外圆磨床
	5	精密车床、精密铣床、转塔车床、普通外圆磨床、多轴车床、镗床
	6	卧式车床、自动车床、铣床、立式车床
向心短圆柱滚子轴承、调心滚子轴承	6	精密车床及铣床的后轴承
圆锥滚子轴承	4	坐标镗床、磨齿机
	5	精密车床、精密铣床、镗床、精密转塔车床、滚齿机
	6X	铣床、车床
推力球轴承	6	一般精度车床

2. 滚动轴承外径、内径公差带及其特点

GB/T 307.1—2017对滚动轴承内径（d）和外径（D）规定了两种公差：一是规定了轴承内圈内径和外圈外径实际尺寸的极限偏差；二是规定了轴承套圈任一横截面内的最大直径和最小直径的平均直径（即单一径向平面内的平均内、外径—d_{mp}、D_{mp}）的公差。

国家标准规定这两种公差的目的如下。

1）规定"轴承内圈内径和外圈外径实际尺寸的极限偏差"是为了使轴承内、外圈在加工和运输过程中产生的变形不至于过大而能在装配后得到矫正，降低对轴承工作精度的影响。因为轴承内、外圈是薄壁套类零件，径向刚性较差，容易产生径向变形。

2）规定"轴承套圈任一横截面内的最大直径和最小直径的平均直径的公差"是为了保证轴承与轴、轴承座孔配合的性质和精度。因为轴承内、外圈是薄壁套类零件，它们分别与轴、轴承座孔配合时，决定配合性质的是内、外圈的局部实际平均内、外径。

GB/T 307.1—2017 规定了向心轴承（圆锥滚子轴承除外）内圈内径、外圈外径公差带，向心轴承内圈平均内径和外圈平均外径极限偏差见表 8-3。

表 8-3　向心轴承（圆锥滚子轴承除外）内圈平均内径和外圈平均外径极限偏差（摘自 GB/T 307.1—2017）

公差等级			普通（0）		6（6X）		5		4		2	
公称直径/mm			极限偏差/μm									
>	≤		上极限偏差	下极限偏差	上极限偏差	下极限偏差	上极限偏差	下极限偏差	上极限偏差	下极限偏差	上极限偏差	下极限偏差
内圈	18	30	0	−10	0	−8	0	−6	0	−5	0	−2.5
	30	50	0	−12	0	−10	0	−8	0	−6	0	−2.5
外圈	50	80	0	−13	0	−11	0	−9	0	−7	0	−4
	80	120	0	−15	0	−13	0	−10	0	−8	0	−5

滚动轴承内圈内径、外圈外径公差带特点如下。

1）公差带的大小。在同一直径尺寸段中，公差等级越高，公差值越小。

2）公差带的位置。公差带均在零线下方，即上极限偏差为零。

3. 滚动轴承与轴、轴承座孔（外壳孔）配合的基准制与配合性质

由于轴承为标准部件，因此，轴承内圈与轴的配合为**基孔制配合**，轴承外圈与轴承座孔的配合为**基轴制配合**。国家标准规定：**滚动轴承内圈平均内径公差带设置在零线下方**，上极限偏差为零；滚动轴承**外圈平均外径公差带设置在零线下方**，上极限偏差为零，如图 8-2 所示。

由于轴承内圈内径公差带与基准孔（H）公差带的位置不同，因此，轴承与轴的配合性质不同于光滑圆柱结合中基孔制配合。

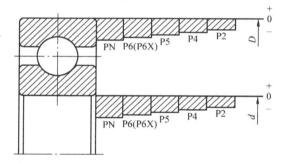

图 8-2　滚动轴承内径和外径的公差带

轴承内圈通常与轴一起旋转，为了防止内圈和轴之间产生相对滑动而磨损，影响轴承的工作性能，因此，要求配合面之间具有一定的过盈量，但过盈量不宜过大。因此，国家标准将轴承内圈平均内径公差带设置在零线下方，上极限偏差为零。这样，轴承内圈内径公差带位置比基准孔（基本偏差 H）的公差带下移了，孔的尺寸变小了，与轴配合就变紧了。

轴承外圈因为安装在轴承座孔中，通常不旋转。考虑到工作时温度升高会使轴热胀伸长而产生轴向移动，因此，两端轴承中有一端轴承应是游动支承，可使外圈与轴承座孔的配合稍微松一些，使之补偿轴的热胀量，让轴可以伸长，防止轴被挤弯而影响轴承正常运转。为此，国家标准将轴承外圈平均外径公差带设置在零线下方，上极限偏差为零。

8.1.3　滚动轴承的配合件公差及其选择

滚动轴承的配合件尺寸公差是指与轴承配合的轴、轴承座孔尺寸公差。确定与轴承的配合，必须根据轴承配合部位的工作性能要求，选择国家标准规定的轴、轴承座孔尺寸公差带。

国家标准 GB/T 275—2015 规定了与普通级公差轴承配合的轴和轴承座孔的常用公差带，如图 8-3、图 8-4 所示。正确地选择与轴承配合的轴和轴承座孔公差带，对于保证滚动轴承的正常运转及旋转精度，延长其使用寿命有极大关系。

选择时，主要考虑以下因素：内、外圈的工作条件（套圈运转和承载的情况、载荷大小）、轴承的类型、轴承的公称尺寸大小、轴承的公差等级、轴承轴向位移的限度及其他情况等。

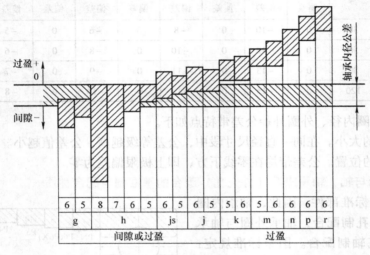

图 8-3　普通级公差轴承与轴配合的常用公差带

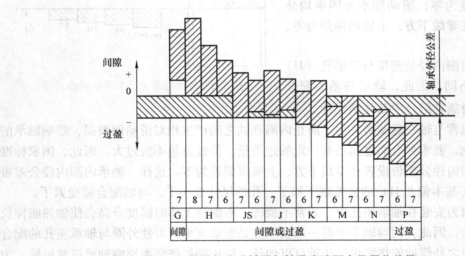

图 8-4　普通级公差轴承与轴承座孔配合常用公差带

对于初学者，选择方法多为类比法，即通过查表 8-4 ~ 表 8-11 确定轴颈和轴承座孔的尺寸公差带、几何公差和表面粗糙度。

表 8-4 ~ 表 8-11 适用于以下情况：

1）轴承公差等级为 0 级、6 级或 6X 级。

2）轴为实心或厚壁钢制轴。

3）轴承座孔为钢制或铸铁件。

4）轴承游隙符合 GB/T 4604.1—2012 中的 N 组。

表 8-4～表 8-11 不适用于无内、外圈轴承和特殊用途轴承（如飞机机架轴承、仪器轴承、机床主轴轴承等）。

表 8-4　向心轴承和轴的配合——轴公差带

载荷情况		应用举例	深沟球轴承、调心球轴承和角接触球轴承	圆柱滚子轴承和圆锥滚子轴承	调心滚子轴承	公差带
			轴承公称内径/mm			
圆柱孔轴承						
内圈承受旋转载荷或方向不定载荷	轻载荷	输送机、轻载齿轮箱	≤18 >18~100 >100~200 —	— ≤40 >40~140 >140~200	— ≤40 >40~100 >100~200	h5 j6[1] k6[1] m6[1]
	正常载荷	一般通用机械、电动机、泵、内燃机、正齿轮传动装置	≤18 >18~100 >100~140 >140~200 >200~280 —	— ≤40 >40~100 >100~140 >140~200 >200~400	— ≤40 >40~65 >65~100 >100~140 >140~280 >280~500	j5、js5 k5[2] m5[2] m6 n6 p6 r6
	重载荷	铁路机车车辆轴箱、牵引电动机、破碎机等	—	>50~140 >140~200 >200 —	>50~100 >100~140 >140~200 >200	n6[3] p6[3] r6[3] r7[3]
内圈承受固定载荷	所有载荷	非旋转轴上的各种轮子（内圈必须在轴向容易移动）	所有尺寸			f6 g6
		张紧轮、绳轮（内圈不必要在轴向移动）				h6 j6
仅有轴向载荷			所有尺寸			j6、js6
圆锥孔轴承（带锥形套）						
所有载荷		铁路机车车辆轴箱	装在退卸套上的所有尺寸			h8（IT6）[4][5]
		一般机械传动	装在紧定套上的所有尺寸			h9（IT7）[4][5]

① 对精度有较高要求的场合，应选用 j5、k5、m5 代替 j6、k6、m6。

② 圆锥滚子轴承和角接触球轴承配合对游隙的影响不大，可用 k6 和 m6 代替 k5 和 m5。

③ 重载荷下应选用轴承游隙大于 N 组。

④ 凡有较高精度或转速要求较高的场合，应选用 h7（IT5）代替 h8（IT6）等。

⑤ IT6、IT7 表示圆柱度公差值。

表 8-5　向心轴承和轴承座孔的配合——孔公差带

载荷情况		举例	其他状况	公差带①	
				球轴承	滚子轴承
外圈承受固定载荷	轻、正常、重	一般机械、铁路机车车辆轴箱	轴向易移动，可采用剖分式轴承座	H7、G7②	
	冲击		轴向能移动，可采用整体或剖分式轴承座	J7、JS7	
方向不定载荷	轻、正常	电机、泵、曲轴主轴承			
	正常、重			K7	
	重、冲击	牵引电机		M7	
外圈承受旋转载荷	轻	皮带张紧轮	轴向不移动，采用整体式轴承座	J7	K7
	正常	轮毂轴承		M7	N7
	重			—	N7、P7

① 并列公差带随尺寸的增大从左到右选择。对旋转精度有较高要求时，可相应提高一个公差等级。

② 不适用于剖分式轴承座。

表 8-6　推力轴承和轴的配合——轴公差带

载荷情况		轴承类型	轴承公称内径/mm	公差带
仅有轴向载荷		推力球和推力圆柱滚子轴承	所有尺寸	j6、js6
径向和轴向联合载荷	轴圈承受固定载荷	推力调心滚子轴承、推力角接触球轴承、推力圆锥滚子轴承	≤250	j6
			>250	js6
	轴圈承受旋转载荷或方向不定载荷		≤200	k6
			>200～400	m6
			>400	n6

注：要求较小过盈时，可分别用 j6、k6、m6 代替 k6、m6、n6。

表 8-7　推力轴承和轴承座孔的配合——孔公差带

载荷情况		轴承类型	公差带
仅有轴向载荷		推力球轴承	H8
		推力圆柱、圆锥滚子轴承	H7
		推力调心滚子轴承	—①
径向和轴向联合载荷	座圈承受固定载荷	推力角接触球轴承、推力调心滚子轴承、推力圆锥滚子轴承	H7
	座圈承受旋转载荷或方向不定载荷		K7②
			M7③

① 轴承座孔与座圈间间隙为 $0.001D$（D 为轴承公称外径）。

② 一般工作条件。

③ 有较大径向载荷时。

表 8-8　轴承套圈运转及承载情况（GB/T 275—2015）

套圈运转情况	典型实例	示意图	套圈承载情况	推荐的配合
内圈旋转 外圈静止 载荷方向恒定	皮带驱动轴	F_r	内圈承受旋转载荷 外圈承受静止载荷	内圈过盈配合 外圈间隙配合
内圈静止 外圈旋转 载荷方向恒定	传送带托辊 汽车轮毂轴承	F_r	内圈承受静止载荷 外圈承受旋转载荷	内圈间隙配合 外圈过盈配合
内圈旋转 外圈静止 载荷随内圈旋转	离心机 振动筛 振动机械	F_c F_r	内圈承受静止载荷 外圈承受旋转载荷	内圈间隙配合 外圈过盈配合
内圈静止 外圈旋转 载荷随外圈旋转	回转式破碎机	F_c F_r	内圈承受旋转载荷 外圈承受静止载荷	内圈过盈配合 外圈间隙配合

选择轴和轴承座孔公差带时应考虑的因素及选择的基本原则如下。

（1）运转条件　轴承套圈相对于载荷方向旋转或摆动（指载荷方向不定）时，应选择过盈配合；轴承套圈相对于载荷方向固定时，应选择间隙配合，见表 8-5。载荷方向难以确定时，应选择过盈配合。

（2）载荷的类型　当轴承转动时，作用在轴承上的径向载荷，可以是定向载荷（如带轮的拉力或齿轮的作用力），或旋转载荷（如机件的转动离心力），或是两者的合成载荷。根据作用于轴承上的合成径向载荷相对于轴承套圈的旋转情况，可将所受载荷分为局部载荷、循环载荷和摆动载荷三类，如图 8-5 所示。

1）局部载荷是指套圈相对于载荷方向静止，即载荷方向始终不变地作用在轴承套圈滚道的局部区域上。如图 8-5a 所示不旋转的外圈和图 8-5b 所示不旋转的内圈，受到方向始终不变的载荷 F_r 的作用。前者承受固定的外圈载荷，后者承受固定的内圈载荷。例如，减速器转轴两端的滚动轴承的外圈，就是承受局部载荷的典型实例。此时轴承套圈相对于载荷方向静止的受力特点是载荷作用集中，轴承套圈滚道局部区域容易产生磨损。

2）循环载荷是指作用于轴承上的合成径向载荷与轴承套圈相对旋转，即合成载荷方向依次作用在轴承套圈滚道的整个圆周上，如图 8-5a 所示旋转的内圈和图 8-5b 所示旋转的外圈。例如，减速器转轴两端的滚动轴承的内圈，就是承受循环载荷的典型实例。此时轴承套

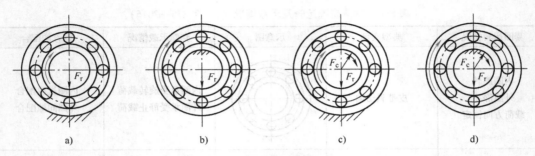

图 8-5　轴承套圈与载荷方向的关系

a）内圈：循环载荷；外圈：局部载荷　b）外圈：循环载荷；内圈：局部载荷
c）内圈：循环载荷；外圈：摆动载荷（$F_r > F_c$）　d）外圈：循环载荷；内圈：摆动载荷

圈相对于载荷方向旋转的受力特点是载荷呈周期性作用，轴承套圈滚道产生均匀磨损。

3）摆动载荷是指作用于轴承上的合成径向载荷与轴承套圈在一定区域内相对摆动，即合成载荷向量按一定规律变化，往复作用在轴承套圈滚道的局部圆周上。如图 8-5c 和图 8-5d 所示，轴承套圈受到一个大小和方向均固定的径向载荷 F_r 和一个旋转的径向载荷 F_c，两者合成的载荷大小将由小到大，再由大到小，周期性地变化。

（3）载荷大小　载荷大小有**轻、正常**和**重载荷** 3 种类型。GB/T 275—2015 根据径向当量动载荷 P_r 与轴承产品样本中规定的径向额定动载荷 C_r 的比值大小进行分类，见表 8-9。

选择配合时，载荷越大，配合应选择越紧的。因为在重载荷和冲击载荷作用下，要防止轴承产生变形和受力不均而引起配合松动。因此，当承受重载荷或冲击载荷时，一般应选择比承受正常、轻载荷时更紧的配合。承受变化载荷应比承受平稳载荷的配合选得更紧一些。

表 8-9　向心轴承载荷大小

载荷大小	P_r/C_r
轻载荷	≤0.06
正常载荷	>0.06～0.12
重载荷	>0.12

（4）轴承游隙　游隙大小必须合适，过大不仅使转轴发生较大的径向圆跳动和轴向窜动，还会使轴承产生较大的振动和噪声；过小又会使轴承滚动体与轴承套圈产生较大的接触应力，使轴承摩擦发热而缩短寿命，故游隙大小应适度。

在常温状态下工作的轴承按照表 8-4～表 8-7 选择的轴和轴承座孔公差带，一般都能保证有适度的游隙。值得注意的是，选择过盈配合会导致轴承游隙减小，应检验安装后轴承的游隙是否满足使用要求，以便正确选择配合及轴承游隙。

（5）其他因素

1）温度。轴承在运转时，因为轴承摩擦发热和其他热源的影响，使轴承套圈的温度高于相邻零件的温度，造成内圈与轴配合变松，外圈可能因为膨胀而影响轴承在轴承座孔中的轴向移动。因此，应考虑轴承与轴和轴承座孔的温差和热源的流向。

2）转速。对于转速高又承受冲击动载荷作用的滚动轴承，轴承与轴、轴承座孔的配合应选用过盈配合。

3）公差等级。选择轴和轴承座孔的公差等级时应与轴承的公差等级相协调。例如，0级、6（6X）级轴承，与之配合的轴公差等级一般选择IT6，轴承座孔一般选择IT7；对旋转精度和运动平稳性有较高要求的应用场合，在提高轴承公差等级的同时，轴和轴承座孔的公差等级也应提高，如在电动机、机床以及5级公差等级的轴承应用中，轴公差等级一般选择IT5，轴承座孔公差等级则选择IT6。

对于滚针轴承，轴承座孔材料为钢或铸铁时，尺寸公差带可选择N5或N6；轴承座孔材料为轻合金时，选择比N5或N6略松的尺寸公差带。

（6）公差原则的选择 轴和轴承座孔分别与轴承内圈、外圈配合，由于内、外圈是薄壁套类零件，其径向刚性较差，易受径向载荷作用而产生变形，最终影响轴承的旋转精度。因此，轴和轴承座孔的尺寸公差与形状公差之间的关系应采用包容要求，有关包容要求的内容见4.3节。

（7）几何公差与表面粗糙度的选择 选择轴和轴承座孔的几何公差（形状公差、跳动公差）与表面粗糙度时可参照表8-10、表8-11。

表8-10 轴和轴承座孔的几何公差

公称尺寸/mm		圆柱度 $t/\mu m$				轴向圆跳动 $t_1/\mu m$			
		轴颈		轴承座孔		轴肩		轴承座孔肩	
		轴承公差等级							
>	≤	0	6 (6X)	0	6 (6X)	0	6 (6X)	0	6 (6X)
—	6	2.5	1.5	4	2.5	5	3	8	5
6	10	2.5	1.5	4	2.5	6	4	10	6
10	18	3	2	5	3	8	5	12	8
18	30	4	2.5	6	4	10	6	15	10
30	50	4	2.5	7	4	12	8	20	12
50	80	5	3	8	5	15	10	25	15
80	120	6	4	10	6	15	10	25	15
120	180	8	5	12	8	20	12	30	20
180	250	10	7	14	10	20	12	30	20
250	315	12	8	16	12	25	15	40	25
315	400	13	9	18	13	25	15	40	25
400	500	15	10	20	15	25	15	40	25

表8-11 配合表面及端面的表面粗糙度

轴或轴承座孔直径/mm	轴或轴承座孔配合面直径公差等级					
	IT7		IT6		IT5	
	表面粗糙度 $Ra/\mu m$					
	磨	车	磨	车	磨	车
≤80	1.6	3.2	0.8	1.6	0.4	0.8
>80～500	1.6	3.2	1.6	3.2	0.8	1.6
端面	3.2	6.3	6.3	6.3	6.3	3.2

8.1.4 实训

1）分析图 1-1 所示一级齿轮传动减速器的使用功能要求，明确输入轴、输出轴上轴承型号、公差等级，明确轴承内圈内径和外圈外径（单一平均内、外径）的上、下极限偏差数值。

2）分析轴承在输入轴、输出轴上承受的载荷情况、大小等工作条件，选择与轴承配合的输入轴、输出轴的公差带代号、几何公差数值和表面粗糙度数值等。

3）选择输入轴上轴承外圈与轴承座孔的配合代号。

4）选择输出轴上轴承外圈与轴承座孔的配合代号。

5）绘制图样并进行标注。

8.2　渐开线圆柱齿轮传动及其检测

8.2.1　概述

1. 任务引入

齿轮传动是机械产品中应用最广泛的传动机构之一。它在机床、汽车、仪器仪表等行业得到了广泛的应用，其主要功能是传递运动、动力和精密分度等。齿轮传动精度将会直接影响机器的传动质量、效率和使用寿命。结合图 1-1 所示一级齿轮传动减速器中齿轮的使用要求，本节将着重介绍国家现行的渐开线圆柱齿轮精度标准、齿轮的精度设计和检测方法。

在各种齿轮传动系统中，通常是由齿轮、轴、轴承和箱体等零部件组成。这些零部件的制造和安装精度都会对齿轮传动产生影响。其中，齿轮本身的制造精度和齿轮副的安装精度又起着主要的作用。

在机械产品中，齿轮是使用最多的传动元件，尤其是渐开线圆柱齿轮应用更为广泛。随着现代生产和科技的发展，要求机械产品在减轻自身重量的前提下，所传递的功率越来越大，转速也越来越高，有些机械对工作精度的要求也越来越高，从而对齿轮传动精度提出了更高的要求。因此，研究齿轮误差对齿轮使用性能的影响，研究齿轮传动的互换性原理、精度标准以及检测技术等，对提高齿轮加工质量有着十分重要的意义。为此，国家出台和实施了新的渐开线圆柱齿轮标准。目前我国推荐使用的标准为 GB/T 10095.1~2—2008《圆柱齿轮 精度制》；GB/Z 18620.1~4—2008《圆柱齿轮 检验实施规范》。

2. 齿轮传动的使用要求

随着现代科技的不断发展，要求机械产品自身重量轻、传递功率大、转动速度快、工作精度高，因而对齿轮传动提出了更高的要求。在不同的机械产品中，齿轮传动的精度要求有所不同，主要包括以下几个方面：

（1）传递运动的准确性　要求齿轮在一转范围内传动比的变化尽量小，以保证从动齿轮与主动齿轮的相对运动协调一致。当主动齿轮转过一个角度 ϕ_1 时，从动齿轮根据齿轮的传动比 i 转过相应的角度 $\phi_2 = i\phi_1$。根据齿廓啮合基本定律，齿轮传动比 i 应为一个常数，但由于齿轮加工和安装误差，使得每一瞬时的传动比都不相同，从而造成了从动齿轮的实际转角偏离理论值，产生了转角误差。为了保证齿轮传递运动的准确性，应限制齿轮在一转内的最大转角误差。

（2）传动的平稳性　要求齿轮在转过每个齿的范围内，瞬时传动比的变化尽量小，以保证齿轮传动平稳，降低齿轮传动过程中的冲击、振动和噪声。

（3）载荷分布的均匀性　要求齿轮在啮合时工作齿面接触良好，载荷分布均匀，避免轮齿局部受力引起应力集中而造成局部齿面的过度磨损、点蚀甚至轮齿折断，提高齿轮的承载能力和使用寿命。

（4）齿侧间隙的合理性　要求齿轮副啮合时，非工作齿面间应留有一定的间隙，用以储存润滑油、补偿齿轮受力后的弹性变形、热变形以及齿轮传动机构的制造、安装误差，防止齿轮工作过程中卡死或齿面烧伤。但过大的间隙会在起动和反转时引起冲击，造成回程误差，因此齿侧间隙的选择应在一个合理的范围内。

为了保证齿轮传动具有良好的工作性能，对以上4个方面均有一定的要求，但根据用途和工作条件的不同，对上述要求的侧重点会有所区别。

对于机械中常用的齿轮，如机床、汽车、拖拉机、减速器等用的齿轮，主要的要求是传动的平稳性和载荷分布的均匀性，对传递运动的准确性要求可稍低一些。

对于精密机床中的分度机构、控制系统和测试机构中使用的齿轮，对传递运动的准确性要求较高，以保证主、从动齿轮运动协调一致。这类齿轮一般传递动力较小，齿轮模数、齿宽也不大，对载荷分布的均匀性要求并不高。

对于轧钢机、矿山机械和起重机械中主要用于传递动力的齿轮，其特点是传递功率大，圆周速度低，选用齿轮的模数和齿宽都较大，对载荷分布的均匀性要求较高。

对于汽轮机、高速发动机中的齿轮，因其传递功率大，圆周速度高，要求工作时振动、冲击和噪声小，对传动的平稳性有极其严格的要求，对传递运动的准确性和载荷分布的均匀性也有较高的要求，还要求较大的齿侧间隙，以保证齿轮良好的润滑，避免高速运动因温度升高而卡死。

3. 齿轮加工偏差的来源

齿轮的切削加工方法有很多，按齿廓形成的原理可分为两大类：成形法和展成法。

用成形法加工齿轮时，刀具的齿形与被加工齿轮的齿槽形状相同。常用盘状齿轮铣刀和指状齿轮铣刀在铣床上借助分度装置铣削加工齿轮。

用展成法加工齿轮时，齿轮表面通过专用齿轮加工机床的展成运动形成渐开线齿面。常用的加工方法有滚齿、插齿、磨齿、剃齿、珩齿、研齿等。

由于齿轮加工系统中的机床、刀具、齿坯的制造与安装等存在着多种误差因素，致使加工后的齿轮存在各种形式的误（偏）差。

下面以在滚齿机上加工齿轮为例，如图8-6所示，分析齿轮加工偏差产生的主要原因。

（1）几何偏心　几何偏心产生的原因是由于加工时齿坯孔的基准轴线 $O_1—O_1$ 与滚齿机工作台旋转轴线 $O—O$ 不重合而引起的安装

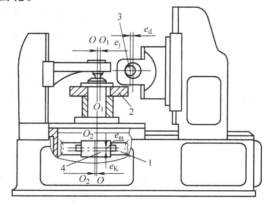

图8-6　滚齿加工示意图

1—分度蜗轮　2—工件（齿坯）　3—滚刀　4—蜗杆

偏心，造成了齿轮齿圈的基准轴线与齿轮工作时的旋转轴线不重合。几何偏心使加工过程中齿坯孔的基准轴线 O_1—O_1 与滚刀的距离发生变化，使切出的齿轮轮齿一边短而肥、一边瘦而长。当以齿坯孔的基准轴线 O_1—O_1 定位检测时，在一转范围内产生周期性齿圈径向跳动，同时齿距和齿厚也产生周期性变化。当这种齿轮与理想齿轮啮合传动时，必然产生转角误差，影响齿轮传递运动的准确性。

（2）运动偏心　运动偏心是由于滚齿机分度蜗轮加工误差，以及安装过程中分度蜗轮轴线 O_2—O_2 与滚齿机工作台旋转轴线 O—O 不重合引起的。运动偏心使齿坯相对于滚刀的转速不均匀，而使被加工齿轮的齿廓产生切向位移。齿轮加工时，蜗杆的线速度是恒定不变的，只是蜗轮、蜗杆的中心距周期性变化，即蜗轮（齿坯）在一转内的转速呈现周期性的变化。当蜗轮的角速度由 ω 增大到 $\omega + \Delta\omega$ 时，会使被切齿轮的齿距和公法线都变长；当蜗轮的角速度由 ω 减小到 $\omega - \Delta\omega$ 时，切齿滞后又会使齿距和公法线都变短，从而使齿轮产生周期性变化的切向偏差。因此，运动偏心也影响齿轮传递运动的准确性。

（3）机床传动链的高频误差　加工直齿轮时，传动链中分度机构各元件的误差，尤其是分度蜗杆由于安装偏心引起的径向跳动和轴向窜动，将会造成蜗轮（齿坯）在一转范围内的转速出现多次的变化，引起加工齿轮的齿距偏差和齿形偏差。加工斜齿轮时，除分度机构各元件的误差外，还受到差动链误差的影响。机床传动链的高频误差引起加工齿轮的齿面产生波纹，会使齿轮啮合时瞬时传动比产生波动，影响齿轮传动的平稳性。

（4）滚刀的制造和安装误差　在制造滚刀过程中，滚刀本身的齿距、齿形等偏差，都会在加工齿轮的过程中被复映到被加工齿轮的每一个齿上，使被加工齿轮产生齿距偏差和齿廓形状偏差。

滚刀由于安装偏心，会使被加工齿轮产生径向偏差。滚刀刀架导轨或齿坯轴线相对于滚齿机工作台旋转轴线的倾斜及轴向窜动，会使进刀方向与轮齿的理论方向产生偏差，引起加工齿面沿齿长方向的歪斜，造成齿廓倾斜偏差和螺旋线偏差，将会影响载荷分布的均匀性。

4. 齿轮加工偏差的分类

由于齿轮加工过程中造成工艺误差的因素有很多，齿轮加工后的偏差形式也有很多。为了区别和分析齿轮各种偏差的性质、规律以及对传动质量的影响，将齿轮加工偏差分类如下：

1）按偏差出现的频率分为**长周期（低频）偏差**和**短周期（高频）偏差**，如图 8-7 所示。在齿轮加工的过程中，齿廓表面的形成是由滚刀对齿坯周期性连续滚切的结果，因此，加工偏差是齿轮转角的函数，具有周期性。

齿轮回转一周出现一次的周期性偏差称为长周期（低频）偏差。齿轮加工过程中由于几何偏心和运动偏心引起的偏差属于长周期偏差。它以齿轮的一转为周期。如图 8-7a 所示，它对齿轮一转内传递运动的准确性产生影响。高速时，还会影响齿轮传动的平稳性。

齿轮转动一个齿距角的过程中出现一次或多次的周期性偏差称为短周期（高频）偏差。产生短周期偏差的原因主要是机床传动链的高频误差以及滚刀的制造和安装误差，以分度蜗杆的一转或齿轮的一齿为周期，一转中多次出现，如图 8-7b 所示，对齿轮传动的平稳性产生影响。实际上齿轮的运动偏差是一条复杂周期函数曲线，如图 8-7c 所示，其中包含了长周期偏差和短周期偏差。

2）按偏差产生的方向分为**径向偏差**、**切向偏差**和**轴向偏差**。在齿轮加工的过程中，由

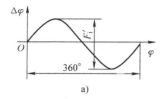
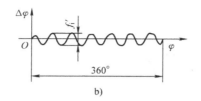
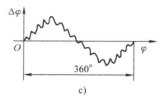

图 8-7　齿轮的周期性偏差

于切齿刀具与齿坯之间的径向距离变化而引起的加工偏差为齿廓的径向偏差。例如，齿坯的几何偏心和滚刀的安装误差，都会在切齿的过程中使齿坯相对于滚刀的距离产生变动，导致切出的齿廓相对于齿坯基准孔轴线产生径向位置的变动，造成径向偏差。

在齿轮加工的过程中，由于滚刀的运动相对于齿坯回转速度的不均匀，致使齿廓沿齿轮切线方向而引起的加工偏差为齿廓的切向偏差。例如，分度蜗轮的运动偏心、分度蜗杆的径向跳动和轴向跳动以及滚刀的轴向跳动等，都会使齿坯相对于滚刀回转速度不均匀，造成切向偏差。

在齿轮加工的过程中，由于切齿刀具沿齿轮轴线方向进给运动偏斜而引起的加工偏差为齿廓的轴向偏差。例如，刀架导轨与机床工作台回转轴线不平行、齿坯安装歪斜等，均会造成轴向偏差。

8.2.2　单个齿轮的评定指标及检测

由于齿轮加工机床传动链的高频误差、刀具和齿坯的制造和安装误差，以及加工过程中受力变形、受热变形等因素都会使加工的齿轮产生偏差。

国家标准 GB/T 10095.1—2008《圆柱齿轮　精度制　第 1 部分：轮齿同侧齿面偏差的定义和允许值》和 GB/T 10095.2—2008《圆柱齿轮　精度制　第 2 部分：径向综合偏差与径向跳动的定义和允许值》中将齿轮的误差和偏差统称为齿轮偏差，将上一版标准中的"极限偏差"均改为"偏差"，将"总公差"均改为"总偏差"。例如，F_p 表示齿距累积总偏差、F_i' 表示切向综合总偏差、f_{pt} 表示单个齿距偏差、$f_{H\alpha}$ 表示齿廓倾斜偏差等。单项要素偏差符号用小写字母，加上相应的下标组成（如 f_{pt}）；而表示多项要素偏差组成的"总偏差"或"累积偏差"用大写字母，加上相应的下标表示（如 F_α、F_β、F_{pk} 等）。

1. 轮齿同侧齿面偏差的定义和允许值

国家标准 GB/T 10095.1—2008 适用于基本齿廓符合 GB/T 1356—2001《通用机械和重型机械用圆柱齿轮　标准基本齿条齿廓》规定，模数 m 的范围是 $0.5 \sim 70$mm，分度圆直径 d 的范围是 $5 \sim 10000$mm，齿宽 b 的范围是 $4 \sim 1000$mm 的单个渐开线圆柱齿轮。

（1）齿距偏差

1）齿距偏差（f_{pt}）是指在端平面上，在接近齿高中部的一个与齿轮轴线同心的圆上，实际齿距与理论齿距的代数差，如图 8-8 所示。

当齿轮存在齿距偏差时，无论实际齿距大于还是小于公称齿距，都会在一对齿啮合完成而另一对齿进入啮合时，由于齿距偏差造成主动齿轮和被动齿轮发生冲撞，从而影响齿轮传动的平稳性。

2）齿距累积偏差（F_{pk}）是指任意 k 个齿距的实际弧长与理论弧长的代数差（图 8-8、

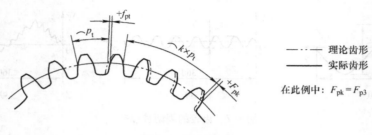

图 8-8 齿距偏差

图 8-9）。理论上它等于这 k 个齿距的各单个齿距偏差的代数和。国家标准指出（除非另有规定），F_{pk} 的计值仅限于不超过 1/8 的弧段内。F_{pk} 的允许值适用于齿距数 k 为 $2 \sim z/8$ 的弧段内。F_{pk} 通常取 $k \approx z/8$ 就足够了，对于特殊应用（如高速齿轮）还需检验较小弧段，并规定相应的 k 值。

齿距累积偏差（F_{pk}）控制了在局部圆周上（$2 \sim z/8$ 个齿距）的齿距累积偏差，如果此项偏差过大，将会产生振动和噪声，影响传动的平稳性。

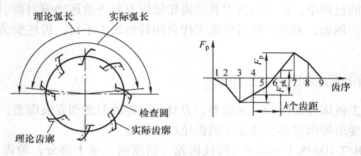

图 8-9 齿轮累积偏差和齿距累积总偏差

3）齿距累积总偏差（F_p）是指齿轮同侧齿面任意弧段（$k = 1 \sim z$）内的最大齿距累积偏差。它表现为齿距累积偏差曲线的总幅值。齿距累积总偏差 F_p 和齿距累积偏差 F_{pk} 反映了齿轮一转中传动比的变化，故可作为评定齿轮运动准确性的偏差项目。

齿距累积偏差的检验是沿着同侧齿面间的实际弧长与理论弧长做比较测量，能够反映几何偏心和运动偏心对加工齿轮的综合影响，故 F_p 可代替切向综合总偏差 F_i'（后述）作为评定齿轮运动准确性的必检项目。

F_i' 是被测齿轮与测量齿轮在单面啮合连续运转中测得的一条连续记录偏差的曲线，反映了齿轮瞬间传动比的变化，其测量时的运动情况接近于工作状态。F_p 是沿着与基准孔同心的圆周上逐齿测得的偏差，只反映了齿侧有限点的偏差，而不能反映齿面上任意两点间传动比的变化，故对齿轮运动准确性的评价不如切向综合总偏差 F_i' 准确。

除另有规定，齿距偏差检测均在接近齿高和齿宽中部的位置测量。f_{pt} 需对每个轮齿的两侧面的齿距进行测量。

从测得的各个齿距偏差的数值中，找出绝对值最大的偏差数值即为单个齿距偏差 f_{pt}；找出最大值和最小值，其差值即为齿距累积总偏差 F_p；将每相邻 k 个齿距的偏差值相加得到 k 个齿距的偏差值，其中的最大差值即为 k 个齿距累积偏差 F_{pk}。

（2）齿廓偏差 齿廓偏差是指实际齿廓偏离设计齿廓的量，该偏离量在端平面内且垂直于渐开线齿廓的方向计值。

设计齿廓是指符合设计规定的齿廓，一般是指端面齿廓。在齿廓的曲线图中，未经修形的渐开线齿廓迹线一般为直线。

1）齿廓总偏差（F_α）是指在计值范围 L_α 内，包容实际齿廓迹线的两条设计齿廓迹线间的距离，如图 8-10a 所示，即过实际齿廓迹线最高、最低点所作的设计齿廓迹线的两条平行线间的距离为 F_α。

从上述分析中可知，如果齿轮存在齿廓偏差，其齿廓不是标准的渐开线，就无法保证瞬时传动比为常数，容易产生振动与噪声。齿廓总偏差 F_α 是影响齿轮传动平稳性的主要因素。生产中为了进一步分析影响齿廓总偏差 F_α 的因素，国家标准又把齿廓总偏差细分为齿廓形状偏差 $f_{f\alpha}$ 和齿廓倾斜偏差 $f_{H\alpha}$。

2）齿廓形状偏差（$f_{f\alpha}$）是指在计值范围 L_α 内，包容实际齿廓迹线的，与平均齿廓迹线完全相同的两条曲线间的距离，且两条曲线与平均齿廓迹线的距离为常数，如图 8-10b 所示。

3）齿廓倾斜偏差（$f_{H\alpha}$）是指在计值范围 L_α 内，两端与平均齿廓迹线相交的两条设计齿廓迹线间的距离，如图 8-10c 所示。

齿廓倾斜偏差 $f_{H\alpha}$ 的产生主要是由于压力角偏差造成，也可按照式（8-1）换算成**压力角偏差** f_α，即

$$f_\alpha = -\frac{f_{H\alpha}}{L_\alpha \tan \alpha_t \times 10^3} \tag{8-1}$$

式中　L_α——齿廓计值范围（mm）。

齿廓形状偏差和齿廓倾斜偏差不是强制性的单项检验项目，但对齿轮的性能有重要的影响，国家标准 GB/T 10095.1—2008 附录 B（资料性附录）给出了齿廓形状偏差和齿廓倾斜偏差的数值。

（3）螺旋线偏差　螺旋线偏差是指在端面基圆切线方向上测得的实际螺旋线偏离设计螺旋线的量。设计螺旋线是指符合设计规定的螺旋线。在螺旋线曲线图中，未经修形的设计螺旋线的迹线一般为直线。

1）螺旋线总偏差（F_β）是指在计值范围 L_β 内，包容实际螺旋线迹线的两条设计螺旋线迹线间的距离，如图 8-11a 所示。

为了进一步分析 F_β 产生的原因，又将 F_β 细分为螺旋线形状偏差 $f_{f\beta}$ 和螺旋线倾斜偏差 $f_{H\beta}$。

2）螺旋线形状偏差（$f_{f\beta}$）是指在计值范围 L_β 内，包容实际螺旋线迹线，与平均螺旋线迹线完全相同的两条曲线间的距离，且两条曲线与平均螺旋线迹线距离为常数，如图 8-11b所示。

3）螺旋线倾斜偏差（$f_{H\beta}$）是指在计值范围 L_β 的两端与平均螺旋线迹线相交的两条设计螺旋线迹线间的距离，如图 8-11c 所示。

螺旋线的形状偏差和倾斜偏差不是强制性的单项检验项目，但对齿轮的性能有重要的影响，国家标准 GB/T 10095.1—2008 附录 B（资料性附录）给出了螺旋线形状偏差和螺旋线倾斜偏差的数值。

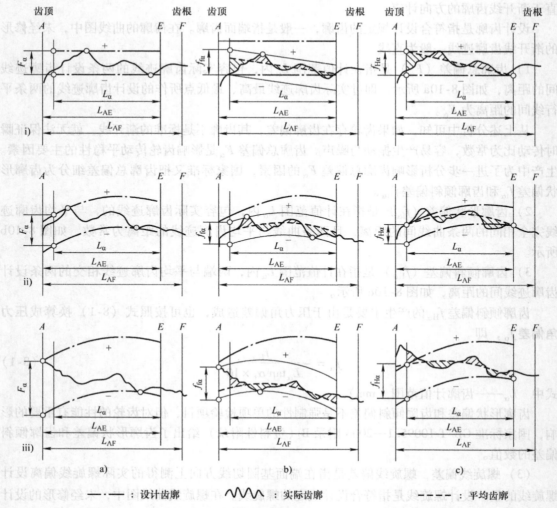

图 8-10　齿廓偏差

a）齿廓总偏差　b）齿廓形状偏差　c）齿廓倾斜偏差

（4）切向综合偏差

1）切向综合总偏差（F_i'）是指被测齿轮与测量齿轮单面啮合检验时，被测齿轮一转内，齿轮分度圆上实际圆周位移与理论圆周位移的最大差值，如图 8-12 所示。在检测过程中，齿轮的同侧齿面处于单面啮合状态。

被测齿轮是指正在被测量或评定的齿轮。

测量齿轮精度的高低将会影响检测结果，一般测量齿轮的精度比被测齿轮的精度高 4 个等级。

切向综合总偏差反映了齿轮一转的转角误差，说明了齿轮运动的不均匀性，在一转过程中，转速时快时慢，做周期性变化。由于测量切向综合总偏差时，被测齿轮与测量齿轮单面

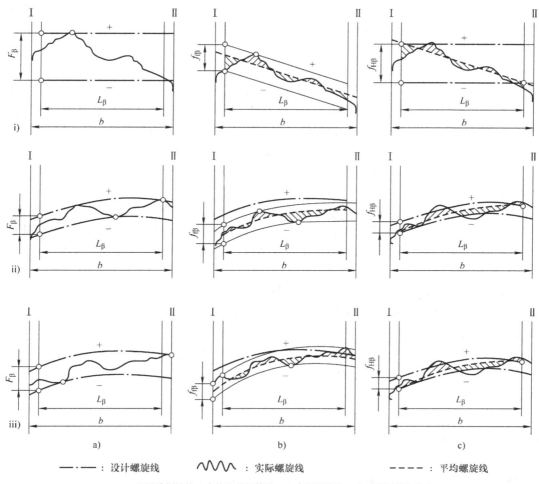

—·—·—：设计螺旋线　　〰〰〰：实际螺旋线　　————：平均螺旋线

i）设计螺旋线：未修形的螺旋线；　　实际螺旋线：在减薄区偏向体内
ii）设计螺旋线：修形的螺旋线；　　实际螺旋线：在减薄区偏向体内
iii）设计螺旋线：修形的螺旋线；　　实际螺旋线：在减薄区偏向体外

图 8-11　螺旋线偏差

a）螺旋线总偏差　b）螺旋线形状偏差　c）螺旋线倾斜偏差

啮合（无载荷），接近于齿轮的工作状态，反映了几何偏心、运动偏心等引起的长、短周期偏差对齿轮转角误差综合影响的结果，所以切向综合总偏差是评定齿轮运动准确性较好的参数，但切向综合总偏差的测量不是强制性的检验项目。由于切向综合总偏差是在单啮仪上进行测量的，检测仪器结构复杂、价格较高，所以常用于评定高精度的齿轮。

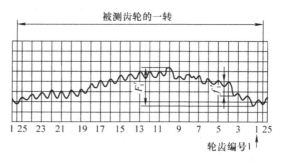

图 8-12　切向综合偏差

2）一齿切向综合偏差（f_i'）是指在一个齿距内的切向综合偏差值，如图 8-12 所示。

183

f_i''是通过单啮仪测量切向综合总偏差F_i'时同时测得的，主要反映了刀具制造和安装误差以及机床传动链的高频误差影响。这种齿轮一转中多次重复出现的转角误差，将会影响到齿轮传动的平稳性。

2. 径向综合偏差与径向跳动

国家标准 GB/T 10095.2—2008《圆柱齿轮　精度制　第 2 部分：径向综合偏差与径向跳动的定义和允许值》适用于基本齿廓符合 GB/T 1356—2001《通用机械和重型机械用圆柱齿轮　标准基本齿条齿廓》规定，径向综合偏差的法向模数 m_n 的范围是 0.2～10mm，分度圆直径 d 的范围是 5～1000mm 的单个渐开线圆柱齿轮。

（1）径向综合偏差　径向综合偏差是指被测齿轮与测量齿轮双面啮合综合检验时，齿轮中心距的变化量。

径向综合偏差的测量值受到测量齿轮的精度、被测齿轮与测量齿轮的总重合度的影响。对于直齿轮可按规定的公差确定其精度等级，对于斜齿轮因为纵向重合度 ε_β 会影响其径向综合测量的结果，其测量齿轮的齿宽应使与被测齿轮啮合时的 ε_β 小于或等于 0.5。

1）径向综合总偏差（F_i''）是在径向（双面）综合检验时，被测齿轮的左、右齿面同时与测量齿轮接触，并转过一整圈时出现的中心距最大值和最小值之差，如图 8-13 所示。

2）一齿径向综合偏差（f_i''）是当被测齿轮啮合一整圈时，对应一个齿距（360°/z）的径向综合偏差值。被测齿轮所有轮齿的 f_i'' 最大值不应超过规定的允许值。

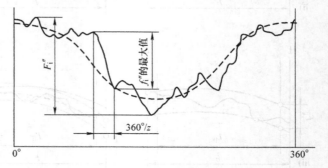

图 8-13　径向综合偏差

径向综合偏差包含了右侧和左侧齿面综合偏差的成分，无法确定同侧齿面的单项偏差。径向综合总偏差 F_i'' 主要反映了机床、刀具或齿轮装夹产生的径向长、短周期偏差的综合影响。但由于其受左、右齿面的共同影响，只能反映齿轮的径向偏差，不能反映齿轮的切向偏差，不适合验收高精度的齿轮。采用双面接触连续检查，测量效率高，并可得到一条连续的偏差曲线，主要用于大批量生产的齿轮以及小模数齿轮的检验。

径向综合偏差仅适用于被测齿轮与测量齿轮的啮合检验，而不适用于两个被测齿轮的测量。

（2）径向跳动　国家标准 GB/T 10095.2—2008 正文没有给出径向跳动的定义，而是在标准的附录 B（资料性附录）中给出了径向跳动的定义和精度等级为 5 级的径向跳动公差计算公式。当供需双方协商一致时，可使用附录 B 提供的径向跳动的参考数值。

国家标准适用于径向跳动的法向模数 m_n 的范围是 0.5～70mm，分度圆直径 d 的范围是 5～10000mm 的单个渐开线圆柱齿轮。

齿轮径向跳动 F_r 为测头（球形、圆柱形、砧形）相继置于每个齿槽内，从它到齿轮轴线的最大和最小径向距离之差。检测时，测头在近似齿高中部与左、右齿面接触。

齿轮径向跳动 F_r 主要是由于几何偏心引起的。切齿加工时，由于齿坯孔与机床定位心轴之间存在着间隙，齿坯孔的基准轴线与旋转轴线不重合，使切出的齿圈与齿坯孔产生偏心量 f_e，造成齿圈各齿到齿坯孔的轴线距离不相等，并按正弦规律变化。它以齿轮的一转为周期，称为长周期偏差，产生径向跳动，如图 8-14 所示。

由于几何偏心引起的径向跳动，主要是由两倍的偏心量组成的。另外，由于齿轮的齿距偏差和齿廓偏差的综合影响，使与齿坯孔同轴线的圆柱面上的齿距或齿厚不均匀，齿圈靠近齿坯孔一侧的齿距变长，远离齿坯孔一侧的齿距变小，从而引起齿距累积偏差。使齿轮一转过程中时快时慢，分别产生加速度和减速度，从而影响齿轮传递运动的准确性。此外，几何偏心引起的齿距偏差，还会使齿轮转动过程中侧隙发生变化。

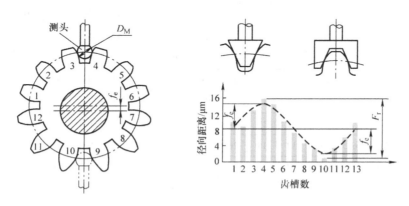

图 8-14 齿轮径向跳动

8.2.3 渐开线圆柱齿轮精度标准

1. 齿轮的精度等级

国家标准 GB/T 10095.1—2008 对轮齿同侧齿面偏差（如齿距、齿廓、螺旋线和切向综合偏差）规定了 13 个精度等级，用数字 0 ~ 12 由高到低的顺序排列，其中 0 级精度最高，12 级精度最低。

在国家标准的附录 A（规范性附录）中给出了切向综合偏差的公差计算公式，它属于本部分的质量准则，但不是强制性的检验项目。

在国家标准的附录 B（资料性附录）中给出了齿廓与螺旋线的形状偏差和倾斜偏差的数值，可作为有用的资料和评价值使用，但不是强制性的检验项目。

GB/T 10095.2—2008 对径向综合偏差 F_i'' 和 f_i'' 规定了 9 个精度等级，其中 4 级精度最高，12 级精度最低。

在国家标准的附录 A（资料性附录）中给出了径向综合偏差的允许值。

在国家标准的附录 B（资料性附录）中给出了径向跳动的允许值及公差表，对 F_r 规定了 13 个精度等级，其中 0 级精度最高，12 级精度最低。

2. 齿轮偏差的允许值

常用的单个齿距偏差 $\pm f_{pt}$、齿距累积总偏差 F_p 和齿廓总偏差 F_α 见表 8-12。对于没有提供数值表的齿距累积偏差 F_{pk} 的允许值，可利用表 8-12 中 $\pm f_{pt}$ 值通过公式计算求得。

表 8-12 常用的单个齿距偏差 $\pm f_{pt}$、齿距累积总偏差 F_p 和齿廓总偏差 F_α

（单位：μm）

分度圆直径 d/mm	模数 m/mm	单个齿距偏差 $\pm f_{pt}$					齿距累积总偏差 F_p					齿廓总偏差 F_α				
		精度等级					精度等级					精度等级				
		5	6	7	8	9	5	6	7	8	9	5	6	7	8	9
≥5~20	≥0.5~2	4.7	6.5	9.5	13	19	11	16	23	32	45	4.6	6.5	9	13	18
	>2~3.5	5	7.5	10	15	21	12	17	23	33	47	6.5	9.5	13	19	26
>20~50	≥0.5~2	5	7	10	14	20	14	20	29	41	57	5	7.5	10	15	21
	>2~3.5	5.5	7.5	11	15	22	15	21	30	42	59	7	10	14	20	29
	>3.5~6	6	8.5	12	17	24	15	22	31	44	62	9	12	18	25	35
>50~125	≥0.5~2	5.5	7.5	11	15	21	18	26	37	52	74	6	8.5	12	17	23
	>2~3.5	6	8.5	12	17	23	19	27	38	53	76	8	11	16	22	31
	>3.5~6	6.5	9	13	18	26	19	28	39	55	78	9.5	13	19	27	38
>125~280	≥0.5~2	6	8.5	12	17	24	24	35	49	69	98	7	10	14	20	28
	>2~3.5	6.5	9	13	18	26	25	35	50	70	100	9	13	18	25	36
	>3.5~6	7	10	14	20	28	25	36	51	72	102	11	15	21	30	42
>280~560	≥0.5~2	6.5	9.5	13	19	27	32	46	64	91	129	8.5	12	17	23	33
	>2~3.5	7	10	14	20	29	33	46	65	92	131	10	15	21	29	41
	>3.5~6	8	11	16	22	31	33	47	66	94	133	12	17	24	34	48

常用的 f_i'/K 的比值见表 8-13，表中 K 为与齿轮的总重合度 ε_γ 有关的系数。当 $\varepsilon_\gamma < 4$ 时，$K = 0.2\left(\dfrac{\varepsilon_\gamma + 4}{\varepsilon_\gamma}\right)$；当 $\varepsilon_\gamma \geq 4$ 时，$K = 0.4$。

常用的螺旋线总偏差 F_β 见表 8-14。

常用的齿廓形状偏差 $f_{f\alpha}$ 和齿廓倾斜偏差 $\pm f_{H\beta}$ 见表 8-15。

常用的径向跳动公差 F_r 见表 8-16。

常用的径向综合总偏差 F_i'' 和一齿径向综合偏差 f_i'' 见表 8-17。

表 8-13 常用的 f_i'/K 的比值 （单位：μm）

分度圆直径 d/mm	模数 m/mm	精度等级					
		4	5	6	7	8	9
≥5~20	≥0.5~2	9.5	14	19	27	38	54
	>2~3.5	11	16	23	32	45	64
>20~50	≥0.5~2	10	14	20	29	41	58
	>2~3.5	12	17	24	34	48	68
	>3.5~6	14	19	27	38	54	77
	>6~10	16	22	31	44	63	89

（续）

分度圆直径 d/mm	模数 m/mm	精度等级					
		4	5	6	7	8	9
>50~125	≥0.5~2	11	16	22	31	44	62
	>2~3.5	13	18	25	36	51	72
	>3.5~6	14	20	29	40	57	81
	>6~10	16	23	33	47	66	93
>125~280	≥0.5~2	12	17	24	34	49	69
	>2~3.5	14	20	28	39	56	79
	>3.5~6	15	22	31	44	62	88
	>6~10	18	25	35	50	70	100
>280~560	≥0.5~2	14	19	27	39	54	77
	>2~3.5	15	22	31	44	62	87
	>3.5~6	17	24	34	48	68	96
	>6~10	19	27	38	54	76	108

表 8-14　常用的螺旋线总偏差 F_β　　　　　　（单位：μm）

分度圆直径 d/mm	齿宽 b/mm	精度等级				
		5	6	7	8	9
≥5~20	≥4~10	6	8.5	12	17	24
	>10~20	7	9.5	14	19	28
>20~50	≥4~10	6.5	9	13	18	25
	>10~20	7	10	14	20	29
	>20~40	8	11	16	23	32
>50~125	≥4~10	6.5	9	13	19	27
	>10~20	7.5	11	15	21	30
	>20~40	8.5	12	17	24	34
	>40~80	10	14	20	28	39
>125~280	≥4~10	7	10	14	20	29
	>10~20	8	11	16	22	32
	>20~40	9	13	18	25	36
	>40~80	10	15	21	29	41
	>80~160	12	17	25	35	49
>280~560	≥10~20	8.5	12	17	24	34
	>20~40	9.5	13	19	27	38
	>40~80	11	15	22	31	44
	>80~160	13	18	26	36	52
	>160~250	15	21	30	43	60

表 8-15　常用的齿廓形状偏差 $f_{f\alpha}$ 和齿廓倾斜偏差 $\pm f_{f\beta}$　　（单位：μm）

精度等级		齿廓形状偏差 $f_{f\alpha}$						齿廓倾斜偏差 $\pm f_{f\alpha}$					
d/mm	m/mm	精度等级						精度等级					
≥5~20	≥0.5~2	2.5	3.5	5	7	10	14	2.1	2.9	4.2	6	8.5	12
	>2~3.5	3.6	5	7	10	14	20	3	4.2	6	8.5	12	17
>20~50	≥0.5~2	2.8	4	5.5	8	11	16	2.3	3.3	4.6	6.5	9.5	13
	>2~3.5	3.9	5.5	8	11	16	22	3.2	4.5	6.5	9	13	18
	>3.5~6	4.8	7	9.5	14	19	27	3.9	5.5	8	11.0	16	22
	>6~10	6	8.5	12	17	24	34	4.8	7	9.5	14	19	27
>50~125	>0.5~2	3.2	4.5	6.5	9	13	18	2.6	3.7	5.5	7.5	11	15
	>2~3.5	4.3	6	8.5	12	17	24	3.5	5	7	10	14	20
	>3.5~6	5	7.5	10	15	21	29	4.3	6	8.5	12	17	24
	>6~10	6.5	9	13	18	25	36	5	7.5	10	15	21	29
>125~280	≥0.5~2	3.8	5.5	7.5	11	15	21	3.1	4.4	6	9	12	18
	>2~3.5	4.9	7	9.5	14	19	28	4	5.5	8	11	16	23
	>3.5~6	6	8	12	16	23	33	4.7	6.5	9.5	13	19	27
	>6~10	7	10	14	20	28	39	5.5	8	11	16	23	32
>280~560	≥0.5~2	4.5	6.5	9	13	19	26	3.7	5.5	7.5	11	15	21
	>2~3.5	5.5	8	11	16	22	32	4.6	6.5	9	13	18	26
	>3.5~6	6.5	9	13	18	26	37	5.5	7.5	11	15	21	30
	>6~10	7.5	11	15	22	31	43	6.5	9	13	18	25	35

表 8-16　常用的径向跳动公差 F_r　　（单位：μm）

分度圆直径	法向模数	精度等级				
d/mm	m_n/mm	5	6	7	8	9
≥5~20	≥0.5~2	9	13	18	25	36
	>2~3.5	9.5	13	19	27	38
>20~50	≥0.5~2	11	16	23	32	46
	>2~3.5	12	17	24	34	47
	>3.5~6	12	17	25	35	49
>50~125	≥0.5~2	15	21	29	42	59
	>2~3.5	15	21	30	43	61
	>3.5~6	16	22	31	44	62
>125~280	≥0.5~2	20	28	39	55	78
	>2~3.5	20	28	40	56	80
	>3.5~6	20	29	41	58	82
>280~560	≥0.5~2	26	36	51	73	103
	>2~3.5	26	37	52	74	105
	>3.5~6	27	38	53	75	106

表 8-17　常用的径向综合总偏差 F_i'' 和一齿径向综合偏差 f_i''　　　　（单位：μm）

分度圆直径 d/mm	法向模数 m_n/mm	径向综合总偏差 F_i''					一齿径向综合偏差 f_i''				
		精度等级					精度等级				
		5	6	7	8	9	5	6	7	8	9
≥5~20	≥0.2~0.5	11	15	21	30	42	2	2.5	3.5	5	7
	>0.5~0.8	12	16	23	33	46	2.5	4	5.5	7.5	11
	>0.8~1	12	18	25	35	50	3.5	5	7	10	14
	>1~1.5	14	19	27	38	54	4.5	6.5	9	13	18
>20~50	≥0.2~0.5	13	19	26	37	52	2	2.5	3.5	5	7
	>0.5~0.8	14	20	28	40	56	2.5	4	5.5	7.5	11
	>0.8~1	15	21	30	42	60	3.5	5	7	10	14
	>1~1.5	16	23	32	45	64	4.5	6.5	9	13	18
	>1.5~2.5	18	26	37	52	73	6.5	9.5	13	19	26
>50~125	≥1~1.5	19	27	39	55	77	4.5	6.5	9	13	18
	>1.5~2.5	22	31	43	61	86	6.5	9.5	13	19	26
	>2.5~4	25	36	51	72	102	10	14	20	29	41
	>4~6	31	44	62	88	124	15	22	31	44	62
	>6~10	40	57	80	114	161	24	34	48	67	95
>125~280	≥1~1.5	24	34	48	68	97	4.5	6.5	9	13	18
	>1.5~2.5	26	37	53	75	106	6.5	9.5	13	19	27
	>2.5~4	30	43	61	86	121	10	15	21	29	41
	>4~6	36	51	72	102	144	15	22	31	44	62
	>6~10	45	64	90	127	180	24	34	48	67	95
>280~560	≥1~1.5	30	43	61	86	122	4.5	6.5	9	13	18
	>1.5~2.5	33	46	65	92	131	6.5	9.5	13	19	27
	>2.5~4	37	52	73	104	146	10	15	21	29	41
	>4~6	42	60	84	119	169	15	22	31	44	62
	>6~10	51	73	103	145	205	24	34	48	68	96

3. 齿坯的精度

齿坯是指在轮齿加工前供制造齿用的工件。齿坯的内孔或轴颈、端面和顶圆常作为齿轮加工、装配和检验的基准。因此，齿坯的精度将直接影响齿轮的加工精度和安装精度。提高齿坯的加工精度，比提高齿轮的加工精度经济得多，应根据现场的制造设备条件，尽量使齿坯的制造公差保持最小值。这样可使加工的齿轮具有较大的公差，从而获得更为经济的整体设计。

齿坯的尺寸公差按表 8-18 确定。

表 8-18　齿轮坯的尺寸公差

齿轮精度等级		5	6	7	8	9	10	11	12
孔	尺寸公差	IT5	IT6	IT7		IT8		IT9	
轴	尺寸公差	IT5		IT6		IT7		IT8	
	顶圆直径①				$\pm 0.05m_n$				

① 当顶圆不作为测量齿厚的基准时，其尺寸公差按 IT11 给定，但不大于 $0.1m_n$。

有关齿轮轮齿精度（齿距偏差、齿廓偏差和螺旋线偏差等）参数的数值，只有明确其特定的旋转轴线时才有意义。当测量时，齿轮的旋转轴线发生改变，则这些参数测量值也会发生变化。因此，在齿轮的图样上必须明确标注出规定齿轮公差的基准轴线。

（1）基准轴线的确定　基准轴线是由基准面的中心确定，是加工或检验人员对单个齿轮确定轮齿几何形状的基准。齿轮的工作轴线是齿轮在工作时绕其旋转的轴线，它是由工作安装面的中心确定。

齿轮的加工、检验和装配，应尽量采取"基准统一"的原则。通常将基准轴线与工作轴线重合，即将工作安装面作为基准面。一般我们采用齿坯内孔和端面作为基准，因此，基准轴线的确定有以下三种基本方法。

1）用两个"短的"圆柱或圆锥形基准面上设定的两个圆的圆心来确定基准轴线，如图 8-15 所示。

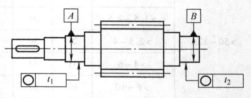

图 8-15　用两个"短的"基准面确定的基准轴线

2）用一个"长的"圆柱或圆锥形基准面来同时确定基准轴线的位置和方向，孔的轴线可以用与之正确装配的工作心轴的轴线来代表，如图 8-16 所示。

3）用一个"短的"圆柱形基准面上的一个圆的圆心来确定基准轴线的位置，轴线方向垂直于一个基准端面，如图 8-17 所示。

对于和轴做成一体的小齿轮，通常是把零件安装在两端的顶尖上加工和检测，两个中心孔确定了齿轮轴的基准轴线。此时，齿轮的工作轴线和基准轴线不重合，需要对轴承的工作安装面相对于中心孔的基准轴线规定较高的跳动公差，如图 8-18 所示。

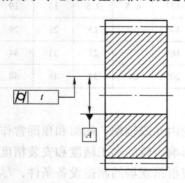

图 8-16　用一个"长的"基准面确定的基准轴线

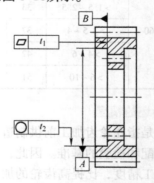

图 8-17　用一个圆柱面和一个端面确定的基准轴线

（2）齿坯的几何公差　上述齿坯的基准面或工作安装面的精度对齿轮的加工质量有很大的影响，因此，应控制其几何误差。这些面的精度要求必须在零件图上规定，所有基准面

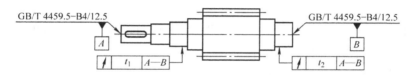

图 8-18　用中心孔确定的基准轴线

和工作安装面的形状公差应不大于表 8-19 中的规定值。

表 8-19　基准面和工作安装面的形状公差

确定轴线的基准面	公差项目		
	圆度	圆柱度	平面度
两个"短的"圆柱或圆锥形基准面	$0.04(L/b)F_\beta$ 或 $0.1F_p$ 取两者中之小值	—	—
一个"长的"圆柱或圆锥形基准面	—	$0.04(L/b)F_\beta$ 或 $0.1F_p$ 取两者中之小值	—
一个"短的"圆柱面和一个端面	$0.06F_p$	—	$0.06(D_d/b)F_\beta$

注：1. 当齿顶圆柱面作为基准面时，形状公差应不大于表中规定的相关数值。

2. 表中：L—较大的轴承跨距；D_d—基准直径；b—齿宽。

3. 齿坯的公差应减至能经济制造的最小值。

如果以齿轮的工作安装面作为基准面，则不用考虑跳动公差。但当齿轮加工或检验的基准轴线与工作轴线不重合时，则要规定工作安装面的跳动公差。工作安装面相对于基准轴线的跳动公差见表 8-20。

表 8-20　工作安装面相对于基准轴线的跳动公差

确定轴线的基准面	跳动量（总的指示幅度）	
	径向	轴向
仅指圆柱或圆锥形基准面	$0.15(L/b)F_\beta$ 或 $0.3F_p$ 取两者中之大值	—
一个圆柱基准面和一个端面基准面	$0.3F_p$	$0.2(D_d/b)F_\beta$

注：1. 当齿顶圆柱面作为基准面时，跳动公差应不大于表中规定的相关数值。

2. 齿坯的公差应减至能经济制造的最小值。

齿轮各表面的表面粗糙度 Ra 推荐值见表 8-21。

表 8-21　齿轮各表面的表面粗糙度 Ra 推荐值　　　　　　　　（单位：μm）

精度等级	5		6		7		8		9	
轮齿齿面		软	硬	软	硬	软	硬	软	硬	软
	≤0.8	≤1.6	≤0.8	≤1.6	≤1.6	≤3.2	≤3.2	≤6.3	≤3.2	≤6.3
齿面加工方法	磨齿		磨或珩齿		剃或珩齿	精滚精插	插或滚齿		滚或铣齿	
齿轮基准孔	0.4～0.8		1.6			1.6～3.2			6.3	
齿轮轴基准轴颈	0.4		0.8		1.6				3.2	
齿轮基准端面	1.6～3.2			3.2～6.3				6.3		
齿顶圆	1.6～3.2		6.3							

4. 齿轮精度的标注示例

齿轮的精度要求应与齿轮的主要参数（齿数 z、法向模数 m_n、压力角 α 和变位系数 x 等）一起标注在零件图右上角的框格中。

（1）齿轮精度等级的标注方法示例

$$7GB/T\ 10095.1—2008$$

表示：轮齿同侧齿面偏差项目符合 GB/T 10095.1—2008 的要求，精度等级均为 7 级。

$$7F_p6(F_\alpha、F_\beta)GB/T\ 10095.1—2008$$

表示：轮齿同侧齿面偏差项目符合 GB/T 10095.1—2008 的要求，但是 F_p 精度等级为 7 级，F_α 与 F_β 精度等级均为 6 级。

$$6(F_i''、f_i'')GB/T\ 10095.2—2008$$

表示：齿轮径向综合偏差 F_i''、f_i'' 符合 GB/T 10095.2—2008 的要求，精度等级均为 6 级。

（2）齿厚偏差常用标注方法

$$s_n{}_{E_{sni}}^{E_{sns}}$$

其中，s_n 为**法向齿厚**；E_{sns}、E_{sni} 为齿厚的上、下极限偏差。

$$W_k{}_{E_{bni}}^{E_{bns}}$$

其中，W_k 为跨 k 个齿数的**公法线长度**；E_{bns}、E_{bni} 为公法线长度上、下极限偏差。

8.2.4 齿轮副的精度和齿侧间隙

1. 齿轮副的精度

8.2.2 节介绍了单个齿轮的偏差项目，齿轮副的安装偏差也会影响到齿轮的使用性能，因此需要对齿轮副的偏差加以控制。

（1）中心距允许偏差　**中心距偏差**是实际中心距与公称中心距之差。中心距允许偏差是设计者规定的中心距偏差的变化范围。公称中心距是在考虑了最小侧隙及两齿轮的齿顶和其相啮合的非渐开线齿廓齿根部分的干涉后确定的。

中心距偏差的大小不但会影响齿轮副的侧隙，而且对齿轮的重合度产生影响，因此必须加以控制。

GB/Z 18620.3—2008 没有给出中心距允许偏差的数值，设计者可参考某些成熟产品的设计来确定，或参照表 8-22 中的规定选择。

（2）轴线平行度偏差 $f_{\Sigma\delta}$ 和 $f_{\Sigma\beta}$　由于轴线平行度偏差的影响与其向量的方向有关，所以规定了轴线平面内的平行度偏差 $f_{\Sigma\delta}$ 和垂直平面上的平行度偏差 $f_{\Sigma\beta}$。如果一对啮合圆柱齿轮的两条轴线 1 和 2 不平行，形成了空间的异面（交叉）直线，则将造成螺旋线啮合偏差，进而影响齿轮载荷分布的均匀性，因此必须加以控制，如图 8-19 所示。

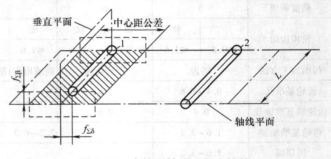

图 8-19　齿轮副轴线平行度偏差

表8-22 中心距允许偏差 （单位：μm）

中心距 a/mm	齿轮精度等级				
	3、4	5、6	7、8	9、10	11、12
≥6~10	4.5	7.5	11	18	45
>10~18	5.5	9	13.5	21.5	55
>18~30	6.5	10.5	16.5	26	65
>30~50	8	12.5	19.5	31	80
>50~80	9.5	15	23	37	90
>80~120	11	17.5	27	43.5	110
>120~180	12.5	20	31.5	50	125
>180~250	14.5	23	36	57.5	145
>250~315	16	26	40.5	65	160
>315~400	18	28.5	44.5	70	180
>400~500	20	31.5	48.5	77.5	200

轴线平面内的平行度偏差 $f_{\Sigma\beta}$ 是在两轴线的公共平面上测量的，此公共平面是用两轴承跨距中较长的一个 L 和另一根轴上的一个轴承来确定的。如果两个轴承的跨距相同，则用小齿轮轴和大齿轮轴的一个轴承来确定。**垂直平面上的平行度偏差** $f_{\Sigma\delta}$ 是在与轴线公共平面相垂直的交错轴平面上测量的。每项平行度偏差是以与有关轴轴承间距离 L（轴承中间距 L）相关联的值来表示的。

轴线平行度偏差将影响螺旋线啮合偏差。轴线平面内的平行度偏差对啮合偏差的影响是工作压力角的正弦函数，而垂直平面上的平行度偏差的影响则是工作压力角的余弦函数。因此，垂直平面上的平行度偏差所导致的啮合偏差要比同样大小的轴线平面内的平行度偏差所导致的啮合偏差大 2~3 倍。

$f_{\Sigma\beta}$ 和 $f_{\Sigma\delta}$ 的最大推荐值为

$$f_{\Sigma\beta} = \frac{L}{2b}F_{\beta} \qquad (8-2)$$

$$f_{\Sigma\delta} = 2f_{\Sigma\beta} \qquad (8-3)$$

式中 L——轴承跨距；

b——齿宽。

（3）接触斑点 **接触斑点**是指装配好的齿轮副，在轻微制动下，运转后齿面上分布的接触擦亮痕迹，如图8-20所示。齿面上分布的接触斑点大小，可用于评估轮齿间载荷的分布情况。也可以将被测齿轮安装在机架上与测量齿轮在轻载下测量接触斑点，评估装配后齿轮螺旋线精度和齿廓精度。

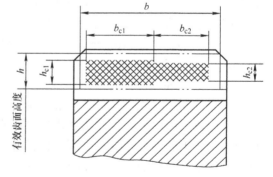

图8-20 接触斑点分布示意图

接触斑点在齿面展开图上用百分比计算。

沿齿高方向：接触痕迹高度 h_c 与有效齿面高度 h 之比的百分数，即 $(h_c/h)\times100\%$。

沿齿长方向：接触痕迹宽度 b_c 与工作长度 b 之比的百分数，即 $(b_c/b) \times 100\%$。

国家标准给出了齿轮装配后接触斑点的最低要求，见表 8-23。

上述轮齿接触斑点的检测，不适用对轮齿和螺旋线修形的齿轮齿面。

2. 齿轮副的侧隙

在一对装配好的齿轮副中，侧隙 j 是相啮合齿轮齿间的间隙，它是在节圆上齿槽宽度超过相啮合齿轮齿厚的量。在齿轮的设计中，为了保证啮合传动比的恒定，消除反向的空程和减少冲击，都是按照无侧隙啮合进行设计。但在实际生产过程中，为保证齿轮良好的润滑，补偿齿轮因制造、安装误差以及热变形等对齿轮传动造成的不良影响，必须在非工作面留有侧隙。

侧隙需要的量与齿轮的大小、精度、安装和应用情况有关。

表 8-23　齿轮装配后的接触斑点（摘自 GB/Z 18620.4—2008）

精度等级 按 GB/T 10095	$(b_{c1}/b) \times 100\%$		$(h_{c1}/h) \times 100\%$		$(b_{c2}/b) \times 100\%$		$(h_{c2}/h) \times 100\%$	
	直齿轮	斜齿轮	直齿轮	斜齿轮	直齿轮	斜齿轮	直齿轮	斜齿轮
4 级及更高	50%	50%	70%	50%	40%	40%	50%	30%
5 和 6	45%	45%	50%	40%	35%	35%	30%	20%
7 和 8	35%	35%	50%	40%	35%	35%	30%	20%
9 ~ 12	25%	25%	50%	40%	25%	25%	30%	20%

齿轮副的侧隙是在齿轮装配后自然形成的，侧隙的大小主要取决于齿厚和中心距。在最小中心距条件下，通过改变齿厚偏差来获得不同的侧隙。

（1）侧隙的分类　侧隙分为圆周侧隙 j_{wt} 和法向侧隙 j_{bn}。

圆周侧隙 j_{wt} 是当固定两相啮合齿轮中的一个齿轮，另一个齿轮所能转过的节圆弧长的最大值。

法向侧隙 j_{bn} 是指当两个齿轮的工作齿面相互接触时，其非工作齿面间的法向最短距离。法向侧隙 j_{bn} 可以用塞尺直接测量，如图 8-21 所示。

圆周侧隙 j_{wt} 和法向侧隙 j_{bn} 之间的关系为

$$j_{bn} = j_{wt} cos\alpha_{wt} cos\beta_b \qquad (8-4)$$

式中　α_{wt}——齿轮端面的压力角；

β_b——齿轮基圆的螺旋角。

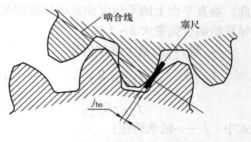

图 8-21　用塞尺测量齿轮副的法向侧隙 j_{bn}

（2）最小侧隙 j_{bnmin} 的确定　最小侧隙 j_{bnmin} 是当一个齿轮的齿以最大允许实效齿厚（**实效齿厚**是指测量所得的齿厚加上齿轮各要素偏差及安装所产生的综合影响在齿厚方向的量）与一个也具有最大允许实效齿厚的相配齿在最小的允许中心距相啮合时，在静态条件下存在的最小允许侧隙。

齿轮副侧隙的大小受以下因素的影响：

1）箱体、轴和轴承的偏斜。

2）由于箱体的偏差和轴承的间隙导致齿轮轴线的不对准或歪斜。

3）温度影响（由箱体与齿轮零件的温度差、中心距和材料差异所致）。

4）安装误差，如轴的偏心。

5）轴承的径向跳动。

6）旋转零件的离心胀大。

7）其他因素。例如，由于润滑剂的允许污染以及非金属齿轮材料的溶胀等。

为了保证齿轮的正常工作，避免因安装误差、温升等引起卡滞现象，并保证良好的润滑，在齿轮副的非工作齿面间留有合理的最小侧隙 j_{bnmin}。

对于用黑色金属材料制造的齿轮和箱体，工作时齿轮节圆线速度小于 $15m/s$，采用常用的商业制造公差的齿轮传动，最小侧隙 j_{bnmin} 可按式（8-5）计算。

$$j_{bnmin} = \frac{2(0.06 + 0.0005a_i + 0.03m_n)}{3} \tag{8-5}$$

按式（8-5）计算可以得出大、中模数齿轮最小间隙 j_{bnmin} 的推荐数据，见表8-24。

表8-24 大、中模数齿轮最小间隙 j_{bnmin} 的推荐数据（摘自 GB/Z 18620.2—2008）

（单位：mm）

法向模数 m_n	最小中心距 a_i					
	50	100	200	400	800	1600
1.5	0.09	0.11	—	—	—	—
2	0.10	0.12	0.15	—	—	—
3	0.12	0.14	0.17	0.24	—	—
5	—	0.18	0.21	0.28	—	—
8	—	0.24	0.27	0.34	0.47	—
12	—	—	0.35	0.42	0.55	—
18	—	—	—	0.54	0.67	0.94

（3）齿厚偏差与公差 **法向齿厚** s_n 是指齿厚的理论值，该齿厚与具有理论齿厚的相配齿轮在公称中心距下啮合是无侧隙的。为了得到合理的侧隙，通过将轮齿齿厚减薄一定的数值，在装配后侧隙就会自然形成。

法向齿厚可按式（8-6）、式（8-7）计算。

对外齿轮：

$$s_n = m_n(\pi/2 + 2x\tan\alpha_n) \tag{8-6}$$

对内齿轮：

$$s_n = m_n(\pi/2 - 2x\tan\alpha_n) \tag{8-7}$$

式中 x——齿轮的变位系数。

对于斜齿轮，s_n 值应在法向平面内测量。

齿轮副的侧隙是在理论中心距的条件下，通过减薄轮齿齿厚获得的。为获得最小侧隙 j_{bnmin}，齿厚应保证有最小的减薄量，必须规定齿厚的上极限偏差 E_{sns}；为了保证侧隙不致过大，必须规定齿厚公差 T_{sn}（齿厚下极限偏差 E_{sni}），齿厚的允许偏差如图8-22所示。

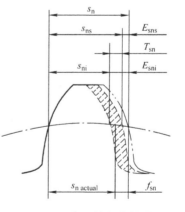

图8-22 齿厚的允许偏差

由于实际齿轮的齿厚都是在理论齿厚的基础上，减薄一定的数值来获得侧隙，故齿厚的上、下极限偏差都应取负值。齿厚上极限偏差的数值决定了侧隙的大小，其选择大体上与齿轮精度无关。

当主动齿轮与被动齿轮齿厚都做成最大值，即做成齿厚上极限尺寸时，可获得最小侧隙 j_{bnmin}，即

$$j_{bnmin} = |(E_{sns1} + E_{sns2})| \cos\alpha_n \tag{8-8}$$

如果两齿轮的齿厚上极限偏差相等，即 $E_{sns1} = E_{sns2} = E_{sns}$，则 $j_{bnmin} = 2|E_{sns}|\cos\alpha_n$，此时两齿轮的齿厚上极限偏差为

$$E_{sns} = -j_{bnmin}/(2\cos\alpha_n) \tag{8-9}$$

为了保证侧隙不至过大，还应根据齿轮的使用要求和加工设备适当控制齿厚的下极限偏差 E_{sni}，E_{sni} 为

$$E_{sni} = E_{sns} - T_{sn} \tag{8-10}$$

式中　T_{sn}——齿厚公差。

齿厚公差 T_{sn} 的选择，大体上与齿轮的精度无关，主要由制造设备来控制。齿厚公差过小将会增加齿轮的制造成本，齿厚公差过大又会使侧隙加大，使齿轮正、反转时空程过大，造成冲击，必须确定一个合理的数值。齿厚公差由径向跳动公差 F_r 和切齿径向进刀公差 b_r 组成，为了满足使用要求必须控制最大间隙时，计算公式如下。

$$T_{sn} = 2\tan\alpha_n \sqrt{(F_r^2 + b_r^2)} \tag{8-11}$$

在式（8-11）中，切齿径向进刀公差 b_r 按表 8-25 中选取。

表 8-25　切齿径向进刀公差 b_r

精度等级	4	5	6	7	8	9
b_r 值	1.26IT7	IT8	1.26IT8	IT9	1.26IT9	IT10

注：IT 值按齿轮分度圆直径为主参数查标准公差值表 3-2 确定。

（4）公法线长度偏差 E_{bn}　公法线长度偏差为公法线实际长度与公称长度之差。公法线长度 W_k 是在基圆柱切平面（公法线平面）上跨 k 个齿（对外齿轮）或 k 个齿槽（对内齿轮），在接触到一个齿的右齿面和另一个齿的左齿面的两个平行平面之间测得的距离，如图 8-23 所示。

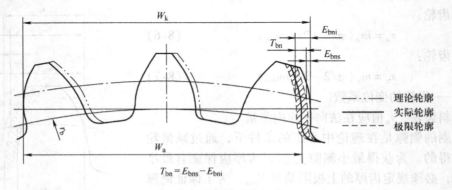

图 8-23　公法线长度

对于大模数的齿轮，生产中通常测量齿厚控制侧隙；齿轮齿厚的变化必然会引起公法线长度的变化，在中、小模数齿轮的批量生产中，常采用测量公法线长度的方法来控制侧隙。

公法线长度尺寸的公称值为

$$W_k = m_n \cos\alpha_n \left[(k - 0.5)\pi + z\text{inv}\alpha_t + 2x\tan\alpha_n \right] \tag{8-12}$$

或

$$W_k = (k - 1)P_{bn} + s_{bn} \tag{8-13}$$

式中　　x——变位系数；

　　　　z——齿数；

　$\text{inv}\alpha_t$——压力角的渐开线函数，$\text{inv}20° = 0.014904$；

　　　　k——相继齿距数（跨齿数），即

$$k = \alpha/180° + 0.5 \tag{8-14}$$

对于非变位标准齿轮，当 $\alpha = 20°$ 时，k 值用下列近似公式计算。

$$k = z/9 + 0.5 \text{（四舍五入取整数）}$$

公法线长度偏差（E_{bns}，E_{bni}）与齿厚极限偏差（E_{sns}，E_{sni}）的换算关系为

$$E_{bns} = E_{sns}\cos\alpha_n - 0.72F_r\sin\alpha_n \tag{8-15}$$

$$E_{bni} = E_{sni}\cos\alpha_n + 0.72F_r\sin\alpha_n \tag{8-16}$$

8.2.5　圆柱齿轮的精度设计

1. 齿轮精度设计方法及步骤

（1）确定齿轮的精度等级　精度等级的选择主要依据齿轮的用途、使用要求和工作条件等。选择的方法主要有计算法和经验法（类比法）两种。

计算法主要用于精密传动链齿轮的设计，可按传动链精度要求，计算出允许的转角误差大小，根据传递运动准确性偏差项目，选择适宜的精度等级。

经验法是参考同类产品的齿轮精度，结合所设计齿轮的具体要求来确定精度等级。

表 8-26 列出了生产实践中搜集到的各种用途齿轮的大致精度等级，可供设计者参考。

在机械传动中应用最多的齿轮是既传递运动又传递动力，其精度等级与圆周速度密切相关，因此可计算出齿轮的最高圆周速度，参考表 8-27 确定齿轮的精度等级。

表 8-26　齿轮精度等级的应用（供参考）

应用范围	精度等级	应用范围	精度等级
测量齿轮	3 ~ 5	通用减速器	6 ~ 8
汽轮机减速器	3 ~ 6	重型汽车、拖拉机	6 ~ 9
金属切削机床	3 ~ 8	轧钢机	5 ~ 10
航空发动机	3 ~ 7	起重机械	6 ~ 10
轻型汽车	5 ~ 8	矿山绞车	8 ~ 10
机车	6 ~ 7	农业机械	8 ~ 10

表 8-27　齿轮精度等级的选用（供参考）

精度等级	应用范围及工作条件	圆周速度/(m/s)	
		直齿	斜齿
3 级	极精密分度机构的齿轮；在极高速度下工作且要求平稳、无噪声的齿轮；特别精密机构中的齿轮；检测 5 ~ 6 级齿轮用的测量齿轮	>40	>75
4 级	很高精密分度机构中的齿轮；在很高速度下工作且要求平稳、无噪声的齿轮；特别精密机构中的齿轮；检测 7 级齿轮用的测量齿轮	>30	>50

（续）

精度等级	应用范围及工作条件	圆周速度/（m/s）	
		直齿	斜齿
5级	精密分度机构中的齿轮；在高速下工作且要求平稳、无噪声的齿轮；精密机构中的齿轮；检测8~9级齿轮用的测量齿轮	>20	>35
6级	要求高效率且无噪声的高速下平稳工作的齿轮传动或分度机构的齿轮；特别重要的航空、汽车齿轮；读数装置中的精密传动齿轮	≤20	≤35
7级	金属切削机床进给机构用齿轮；具有较高速度的减速器齿轮；航空、汽车以及读数装置用齿轮	≤15	≤25
8级	一般机械制造用齿轮；不包括在分度链中的机床传动齿轮；飞机、汽车制造业中的不重要齿轮；起重机构用齿轮；农业机械中的重要齿轮；一般减速器齿轮	≤10	≤15
9级	用于粗糙工作的较低精度齿轮	≤4	≤6

（2）选择齿轮检验项目　考虑选择齿轮检验项目的因素有很多，概括起来大致有以下几方面：

1）齿轮的精度等级和用途。

2）检验的目的，是工序间检验还是完工检验。

3）齿轮的切齿工艺。

4）齿轮的生产批量。

5）齿轮的尺寸大小和结构形式。

6）生产企业现有测试设备情况等。

在齿轮精度国家标准 GB/T 10095.1—2008 及其指导性技术文件中，给出的偏差项目虽然很多，但作为评价齿轮质量的客观标准，齿轮质量的检验项目主要是齿距偏差（F_p、f_{pt}、F_{pk}）、齿廓总偏差 F_α、螺旋线总偏差 F_β 及齿厚极限偏差 E_{sns}（E_{sni}）。国家标准中给出的其他参数，一般不是必检项目，而是根据供需双方具体要求协商确定的。

在齿轮精度国家标准 GB/T 10095.2—2008 及其指导性技术文件中给出了径向综合偏差的精度等级，可根据需求选用与 GB/T 10095.1—2008 中的要素偏差（如齿距、齿廓、螺旋线等）相同或不同的精度等级。径向综合偏差仅适用于被测齿轮与测量齿轮的啮合检验，而不适用于两个被测齿轮的啮合检验。

当文件需要叙述齿轮的精度等级时，应注明 GB/T 10095.1—2008 或 GB/T 10095.2—2008。

根据我国多年来的生产实践及目前齿轮生产的质量控制水平，建议供需双方依据齿轮的功能要求、生产批量和检测条件，在表 8-28 中推荐的检验组中选取一个检验组来评定齿轮的精度等级。

表 8-28　推荐的齿轮检验组

检验组	检验项目	适用精度等级	计量器具
1	F_p、F_α、F_β、E_{sn}	3~9	齿距仪、齿形仪、齿向仪或导程仪，齿厚游标卡尺或公法线千分尺
2	F_p 与 F_{pk}、F_α、F_β、E_{sn}	3~9	
3	F_p、f_{pt}、F_α、F_β、E_{sn}	3~9	

（续）

检验组	检验项目	适用精度等级	计量器具
4	F''_i、f''_i、F_β、E_{sn}	6~9	双面啮合测量仪，齿厚游标卡尺或公法线千分尺，齿向仪或导程仪
5	F_r、f_{pt}、F_β、E_{sn}	8~12	摆差测量仪、齿距仪、齿厚游标卡尺或公法线千分尺，齿向仪或导程仪
6	F'_i、f'_i、F_β、E_{sn}	3~6	单啮仪，齿向仪或导程仪，齿厚游标卡尺或公法线千分尺
7	F_r、f_{pt}、F_β、E_{sn}	10~12	摆差测量仪，齿距仪，齿向仪，尺厚游标卡尺或公法线千分尺

（3）选择最小侧隙和计算齿厚极限偏差　参照8.2.4节的内容，由齿轮副的中心距合理地确定最小侧隙值，计算确定齿厚极限偏差。

（4）确定齿坯公差和表面粗糙度　根据齿轮的工作条件和使用要求，参照8.2.3节的内容确定齿坯的尺寸公差、几何公差和表面粗糙度值。

（5）绘制齿轮工作图　绘制齿轮工作图，填写规格数据表，标注相应的技术要求。

2. 齿轮精度设计应用举例

例8-1　某减速器中输出轴的直齿圆柱齿轮，已知：模数 $m(m_n) = 2.75mm$，齿数 $z = 82$，两齿轮的中心距 $a = 143mm$，孔径 $D = \phi56mm$，压力角 $\alpha(\alpha_n) = 20°$，齿宽 $b = 63mm$，输出轴转速 $n = 805r/min$，轴承跨距 $L = 110mm$，齿轮材料为45钢，减速器箱体材料为铸铁，齿轮工作温度为55℃，减速器箱体工作温度为35℃，小批量生产。

试确定齿轮的精度等级、检验项目、有关侧隙的指标、齿坯公差和表面粗糙度，并绘制齿轮工作图。

解：

1）确定齿轮的精度等级。通用减速器传动齿轮，由表8-26初步选定，齿轮的精度等级在6~8级。根据齿轮输出轴转速 $n = 805r/min$，齿轮的圆周速度为

$$v = \pi dn/(1000 \times 60) = (3.14 \times 2.75 \times 82 \times 805)/(1000 \times 60)\,m/s = 9.5m/s$$

查表8-27，该齿轮的精度等级选择7级。

2）选择检验项目，确定其公差或极限偏差。参考表8-28，通用减速器齿轮，小批量生产，中等精度，无振动、噪声等特殊要求，拟选用第1检验组，即选择检验项目 F_p、F_α、F_β 和 E_{sn}。

齿轮分度圆直径 $d = m_z = 2.75 \times 82mm = 225.5mm$

查表8-12得 $F_p = 0.050mm$、$F_\alpha = 0.018mm$，查表8-14得 $F_\beta = 0.021mm$。

3）选择最小侧隙和计算齿厚极限偏差。已知齿轮中心距 $a = 143mm$，按式（8-5）计算：

$$j_{bnmin} = 2(0.06 + 0.0005a + 0.03m_n)/3$$
$$= 2(0.06 + 0.0005 \times 143 + 0.03 \times 2.75)\,mm/3 = 0.143mm$$

由式（8-6）计算齿轮的法向齿厚 s_n 为

$$s_n = m_n(\pi/2 + 2x\tan\alpha_n) = 2.75 \times (\pi/2 + 2 \times 0 \times \tan20°)\,mm = 4.320mm$$

由式（8-9）得齿厚上极限偏差为

$$E_{sns} = -j_{bnmin}/(2\cos\alpha_n) = -0.143/(2\cos20°)\,mm = -0.076mm$$

查表 8-16 得 $F_r = 0.040mm$。

齿轮分度圆直径 $d = 225.5mm$，由表 8-25 查得 $b_r = IT9 = 0.115mm$

按式（8-11）计算齿厚公差为

$$T_{sn} = 2\tan\alpha_n\sqrt{(F_r^2 + B_r^2)} = 2\tan20°(0.040^2 + 0.115^2)^{0.5} = 0.089mm$$

由式（8-10）得齿厚下极限偏差为

$$E_{sni} = E_{sns} - T_{sn} = -0.076mm - 0.089mm = -0.165mm$$

齿厚公称尺寸及上、下极限偏差为

$$s_n = 4.320\,^{-0.076}_{-0.165}mm$$

4）确定齿坯公差和表面粗糙度。

① 内孔尺寸及极限偏差。查表 8-18 得内孔精度等级为 IT7，即 $\phi56H7 \text{Ⓔ} \approx \phi56\,^{+0.030}_{0}\text{Ⓔ}$。

当以齿顶圆作为测量齿厚的基准时，齿顶圆直径为

$$d_a = (z+2)m = (82+2)\times2.75mm = 231mm$$

$$T_{da} = \pm0.05m_n = \pm0.05\times2.75mm \approx \pm0.138mm$$

$$d_a = (231\pm0.138)mm$$

② 各基准面的几何公差。内孔圆柱度公差 t_1，根据表 8-19 得

$$0.04(L/b)F_\beta = 0.04\times(110/63)\times0.021mm = 0.002mm$$

$$0.1F_p = 0.1\times0.050mm = 0.005mm$$

选取上述两项公差中较小者，即 $t_1 = 0.002mm$。

轴向圆跳动公差 t_2，由表 8-20 查得

$$t_2 = 0.2(D_d/b)F_\beta = 0.2\times(231/63)\times0.021mm = 0.015mm$$

齿顶圆径向圆跳动公差 t_3，查表 8-20 查得

$$t_3 = 0.3F_p = 0.3\times0.050mm = 0.015mm$$

③ 齿轮各表面的粗糙度。查表 8-21 得，齿面和齿轮内孔的表面粗糙度 Ra 上限值为 1.6μm，齿轮左、右端面粗糙度 Ra 上限值为 3.2μm，齿顶圆表面粗糙度 Ra 上限值为 6.3μm，其余表面的表面粗糙度 Ra 上限值为 12.5μm。

5）齿轮工作图如图 8-24 所示。

8.2.6　齿轮精度检测

齿轮精度的检测（GB/Z 18620—2008）包括单个齿轮的精度检测和齿轮副的精度检测，本节主要介绍单个齿轮主要偏差项目的检测方法。

1. 齿距偏差的测量

齿距偏差常用齿距仪、万能测齿仪、光学分度头等仪器进行测量。测量方法分为绝对测量和相对测量，相对测量方法应用最为广泛。

图 8-25 所示为用齿距仪测量齿距偏差。测量时，按照被测齿轮的模数先将固定量爪 5 固定在仪器刻度位置上，利用齿顶圆定位调整支脚 1 和 3，使固定量爪 5 和活动量爪 4 同时

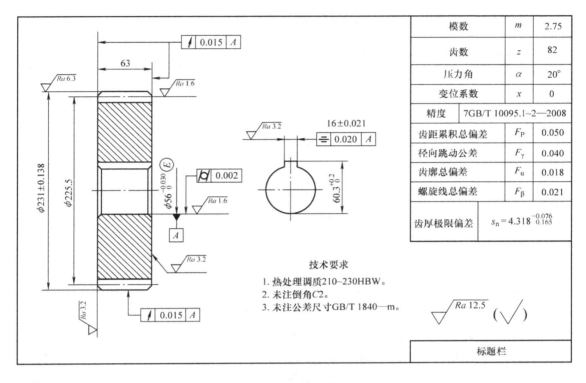

模数	m	2.75
齿数	z	82
压力角	α	20°
变位系数	x	0
精度	7GB/T 10095.1~2—2008	
齿距累积总偏差	F_P	0.050
径向跳动公差	F_γ	0.040
齿廓总偏差	F_α	0.018
螺旋线总偏差	F_β	0.021
齿厚极限偏差	$s_n = 4.318^{-0.076}_{-0.165}$	

技术要求

1. 热处理调质210~230HBW。
2. 未注倒角C2。
3. 未注公差尺寸GB/T 1840—m。

图 8-24 齿轮工作图

与相邻两同侧的齿面接触于分度圆上。以任一齿距作为基准齿距并将指示表2调零，然后逐个齿距进行测量，得到各个齿距相对于基准齿距的相对偏差 $f_{pt相对}$。再将测得的相对偏差逐齿累积求出相对齿距累积偏差（ $\sum\limits_1^n f_{pt相对}$ ）。

由于第一个齿距是任意选定的，假设各个齿距相对偏差的平均值为 $f_{pt平均}$，则基准齿距对公称齿距的偏差 $f_{pt平均}$ 为

$$f_{pt\,平均} = \left(\sum_1^n f_{pt相对} \right) / z \qquad (8-17)$$

式中 z——齿轮齿数。

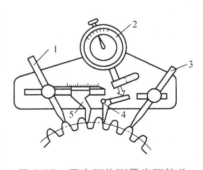

图 8-25 用齿距仪测量齿距偏差

1、3—支脚 2—指示表
4—活动量爪 5—固定量爪

将各齿距的相对偏差分别减去 $f_{pt平均}$ 得到各齿距偏差，其中绝对值最大者，即为被测齿轮的单个齿距偏差 f_{pt}。

将单个齿距偏差逐齿累积，求得各齿的齿距累积偏差 F_{pi}，找出其中的最大值、最小值，其差值即为齿距累积总偏差 F_p。

将 f_{pt} 值每相邻 k 个数字相加，即得出 k 个齿的齿距累积偏差 F_{pki} 值，其最大值即为 k 个

齿距累积偏差 F_{pk}。

相对测量方法测量齿距偏差数据处理示例见表 8-29。

表 8-29 相对测量方法测量齿距偏差数据处理示例　　　　（单位：μm）

齿序	齿距相对偏差 $f_{pt相对}$	$\sum_1^n f_{pt相对}$	单个齿距偏差 f_{pt}	齿距累积偏差 F_{pi}	k 个齿距累积偏差 F_{pki}
1	0	0	−0.5	−0.5	−3.5（11～1）
2	−1	−1	−1.5	−2.0	−3.5（12～2）
3	−2	−3	−2.5	−4.5	−4.5（1～3）
4	−1	−4	−1.5	−6.0	−5.5（2～4）
5	−2	−6	−2.5	−8.5	−6.5（3～5）
6	+3	−3	+2.5	−6.0	−1.5（4～6）
7	+2	−1	+1.5	−4.5	+1.5（5～7）
8	+3	+2	+2.5	−2.0	+6.5（6～8）
9	+2	+4	+1.5	−0.5	+5.5（7～9）
10	+4	+8	+3.5	+3.0	+7.5（8～10）
11	−1	+7	−1.5	+1.5	+3.5（9～11）
12	−1	+6	−1.5	0	+0.5（10～12）

首先将测得的齿距相对偏差 $f_{pt相对}$ 记入表中第二列。

根据测得的 $f_{pt相对}$ 逐齿累积，计算出相对齿距累积偏差 $\sum_1^n f_{pt相对}$，记入表中第三列。

求出各个齿距相对偏差的平均值为 $f_{pt平均}$，$f_{pt平均} = \sum_1^n f_{pt相对}/z = +6\mu m/12 = +0.5\mu m$，各齿距相对偏差分别减去 $f_{pt平均}$，得单个齿距偏差值，记入表中第四列。其中绝对值最大者即为被测齿轮的单个齿距偏差 $f_{pt} = +3.5\mu m$。

各齿距偏差逐齿累积，求得各齿的齿距累积偏差 F_{pi}，记入表中第五列，其中最大值与最小值之差即为被测齿轮的齿距累积总偏差 F_p。

$$F_p = F_{pimax} - F_{pimin} = [+3 - (-8.5)]\mu m = 11.5\mu m$$

将 f_{pt} 每相邻 $k(k=3)$ 个数字相加，求得 $k(k=3)$ 个齿距累积偏差 F_{pki}，记入表中第六列，其中最大值即为被测齿轮的 $k(k=3)$ 个齿距累积偏差 F_{pk}。

$$F_{pk} = +7.5\mu m$$

除另有规定，齿距偏差均在接近齿高和齿宽中部的位置测量。f_{pt} 需对每个轮齿的两侧面进行测量。

2. 齿廓偏差的测量

齿廓偏差的测量通常在渐开线检查仪上进行。渐开线检查仪分为万能渐开线检查仪和单盘式渐开线检查仪两种。图 8-26 所示为单盘式渐开线检查仪。图 8-26a 所示为单盘式渐开线检查仪的工作原理图，图 8-26b 所示为单盘式渐开线检查仪结构图。将被测齿轮 1 和可更换的基圆盘 2 装在同一心轴上，基圆盘直径等于被测齿轮的理论基圆直径并与装在滑板上的直尺 3 相切，当直尺沿基圆盘做纯滚动时，带动基圆盘和被测齿轮同步转动，固定在直尺上的千分表 9、测头 4 沿着齿面从齿根向齿顶方向滑动。

根据渐开线的形成原理，若被测齿轮没有齿廓偏差，千分表的测头不动，即千分表的指针读数不变，测头走出的轨迹为理论渐开线。但是当存在齿廓偏差时，齿廓曲线产生附加位移并通过千分表指示出来，或由记录器画出齿廓偏差曲线。根据齿廓偏差的定义从记录曲线

上求出 F_α 数值。有时为了进行工艺分析或应订货方要求，也可从曲线上进一步分析出 $f_{f\alpha}$ 和 $f_{H\alpha}$ 数值。

除另有规定，测量部位应在齿宽中间位置。当齿宽大于 250mm，应增加两个测量部位，即在距离齿宽每侧 15% 的齿宽处测量。至少要测量沿圆周均布的 3 个左、右齿面。

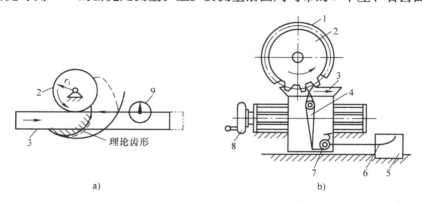

图 8-26　单盘式渐开线检查仪

a）单盘式渐开线检查仪的工作原理图　b）单盘式渐开线检查仪结构图

1—被测齿轮　2—基圆盘　3—直尺　4—测头　5—记录器　6—齿轮偏差曲线　7—传感器　8—手轮　9—千分表

3. 螺旋线偏差的测量

直齿圆柱齿轮的螺旋线总偏差 F_β 可用图 8-27 所示的方法测量。被测齿轮连同测量心轴安装在具有前后顶尖的测量仪器上，将测量棒分别置于齿轮相隔 90° 的齿槽间 1、2 的位置，分别在测量棒两端打表，测得的两次示值差就可近似作为直齿圆柱齿轮的螺旋线总偏差。

斜齿轮的螺旋线偏差可在导程仪或螺旋角测量仪上测量，如图 8-28 所示。当滑板 1 沿着齿轮轴线方向移动时，其上的正弦尺 2 带动滑板 5 做径向运动，滑板 5 又带动与被测齿轮 4 同轴的圆盘 6 转动，从而使齿轮与圆盘同步转动，此时装在滑板 1 上的测头 7 相对于齿轮 4 来说，其运动轨迹为理论螺旋线，它与齿轮实际螺旋线进行比较从而测出螺旋线或导程偏差，并由指示表 3 显示出或记录器画出偏差曲线。按照 F_β 定义，可从偏差曲线上求出 F_β 值。有时为了进行工艺分析或应订货方要求，可以从曲线上进一步分析出 $f_{f\beta}$ 或 $f_{H\beta}$ 值。

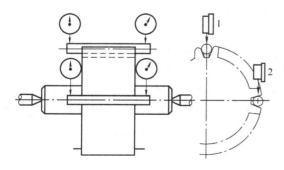

图 8-27　直齿圆柱齿轮螺旋线总偏差测量

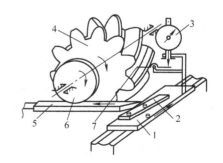

图 8-28　导程仪测量螺旋线偏差

1、5—滑板　2—正弦尺　3—指示表
4—被测齿轮　6—圆盘　7—测头

4. 齿厚偏差的测量

控制相配齿轮的齿厚是十分重要的，它可以保证齿轮在规定的侧隙下运行。齿轮的齿厚偏差可通过齿厚游标卡尺测量，如图 8-29 所示。它由两套相互垂直的游标卡尺组成，其中高度游标卡尺用于控制测量部位（分度圆 d 至齿顶圆的弦齿高 h_c），宽度游标卡尺用于测量被测部位（分度圆的弦齿厚 s_{nc}）。

在有些情况下，由于齿顶高的变位，在分度圆直径 d 处测量齿厚不太容易，故而用一个计算式给出任何直径 d_y 处齿厚 s_{ync}，通常推荐选取 $d_y = d + 2m_n x$。

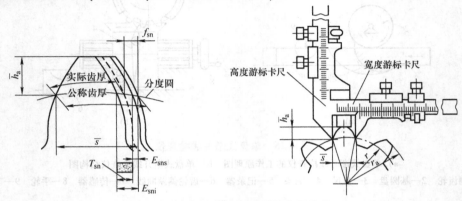

图 8-29　齿厚游标卡尺测量齿厚偏差

用齿厚游标卡尺测量齿厚偏差，是以齿顶圆为基准。测量前，首先计算被测齿轮的弦齿高 h_{yc} 和弦齿厚 s_{ync}，当齿顶圆直径为公称值时，计算公式为

$$s_{yn} = s_{yt}\cos\beta_y \tag{8-18}$$

式中，

$$s_{yt} = d_y\left(\frac{s_t}{d} + \text{inv}\,\alpha_t - \text{inv}\,\alpha_{yt}\right); \tan\beta_y = \frac{d_y}{d}\tan\beta$$

$$s_{ync} = d_{yn}\sin\left(\frac{s_{yn}}{d_{yn}} \cdot \frac{180}{\pi}\right) \tag{8-19}$$

$$d_{yn} = d_y - d + \frac{d}{\cos^2\beta_b} \tag{8-20}$$

$$\sin\beta_b = \sin\beta\cos\alpha_n \tag{8-21}$$

对于外齿轮：

$$h_{yc} = h_y + \frac{d_{yn}}{2}\left[1 - \cos\left(\frac{s_{yn}}{d_{yn}} \cdot \frac{180}{\pi}\right)\right] \tag{8-22}$$

测量时，首先用外径千分尺测量齿顶圆直径，计算被测齿轮的弦齿高 h_{yc} 和弦齿厚 s_{ync}，按照 h_{yc} 值调整齿厚游标卡尺的高度游标卡尺，并与齿顶相接触。移动宽度游标卡尺卡脚靠紧齿面，并从宽度游标卡尺上读出齿厚的实际尺寸。按照齿轮图样标注的齿厚极限偏差，判断被测实际齿厚是否合格。

5. 径向跳动的测量

径向跳动通常用齿轮跳动检查仪、万能测齿仪等仪器进行测量。将一个适当的测头（球形、圆柱形等）在齿轮旋转时逐齿放置到每个齿槽中，测出相对于齿轮轴线的最大和最小径向位置之差。齿轮跳动检查仪如图 8-30 所示，为了测量不同模数的齿轮，测量仪器备有不同尺寸的测头。

为了保证测量径向跳动时测头在分度圆附近与齿面接触（图 8-14），测量前，应首先根据被测齿轮的模数，选择合适直径的球形或圆柱形测头，装入指示表测量杆下端。

测量时，用心轴固定好被测齿轮，通过升降调整使测头位于齿槽内，测头在近似齿高中部与左、右齿面接触。调整指示表零位，并使其指针压缩 1~2 圈。将测头相继置于每个齿槽内时，逐齿测量一圈，并记下指示表的读数。求出测头到齿轮轴线的最大和最小径向距离之差，即为被测齿轮径向跳动，如图 8-31 所示。

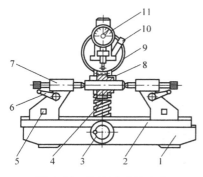

图 8-30　齿轮跳动检查仪

1—底座　2—滑板　3—手轮　4—立柱
5—紧固螺钉　6—紧固手柄　7—顶尖座
8—调节螺母　9—回转盘　10—提升手把
11—指示表

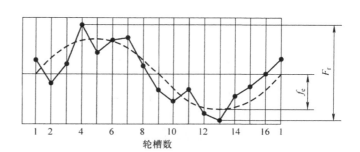

图 8-31　产品齿轮径向跳动

6. 切向综合偏差的测量

切向综合总偏差 F_i' 和一齿切向综合偏差 f_i' 采用齿轮单啮仪进行测量。图 8-32 所示为光栅式单啮仪工作原理图，将标准蜗杆和被测齿轮单面啮合组成实际传动。在蜗杆轴和被测齿轮主轴上，分别装有刻线数相同的圆光栅盘，用以产生精确的传动比。当电动机通过传动系统带动标准蜗杆和圆光栅盘 I 转动，标准蜗杆又带动被测齿轮及其同轴上的圆光栅盘 II 转动。高频圆光栅盘 I、低频圆光栅盘 II 将标准蜗杆和被测齿轮的角位移通过信号发生器转变成电信号，并根据标准蜗杆的头数 K 和产品齿轮的齿数 z，通过分频器将高频信号 f_1 做 z 分频，低频信号 f_2 做 K 分频，两路信号便具有相同的频率。若被测齿轮无偏差，则两路信号无相位差变化，记录器输出图形为一个圆；否则，所记录的图形为被测齿轮的切向综合偏差曲线。

7. 径向综合偏差的测量

径向综合偏差采用齿轮双面啮合综合检查仪测量，如图 8-33 所示。测量时，将被测齿轮和测量齿轮分别安装在双面啮合综合检查仪的固定心轴和移动心轴上，借助于弹簧的拉力，使两个齿轮保持双面紧密啮合，此时的中心距为度量中心距。当两个齿轮相对转动时，由于被测齿轮存在加工偏差，使得度量中心距发生变化，通过测量台架的移动传到指示表中，被测齿轮一转中测出两轮中心距最大变动量即为径向综合总偏差 F_i''，或由记录装置画出双啮中心距的变动曲线，即为齿轮的径向综合偏差曲线，从偏差曲线上可读出 F_i'' 与 f_i''。

径向综合偏差包括了左、右齿面的啮合偏差成分，它不能得到同侧齿面的单项偏差。因此，此测量方法可用于大量生产的中等精度齿轮及小模数齿轮的测量。

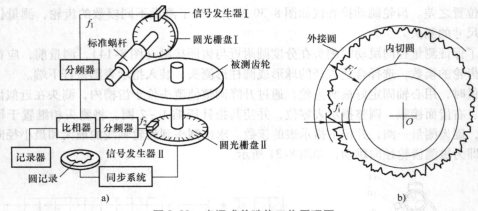

图 8-32 光栅式单啮仪工作原理图

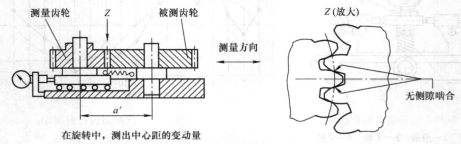

在旋转中，测出中心距的变动量

图 8-33 齿轮双面啮合综合检查仪

8. 公法线长度的测量

公法线长度常用公法线千分尺、公法线指示卡规或万能测齿仪测量。

图 8-34a 所示为用公法线千分尺测量，将公法线千分尺的两平行测头按事先算好的齿距数 k 插入相应的齿间，并与两异名齿面接触。沿齿轮一周测量，从千分尺上依次读出公法线长度数值。

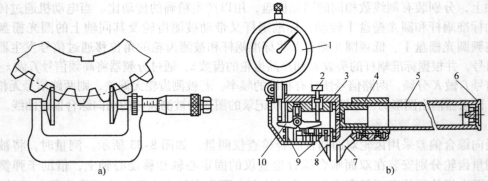

图 8-34 公法线长度测量

a) 公法线千分尺 b) 公法线指示卡规

1—千分表 2—拨销 3—固定框架 4—套筒 5—卡规本体圆管 6—调节手柄 7—固定卡脚 8—活动卡脚 9—片弹簧 10—杠杆

图 8-34b 所示为用公法线指示卡规测量，在卡规本体圆管 5 上装有活动卡脚 8 和固定卡脚 7，活动卡脚通过片弹簧 9 及杠杆 10 与千分表 1 连接，将调节手柄 6 从圆管上拧下，插入

套筒 4 的开口中，拧动后可以调节固定卡脚 7 在圆管上的轴向位置。测量时先用公法线公称长度（量块组合）调整卡规的零位，然后再按下拨销 2，把活动卡脚移开，按预定的齿数将测量卡脚插入相应的齿槽与两异名齿面接触，从千分表上读取公法线长度偏差的数值。

将所测得公法线长度值求取平均值，并与公法线长度公称值比较，其差值即为公法线长度偏差 E_{bn}。

上述测量公法线长度值中，其最大值与最小值之差即为公法线长度变动 F_w，在新的齿轮国家标准中没有此项参数，在我国过去的齿轮实际生产中，常用 F_r 和 F_w 组合来代替 F_p 或 F_i' 作为小批量生产齿轮、低成本检验的一种手段，仅供参考。

习　题

8-1　滚动轴承精度分为哪几级？各应用在什么场合？

8-2　滚动轴承与轴、轴承座孔配合，采用何种基准制？其公差带分布有什么特点？

8-3　选择滚动轴承与轴、轴承座孔配合时主要考虑哪些因素？

8-4　滚动轴承承受载荷的类型与选择配合有什么关系？

8-5　某普通机床主轴后支承上安装深沟球轴承，其内径为 $\phi40mm$，外径为 $\phi90mm$，该轴承承受一个 4000N 的定向径向载荷，轴承的额定动载荷为 31400N，内圈随轴一起转动，外圈固定。

1）确定与轴承配合的轴、轴承座孔的公差带代号。

2）确定轴和轴承座孔的几何公差和表面粗糙度参数值。

3）把所选的公差带代号和各项公差标注在图样上。

8-6　齿轮传动的使用要求有哪些？

8-7　滚齿机上加工齿轮会产生哪些加工误差？

8-8　评定齿轮传递运动准确性的指标有什么？哪些是必检项目？

8-9　评定齿轮传动平稳性的指标有什么？哪些是必检项目？

8-10　某通用减速器有一带孔的直齿圆柱齿轮，已知：模数 $m_n = 3mm$，齿数 $z = 32$，中心距 $a = 288mm$，内径 $D = \phi40mm$，压力角 $\alpha = 20°$，齿宽 $b = 20mm$，其传递的最大功率 $P = 7.5kW$，转速 $n = 1280r/min$，齿轮的材料为 45 钢，其线膨胀系数 $a_1 = 11.5 \times 10^{-6}/℃$；减速器箱体的材料为铸铁，其线膨胀系数 $a_2 = 10.5 \times 10^{-6}/℃$；齿轮的工作温度 $t_1 = 60℃$，减速器箱体的工作温度 $t_2 = 40℃$，该减速器为小批生产。试确定齿轮的精度等级、有关侧隙的指标、齿坯公差和表面粗糙度参数值。

8-11　已知直齿圆柱齿轮副，模数 $m_n = 5mm$，压力角 $\alpha = 20°$，齿数 $z_1 = 20$，$z_2 = 100$，内孔 $d_1 = \phi25mm$，$d_2 = \phi80mm$，图样标注为 6 GB/T 10095.1—2008 和 6 GB/T 10095.2—2008。

1）试确定两齿轮 f_{pt}、F_p、F_α、F_β、F_i''、f_i'、F_r 的允许值。

2）试确定两齿轮内孔和齿顶圆的尺寸公差、齿顶圆的径向圆跳动公差以及轴向圆跳动公差。

8-12　有一 7 级精度的渐开线直齿圆柱齿轮，模数 $m = 2$，齿数 $z = 60$，压力角 $\alpha = 20°$。现测得 $F_p = 43\mu m$，$F_r = 45\mu m$，问该齿轮的两项评定指标是否满足设计要求？

第 9 章

尺 寸 链

【学习指导】

本章要求，了解尺寸链的定义、组成及分类，掌握尺寸链的建立方法，熟悉尺寸链的计算类型及计算方法，能够使用极值法和概率法进行尺寸链计算。

9.1　尺寸链的基本概念

尺寸链是研究机械产品中尺寸之间相互关系的有效工具，在制订机械加工工艺过程和保证装配精度中都起着很重要的作用。在设计机械零部件的尺寸和几何公差时，需要考虑产品的整体设计精度要求。通过综合分析计算，确定各要素合理的尺寸和几何公差，从而保证产品达到设计精度要求，同时满足经济性要求。

1. 尺寸链的定义及特征

在零件加工或产品装配过程中，相互联系的、构成封闭形式的尺寸组合称为尺寸链。如图 9-1 所示，A_0、A_1、A_2 是三个相互联系的尺寸，它们按照一定顺序首尾相接，构成一条尺寸链。

由此可以看出尺寸链的主要特征是封闭性和关联性。

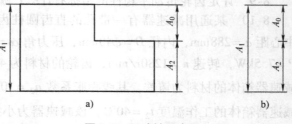

图 9-1　尺寸链示意图

1）封闭性。组成尺寸链的各个尺寸按一定顺序首尾相接，构成一个封闭系统。

2）关联性。尺寸链中一个尺寸发生变化，将引起其他尺寸的变化。

2. 尺寸链的组成

组成尺寸链的每一个尺寸称为尺寸链的环。图 9-1 所示的 A_0、A_1、A_2 均为尺寸链的环。环可分为封闭环和组成环两种。

（1）封闭环　在加工或装配过程中，最终被间接保证精度的或最后自然形成的尺寸称为封闭环，每个尺寸链有且仅有一个封闭环，如图 9-1 所示的 A_0 就是封闭环。

（2）组成环　在加工或装配过程中，直接获得的尺寸称为组成环，如图 9-1 所示的 A_1、

A_2就是组成环。组成环是尺寸链中除封闭环以外的其他环，根据它们对封闭环的影响不同，又分为增环和减环。

1）增环。当该组成环增大（或减小）且其他组成环不变时，封闭环随之增大（或减小），如图9-1所示的A_1就是增环。

2）减环。当该组成环增大（或减小）且其他组成环不变时，封闭环随之减小（或增大），如图9-1所示的A_2就是减环。

一个尺寸链至少要有两个组成环。在组成环中，可能只有增环没有减环，但是不能只有减环而没有增环。

3. 尺寸链的分类

根据几何特征、研究对象、环的相对位置及其相互关系等不同，可以对尺寸链进行分类，以便于尺寸链的分析与计算。

（1）按几何特征分

1）长度尺寸链。各环均为长度尺寸的尺寸链，如图9-1所示的尺寸链为长度尺寸链。

2）角度尺寸链。各环均为角度尺寸的尺寸链，如图9-2所示的尺寸链为角度尺寸链。

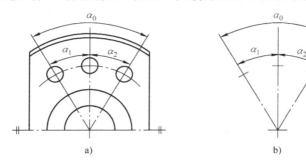

图9-2 角度尺寸链

（2）按研究对象分

1）零件尺寸链。由零件上各元素的设计尺寸组成的尺寸链。如图9-3所示，阶梯轴的各轴向设计尺寸构成了一个零件尺寸链。

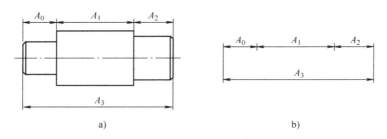

图9-3 零件尺寸链

2）工艺尺寸链。在零件加工过程中，由同一零件上的工艺尺寸所形成的尺寸链。如图9-4所示，套筒零件在加工过程中，已加工的两端面之间的尺寸A_2和工序尺寸A_1、A_3直接影响设计尺寸A_0，反映了工艺尺寸直接的关系，构成了一个工艺尺寸链。

3）装配尺寸链。在零件装配过程中，由不同零件的设计尺寸所形成的尺寸链。如

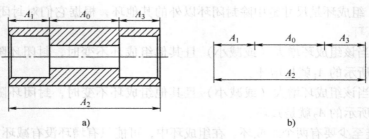

图 9-4　工艺尺寸链

图 9-5 所示，在轴和孔的装配关系中，间隙 A_0 受轴和孔的直径设计尺寸 A_1、A_2 的影响，构成一个装配尺寸链。

（3）按环的相对位置分

1）直线尺寸链。所有组成环均平行于封闭环的尺寸链。图 9-1、图 9-3 ~ 图 9-5 所示的尺寸链都是直线尺寸链。

2）平面尺寸链。各组成环位于一个或几个平行平面内但不都平行于封闭环的尺寸链。

3）空间尺寸链。各组成环位于几个不平行平面内的尺寸链。

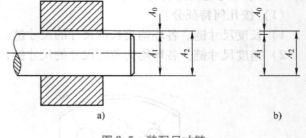

图 9-5　装配尺寸链

其中，直线尺寸链最为常见，平面尺寸链和空间尺寸链可通过坐标投影法转化为直线尺寸链。

（4）按环的相互关系分

1）独立尺寸链。各环均只属于一个尺寸链且不参与其他尺寸链组成的尺寸链。

2）相关尺寸链。某些环不只属于一个尺寸链，还参与其他尺寸链组成的尺寸链。

本章重点讨论长度尺寸链中的直线尺寸链。

9.2　尺寸链的建立

正确建立尺寸链是进行尺寸链计算的前提。尺寸链的建立包括三个步骤，即确定封闭环、查找组成环、判断增减环。

1. 确定封闭环

建立尺寸链最关键的一步是正确确定封闭环。根据研究对象的不同，确定封闭环的具体方法如下：

1）在零件尺寸链中，封闭环应为公差等级要求最低的环，一般是零件设计图中未标注的尺寸，以此来避免引起加工中的混乱。例如，图 9-3a 所示的尺寸 A_0 是不标注的。

2）在工艺尺寸链中，封闭环是加工中最后自然形成的环，一般为被加工零件要求达到的设计尺寸或在工艺过程中需要的余量尺寸。封闭环的确定应考虑零件的加工顺序，如果加工顺序改变，封闭环也将改变。

3）在装配尺寸链中，封闭环往往是产品上有装配精度要求的尺寸，如同一部件中各零件之间相互位置要求的尺寸、保证相互配合零件的配合性能要求的间隙或过盈量等。

2. 查找组成环

在确定封闭环后，查找对封闭环有直接影响的各组成环，并排除无关的尺寸。查找组成环的具体方法是从封闭环的任意一端开始，依次查找相邻的尺寸，直至到达封闭环的另一端，从而形成一个封闭的尺寸回路。查找过程中所经历的尺寸均为该尺寸链的组成环。

从更容易满足封闭环精度要求的角度出发，在查找组成环时应遵循"路线最短、环数最少"原则。也就是说，对于一个封闭环，当存在两个或两个以上的尺寸链时，应选择组成环数量最少的尺寸链。

此外，在封闭环的精度要求较高或者几何公差较大的情况下，建立尺寸链时还要考虑几何公差对封闭环的影响。

3. 判断增减环

组成环可分为增环和减环，判断增减环的常用方法有定义法和"小人走路"法。定义法是根据增环、减环的定义直接进行判断，适用于简单的尺寸链。对于较为复杂的尺寸链，使用定义法判断有一定难度，这时可采用"小人走路"法，也称为箭头法，其具体操作如下。

假设一个小人沿尺寸线行走，其路线用箭头表示出来，判断小人经过每个尺寸时的方向，并与封闭环假设的方向对比，根据"同减异增"的规律，组成环尺寸的方向与封闭环尺寸的方向相同为减环，相反为增环。如图9-6所示，A_0为封闭环，A_2、A_4为增环，A_1、A_3、A_5为减环。

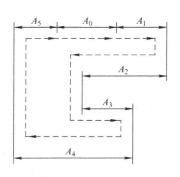

图9-6　增减环的判断

另外，在绘制尺寸链图时，不需要按照严格的比例，只需将尺寸链中各环依次画出，形成封闭的尺寸回路即可。

9.3　尺寸链的计算

尺寸链的计算包括确定封闭环与组成环的公称尺寸、公差或极限偏差等。在通常情况下，组成环的公称尺寸是设计给定的尺寸，被视为已知量，在尺寸链计算中主要是校核各组成环公称尺寸是否正确；对于组成环的公差和极限偏差，可以直接给出经济可行的数值，但是需要通过尺寸链计算来校核所给数值能否满足封闭环的设计要求，从而确定达到封闭环设计要求的工艺方法。

9.3.1　尺寸链的计算类型

根据要解决问题的不同，尺寸链的计算可分为正计算、反计算、中间计算三种类型。

（1）正计算　已知各组成环，求封闭环。正计算主要用于验算设计的正确性，故又称为校核计算。在正计算中，封闭环的计算结果是唯一确定的。

（2）反计算 已知封闭环，求各组成环。反计算主要用于产品设计、加工和装配工艺计算等方面。在反计算中，需要将封闭环的公差合理地分配到各组成环中，这不是一个单纯的计算问题，而是选择最佳方案的优化问题。

这里，在确定组成环公差的分配方案时，可依照以下原则：

1）等公差原则。按等公差值分配的方法来分配封闭环的公差时，各组成环的公差值取相同的平均公差值。这种方法计算比较简单，缺点是没有考虑各组成环尺寸的大小、加工的难易程度等。

2）等精度原则。按等公差等级分配的方法来分配封闭环的公差时，各组成环的公差值取相同的公差等级，公差值的大小根据公称尺寸的大小，由标准公差数值表中查得。

3）实际可行性分配原则。按实际情况来分配封闭环的公差时，首先按等公差值或等公差等级的分配原则得到各组成环所分配到的公差值，然后考虑加工的难易程度、设计要求等具体情况，调整各组成环的公差值。

（3）中间计算 已知封闭环和部分组成环，求其余组成环。中间计算可用于设计和工艺计算，也可用于校核。

9.3.2 尺寸链的计算方法

根据产品互换程度的不同要求，尺寸链的计算方法有极值法、概率法。

1. 极值法

极值法是尺寸链计算中最基本的方法。在计算过程中，从尺寸链中各环的上与下极限尺寸出发，不考虑各环实际尺寸的分布情况。对于装配尺寸链的计算，按极值法计算出来的尺寸加工各组成环，装配时各组成环不需要挑选或辅助加工，装配后均能满足封闭环的公差要求，即可实现完全互换，故极值法也称为完全互换法。

极值法的特点是计算简单、可靠，但是当封闭环公差较小，并且组成环数量较多时，分摊到各组成环的公差可能过小，从而造成加工困难，制造成本过高。因此极值法常用于高精度、少环尺寸链，或者低精度、多环尺寸链，以及大批量生产的场合。

采用极值法进行尺寸链计算中，常用的计算公式如下：

（1）各环公称尺寸之间的关系 尺寸链中封闭环的公称尺寸等于各增环的公称尺寸之和，减去各减环的公称尺寸之和。设尺寸链中组成环的数量为 m，其中增环的数量为 n，则减环的数量为 $(m-n)$。封闭环的公称尺寸为 A_0，第 i 个组成环的公称尺寸为 $A_i(i=1,2,\cdots,m)$，其中 $A_1 \sim A_n$ 为增环，$A_{n+1} \sim A_m$ 为减环，则封闭环的公称尺寸为

$$A_0 = \sum_{i=1}^{n} A_i - \sum_{i=n+1}^{m} A_i \tag{9-1}$$

（2）各环极限尺寸之间的关系 尺寸链中封闭环的上极限尺寸（或下极限尺寸）等于各增环的上极限尺寸（或下极限尺寸）之和，减去各减环的下极限尺寸（或上极限尺寸）之和。设封闭环的上、下极限尺寸分别为 $A_{0\max}$ 和 $A_{0\min}$，第 i 个组成环的上、下极限尺寸分别为 $A_{i\max}$ 和 $A_{i\min}(i=1,2,\cdots,m)$，则封闭环的上、下极限尺寸分别为

$$\begin{cases} A_{0\max} = \sum_{i=1}^{n} A_{i\max} - \sum_{i=n+1}^{m} A_{i\min} \\ A_{0\min} = \sum_{i=1}^{n} A_{i\min} - \sum_{i=n+1}^{m} A_{i\max} \end{cases} \qquad (9\text{-}2)$$

（3）各环极限偏差之间的关系　与上述各环极限尺寸之间的关系类似，封闭环的上极限偏差（或下极限偏差）等于各增环的上极限偏差（或下极限偏差）之和，减去各减环的下极限偏差（或上极限偏差）之和。设封闭环的上、下极限偏差分别为 ES_0 和 EI_0，第 i 个组成环的上、下极限偏差分别为 ES_i 和 $EI_i(i=1,2,\cdots,m)$，则封闭环的上、下极限偏差为

$$\begin{cases} ES_0 = \sum_{i=1}^{n} ES_i - \sum_{i=n+1}^{m} EI_i \\ EI_0 = \sum_{i=1}^{n} EI_i - \sum_{i=n+1}^{m} ES_i \end{cases} \qquad (9\text{-}3)$$

（4）各环公差之间的关系　尺寸链中封闭环的公差等于各组成环的公差之和。设封闭环的公差为 T_0，第 i 个组成环的公差为 $T_i(i=1,2,\cdots,m)$，则封闭环的公差为

$$T_0 = \sum_{i=1}^{m} T_i \qquad (9\text{-}4)$$

由此可见，尺寸链各环的公差中，封闭环的公差最大，故封闭环是尺寸链中精度最低的环。为了减小封闭环的公差，应使得尺寸链中组成环的数量尽可能少，也就是尺寸链的"路线最短、环数最少"原则。

2. 概率法

概率法以概率论为理论基础，根据尺寸链中各环的实际尺寸在其公差带内的分布情况，按某一置信概率进行尺寸链计算。生产实际和大量统计资料表明，在大量生产且工艺过程稳定的情况下，各组成环的实际尺寸趋近公差带中间的概率大，而出现在极限值的概率小。对于装配尺寸链的计算，采用概率法可保证在绝大多数产品的装配过程中，各组成环不需要挑选或辅助加工，就能满足封闭环的公差要求，即保证大数互换，故概率法也称为大数互换法。

当设计时给定的封闭环公差一定时，则按概率法确定的各组成环公差将大于按极值法确定的各组成环公差，因而提高经济效益。概率法的特点是计算科学、复杂，经济效果好，但是会存在极少数情况下封闭环达不到规定的精度要求。概率法适用于大批量生产中封闭环精度要求高、组成环数量较多的情况。

采用概率法进行尺寸链计算中，通常假定各环尺寸按正态分布，且其分布中心与公差带中心重合，各环的公差均等于其尺寸标准差的 6 倍，此时置信概率为 99.73%。常用的计算公式如下。

（1）各环公称尺寸之间的关系　这部分与极值法相同，依照式（9-1）计算。

（2）各环公差之间的关系　当各组成环尺寸按正态分布时，封闭环尺寸也呈正态分布。封闭环的公差与各组成环的公差之间的关系为

$$T_0 = \sqrt{\sum_{i=1}^{m} T_i^2} \tag{9-5}$$

若将封闭环的公差按照"等公差原则"分配到各组成环，则各组成环的公差相等，记为 T_{av}，有

$$T_{av} = \frac{T_0}{\sqrt{m}} \tag{9-6}$$

（3）各环中间偏差之间的关系 尺寸链中各环的中间偏差等于其上极限偏差与下极限偏差的平均值。封闭环的中间偏差等于各增环的中间偏差之和，减去各减环的中间偏差之和。设封闭环的中间偏差为 Δ_0，第 i 个组成环的中间偏差为 $\Delta_i (i = 1,2,\cdots,m)$，则有

$$\begin{cases} \Delta_0 = \dfrac{1}{2}(ES_0 + EI_0) \\[2mm] \Delta_i = \dfrac{1}{2}(ES_i + EI_i) \\[2mm] \Delta_0 = \displaystyle\sum_{i=1}^{n} \Delta_i - \sum_{i=n+1}^{m} \Delta_i \end{cases} \tag{9-7}$$

（4）各环极限偏差之间的关系 尺寸链中各环的上极限偏差（或下极限偏差）等于中间偏差加上（或减去）其公差的一半，即

$$\begin{cases} ES_0 = \Delta_0 + \dfrac{T_0}{2}, \quad EI_0 = \Delta_0 - \dfrac{T_0}{2} \\[3mm] ES_i = \Delta_i + \dfrac{T_i}{2}, \quad EI_i = \Delta_i - \dfrac{T_i}{2} \end{cases} \tag{9-8}$$

另外，式（9-7）和式（9-8）同样适用于极值法。

9.3.3 尺寸链的计算举例

例9-1 图9-7a 所示的套筒零件，两端面（即 1 面和 2 面）已加工完毕，加工底孔面 C 时，要保证 C 面到 2 面之间的尺寸为 $16_{-0.35}^{\ 0}$ mm，但该尺寸不易直接测量，一般通过测量 C 面到 1 面之间的尺寸 A_1 做间接测量。试确定测量尺寸 A_1 的公称尺寸及其极限偏差。

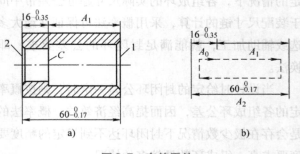

图 9-7 套筒零件

解：

（1）建立尺寸链 封闭环是加工时间接保证的尺寸，显然 C 面到 2 面之间的尺寸为封闭环，即 $A_0 = 16_{-0.35}^{\ 0}$ mm。组成环为 C 面到 1 面之间的尺寸 A_1 和两端面之间的尺寸 $A_2 = 60_{-0.17}^{\ 0}$ mm。其中，A_2 为增环，A_1 为减环。建立的尺寸链如图9-7b 所示。

（2）计算 A_1 的公称尺寸 由 $A_0 = A_2 - A_1$，得 $A_1 = A_2 - A_0$。所以，$A_1 = 60$ mm $- 16$ mm $= 44$ mm，即 A_1 的公称尺寸为 44mm。

（3）计算 A_1 的极限偏差　　由 $\begin{cases}ES_0 = ES_2 - EI_1 \\ EI_0 = EI_2 - ES_1\end{cases}$，得 $\begin{cases}EI_1 = ES_2 - ES_0 \\ ES_1 = EI_2 - EI_0\end{cases}$。所以，

$\begin{cases}EI_1 = 0\text{mm} - 0\text{mm} = 0\text{mm} \\ ES_1 = -0.17\text{mm} - (-0.35)\text{mm} = +0.18\text{mm}\end{cases}$，即 A_2 的下极限偏差为 0mm，上极限偏差为

+0.18mm。A_1 的公称尺寸及其极限偏差为 $44^{+0.18}_{0}$mm。

例 9-2　图 9-8a 所示为滚子与轴的装配关系，滚子与轴之间有一个轴向间隙 N，试计算其最大与最小活动间隙。

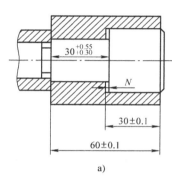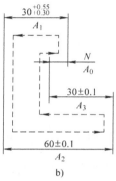

a)　　　　　　　　　　　　　　　b)

图 9-8　滚子与轴的装配关系

解：

（1）建立尺寸链　封闭环是装配完成后自然形成的尺寸，显然轴向间隙 N 为封闭环，即 $A_0 = N$。组成环为 $A_1 = 30^{+0.55}_{+0.30}$mm，$A_2 = (60 \pm 0.1)$mm，$A_3 = (30 \pm 0.1)$mm。其中，A_1、A_3 为增环，A_2 为减环。建立的尺寸链如图 9-8b 所示。

（2）计算间隙 N 的公称尺寸　由 $A_0 = (A_1 + A_3) - A_2$，得 $A_0 = (30\text{mm} + 30\text{mm}) - 60\text{mm} = 0\text{mm}$。所以，$A_0$ 的公称尺寸为 0mm。

（3）计算间隙 N 的极限偏差　　由 $\begin{cases}ES_0 = (ES_1 + ES_3) - EI_2 \\ EI_0 = (EI_1 + EI_3) - ES_2\end{cases}$，得

$\begin{cases}ES_0 = (0.55\text{mm} + 0.1\text{mm}) - (0.1\text{mm}) = +0.75\text{mm} \\ EI_0 = (0.30\text{mm} - 0.1\text{mm}) - 0.1\text{mm} = -0.10\text{mm}\end{cases}$。所以，$A_0$ 的下极限偏差为 +0.10mm，

上极限偏差为 +0.75mm。间隙 N 的尺寸为 $0^{+0.75}_{+0.10}$mm，即最大活动间隙为 0.75mm，最小活动间隙为 0.10mm。

例 9-3　图 9-9a 所示为齿轮与轴的装配关系，已知的尺寸为 $A_1 = 30$mm，$A_2 = A_5 = 5$mm，$A_3 = 43$mm，$A_4 = 3^{0}_{-0.05}$mm（该尺寸对应的是轴用卡圈，为标准件）。这里，各组成环均服从正态分布，且分布中心与公差带中心重合，置信概率为 99.73%。若齿轮与挡圈之间的轴向间隙 A_0 的设计要求为 0.1~0.35mm，试采用概率法，确定各组成环的公差和极限偏差。

解：

（1）建立尺寸链　封闭环是装配完成后自然形成的尺寸，显然齿轮与挡圈之间的轴向间隙 A_0 为封闭环。根据设计要求，有 $A_0 = 0^{+0.35}_{+0.10}$mm，且封闭环的公差 $T_0 = 0.25$mm。组成环为 $A_1 \sim A_5$，其中，A_3 为增环，A_1、A_2、A_4、A_5 为减环。建立的尺寸链如图 9-9b 所示。

（2）确定各组成环的公差　首先设各组成环的公差相等，按照"等公差原则"，计算各

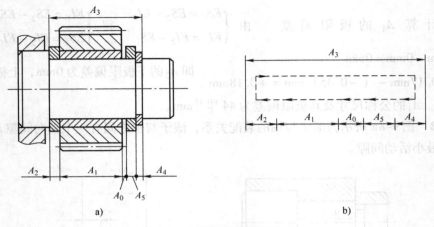

图 9-9　齿轮与轴的装配关系

组成环的公差。

由 $T_{av} = \dfrac{T_0}{\sqrt{m}}$，得 $T_{av} = \dfrac{0.25}{\sqrt{5}}$mm ≈ 0.11mm。

然后调整各组成环公差。A_3 为一轴类零件，与其他组成环相比较加工难度较大，先选择较难加工尺寸 A_3 为协调环，再根据各组成环公称尺寸和零件加工难易程度，以平均公差 T_{av} 为基础，相对从严选取各组成环公差。$T_1 = 0.14$mm，$T_2 = T_5 = 0.08$mm，其公差等级约为 IT11；由于 $A_4 = 3_{-0.05}^{\ 0}$mm（标准件），即 $T_4 = 0.05$mm。据此计算 A_3 的公差 T_3。

由 $T_0 = \sqrt{\sum\limits_{i=1}^{5} T_i^2}$，得

$$T_3 = \sqrt{T_0^2 - (T_1^2 + T_2^2 + T_4^2 + T_5^2)} = \sqrt{0.25^2 - (0.14^2 + 0.08^2 + 0.05^2 + 0.08^2)}\ \text{mm}$$
$$= 0.16\text{mm}（只舍不入）$$

（3）确定各组成环的极限偏差　A_1、A_2、A_5 为外尺寸，按"偏差入体原则"确定其极限偏差，则有 $A_1 = 30_{-0.14}^{\ 0}$mm，$A_2 = 5_{-0.08}^{\ 0}$mm，$A_5 = 5_{-0.08}^{\ 0}$mm。

由 $\Delta = \dfrac{1}{2}(ES + EI)$，计算封闭环 A_0 和组成环 A_1、A_2、A_4、A_5 的中间偏差。

$\Delta_0 = +0.225$mm，$\Delta_1 = -0.07$mm，$\Delta_2 = -0.04$mm，$\Delta_4 = -0.025$mm，$\Delta_5 = -0.04$mm。

由 $\Delta_0 = \Delta_3 - (\Delta_1 + \Delta_2 + \Delta_4 + \Delta_5)$，计算 A_3 的中间偏差。

$\Delta_3 = \Delta_0 + (\Delta_1 + \Delta_2 + \Delta_4 + \Delta_5) = +0.225\text{mm} + (-0.07\text{mm} - 0.04\text{mm} - 0.025\text{mm} - 0.04\text{mm}) = +0.05$mm

由 $ES_3 = \Delta_3 + \dfrac{T_3}{2}$，$EI_3 = \Delta_3 - \dfrac{T_3}{2}$，计算 A_3 的极限偏差。

$$ES_3 = \Delta_3 + \frac{T_3}{2} = +0.05\text{mm} + \frac{1}{2} \times 0.16\text{mm} = +0.13\text{mm}$$

$$EI_3 = \Delta_3 - \frac{T_3}{2} = +0.05\text{mm} - \frac{1}{2} \times 0.16\text{mm} = -0.03\text{mm}$$

所以，A_3 的极限尺寸为 $A_3 = 43_{-0.03}^{+0.13}$mm。

习 题

9-1 简答题

1）什么是尺寸链？尺寸链有什么特征？

2）正计算、反计算和中间计算的特点和应用场合是什么？

3）极值法和概率法计算尺寸链的根本区别是什么？

9-2 计算题

1）图 9-10 所示的零件，端面 1、2 和 3 已加工完毕，加工底孔面 4 时，要保证 4 面到 3 面之间的尺寸为（6 ± 0.1）mm，由于该尺寸不便直接测量，生产中一般通过测量 4 面到 1 面之间的尺寸 A_3 做间接测量。试计算 A_3 的公称尺寸及其极限偏差。

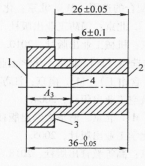

图 9-10 题 9-2 图

2）图 9-9a 所示的装配关系，已知：$A_1 = 30_{-0.13}^{0}$ mm，$A_2 = A_5 = 5_{-0.075}^{0}$ mm，$A_3 = 43_{+0.02}^{+0.18}$ mm，$A_4 = 3_{-0.05}^{0}$ mm。

① 轴向间隙 A_0 的设计要求为 $0.1 \sim 0.45$ mm，试做校核计算。

② 若各组成环均服从正态分布，且分布中心与公差带中心重合，置信概率为 99.73%，试用概率法计算封闭环的公称尺寸、公差值及分布。

参 考 文 献

[1] 邢闽芳. 互换性与技术测量 [M]. 北京：清华大学出版社，2007.

[2] 高晓康，陈于萍. 互换性与测量技术 [M]. 北京：高等教育出版社，2002.

[3] 吴志清，申海霞. 公差测量与配合 [M]. 北京：北京师范大学出版社，2011.

[4] 徐茂功. 极限配合与技术测量 [M]. 北京：机械工业出版社，2015.

[5] 张良华. 公差配合与测量技术基础 [M]. 北京：机械工业出版社，2017.

[6] 上官同英. 互换性与测量技术 [M]. 郑州：郑州大学出版社，2008.

[7] 朱秀琳. 机械制造基础 [M]. 2版. 北京：机械工业出版社，2012.

[8] 朱超，段玲. 互换性与零件几何量检测 [M]. 北京：清华大学出版社，2009.

[9] 熊建武，熊昱洲. 模具零件公差与配合的选用 [M]. 北京：化学工业出版社，2011.

[10] 徐年富，高梅. 机械制造基础 [M]. 北京：国防工业出版社，2012.

[11] 肖智清. 机械制造基础 [M]. 北京：机械工业出版社，2010.

[12] 熊建武. 模具零件材料与热处理的选用 [M]. 北京：化学工业出版社，2011.

[13] 王道林，朱秀琳. 机械加工实训（含钳工）[M]. 南京：江苏科学技术出版社，2010.

[14] 林建榕. 工程训练 [M]. 北京：航空工业出版社，2004.

[15] 朱江峰，肖元福. 金工实训教程 [M]. 北京：清华大学出版社，2004.

[16] 张云新. 金工实训 [M]. 北京：化学工业出版社，2005.

[17] 蔡广新. 汽车机械基础 [M]. 北京：高等教育出版社，2018.

[18] 倪楚英. 机械制造基础实训教程 [M]. 上海：上海交通大学出版社，2000.

[19] 许德珠. 机械工程材料 [M]. 北京：高等教育出版社，2001.

[20] 黄光烨. 机械制造工程实践 [M]. 哈尔滨：哈尔滨工业大学出版社，2002.

[21] 金潇明，周劲松. 金工实训与考证 [M]. 长沙：湖南大学出版社，2006.